匠学薪传

——中国营造学社诞辰90周年纪念文集

王贵祥 刘畅 主编

李菁 贺从容 副主编

中国建筑工业出版社

内 容 简 介

本书是在 2020 年"纪念中国营造学社成立 90 周年"学术会议征文的基础上编纂而成,分为古代建筑制度研究、建筑史学史、建筑文化研究、建筑管理研究以及英文论稿,共 5 个部分,15 篇论文。

其中古代建筑制度研究成果包含 6 篇:王贵祥的论文从元代史料文献中发掘当时寺院建筑的基本配置模式与建筑尺度;赵萨日娜的论文从存世圆明园匠作则例文本中归纳辨析其衍生源流并探讨应用范围;张荣等结合十几年的测绘勘察数据分析探讨了佛光寺东大殿建筑、像设营造制度与空间关系;文雯等结合历史文献、科学检测和匠作复制试验研究了清华大学藏定东陵烫样底层工艺;杨健等以永顺县土司曲苑土王祠大木构架为例探讨了土家族楼阁式建筑的传承与创新;何知一等结合地方志文献探讨了明清时期长江三峡夔巫地区的衙署建筑。建筑史学史部分收录成果 4 篇:宋祎凡从文学层面入手分析了林徽因"建筑史"书写的两种面相;刘守柔探讨了中国营造学社与中国早期博物馆的建设;张书铭梳理了中国营造学社日本社员荒木清三的建筑职业年谱;陈迟总览式回顾了中国营造学社的研究历程及创始人朱启钤的历史贡献。建筑文化研究成果 3 篇:高子期对汉阙遗存分布及类型构造的研究;刘思捷从美术史角度对《营造法式》彩画作与宋代院体画展开的相关性研究;宋辉对中国传统清真寺建筑空间制式与分类的研究。建筑管理研究成果 1 篇,为卢有杰《宋代官府工程招标考》。英文论稿部分 1 篇,为何培斌《敦煌唐代壁画中的空间营构》。上述论文中有多篇是诸位作者在国家自然科学基金支持下的研究成果。

书中所选论文,均系各位作者悉心研究之新作,各为一家独到之言,虽或亦有与编者拙见未尽契合之处,但却均为诸位作者积年心血所成,各有独到创新之见,足以引起建筑史学同道探究学术之雅趣。

Issue Abstract

This book came out of the 2020 conference titled "Commemorating the 90th Anniversary of the Founding of the Yingzao Xueshe" and contains all the contributions from the conference. This book contains 15 articles that can be divided according to research area: the traditional architectural system, architectural historiography, architectural culture, construction management, and the foreign-language section.

The section on the traditional architectural system includes six articles: "The Layout and Size of Buddhist Temple Buildings as Reflected in Historical Yuan-dynasty Literature" by Wang Guixiang; "Investigating the Handicraft Regulations for the Yuanmingyuan" by Zhao Sarina; "The Relationship between Space and Construction of Architecture and Statuary in the East Hall of Foguang Monastery" by Zhang Rong et al.; "Preliminary Research on the Craft of the Dingdong Mausoleum Model Stored at Tsinghua University" by Wen Wen, Wang Qingchun, Alexandra Harrer, and Liu Chang; "Inheritance and Innovation of Tujia Multi-Storied Buildings—The Timber Frame Construction of Tuwangci in Yongshun County, Hunan Province" by Yang Jian, Liu Jie, and Yu Hanwu; and "Three-Gorges Architecture on the Yangtze River in the Ming and Qing Dynasties" by He Zhiyi, Mao Wei and He Jin. Next, there are four articles in the architectural history section: "Two Approaches to Writing Architectural History——Rethinking Lin Huiyin's Thoughts on Chinese Architectural History in the 1930s" by Song Yifan; "The Society for the Study of Chinese Architecture and the Development of China's Early Museums" by Liu Shourou; "Araki Seizo—A Japanese Member of the Society for the Study of Chinese Architecture" by Zhang Shuming; and "Gaining New Insights through Restudying Old Material—The 90th Anniversary of the Society for the Study of Chinese Architecture and the Contribution of its Founder Zhu Qiqian" by Chen Chi. The next three papers discuss architectural culture: "The Structure of Han *Que*" by Gao Ziqi; "The Relationship between the Painting Specifications Recoded in *Yingzao Fashi* and Song Court Painting" by Liu Sijie; and "Spatial Organization and Typolo Typology of Traditional Chinese Mosques" by Song Hui. The paper by Lu Youjie brings to light new facts about construction management, "Song Government Procurement of Works: Direct Labor or Employment of Contractors?". Finally, Puay-peng Ho contributes an article titled "Spatial Construction of Tang-dynasty Wall Paintings in Dunhuang" to the foreign-language section. This issue contains several studies supported by the National Natural Science Foundation of China (NSFC).

The papers collected in the journal sum up the latest findings of the studies conducted by the authors, who voice their insightful personal ideas. Though they may not tally completely with the editors' opinion, they have invariably been conceived by the authors over years of hard work. With their respective original ideas, they will naturally kindle the interest of other researchers on architectural history.

《匠学薪传——中国营造学社诞辰 90 周年纪念文集》

编者的话

握笔的手总是赶不上撒开缰绳的头脑。即便在建筑史这样"小众"的领域，新案例、新事件、新工具、新视角的不断涌现，也使得针对同一对象的交流研讨——扩大一些视野，也包括研究成果的引用和他引——不会成为时间和效率的宠儿。或许这正是历史学科的魅力，正是沉淀的魅力，正是"逆时代"的魅力；或许，"逆时代"的魅力在生活中的折射就是那些起点是情感、目标是理性的对于过去的纪念。在那些我们深切地感受到责任和未来的纪念当中，本书的缘起——"中国营造学社"创立 90 周年纪念——在心田占据着中心的位置。

2020 年春，清华大学建筑学院中国营造学社纪念馆和中国园林博物馆以学术研讨会的形式联合主办了这次纪念活动。在 2019 年至 2020 年间，建筑学界举办过不同规模的纪念中国营造学社创立的活动。而此次学术研讨会尤其值得记住的，则在于这次活动面向的是建筑史学方向的中青年学者，在于活动谋划之初便定下的一条铁律：申请必须提交完备的论文，且论文选题必须呼应本书的论文选题；参会者从合格申请人当中选出。

至今不能忘记，2020 年在中国园林博物馆会议厅中满满两天精彩的学术报告——从洋洋洒洒的应县木塔解剖一样的考察到对汉阙构造细节的观察，从佛光寺东大殿空间和造像的关系到中国传统清真寺的空间原型，从朱桂老的《哲匠录》到林徽因的《平郊建筑杂录》。那真是在全球经历第一波新冠疫情冲击之际至为难得的学术营养加强针。

在此后的两年中，我们一边焦急地在疫情与整理会议成果之间辗转奔波，一边欣喜地看到会议中一些学者的文章得到了众多国内学术刊物的认可，有的已经公布于世，有的正在编纂付梓。令我们感动并给予我十足动力的，还有多数学者期待将成果汇集在一起，把我们在彼时的思考、彼时的交流、彼时的纪念留给未来的愿望。这，便是本纪念文集最主要的依托。

这本纪念文集的另外一个功能，是简单梳理清华大学建筑学院建筑史专业学术发表平台的历程，并纪念这个特殊的年份。2022 年，《中国建筑史论汇刊》已经走过了 13 个年头，并正式完成了论文集的使命。更为振奋的是，正是我们纪念中国营造学社 90 周年之际，我们在清华大学建筑史学科的领头人王贵祥教授的带领下，终于从 2021 年起正式出版、发行《建筑史学刊》。而《中国建筑史论汇刊》的学术使命、学术工作也一同并入《建筑史学刊》。

向过去回望，这本纪念文集的发表宣告了《中国建筑史论汇刊》时代的结束。

向未来展望，这次发表更是学术接力棒中共同持握、薪火相传的一瞬间。

期待，这一瞬间，这个纪念先哲的瞬间，未来也将成为一种特殊的纪念。

2022 年 6 月 16 日

目　录

Table of Contents

古代建筑制度研究

史料中几座元代寺院建筑配置与建筑尺度研究 ❶

王贵祥

（清华大学建筑学院）

摘要：鉴于现存较为完整的元代寺院实例几乎无存，且元代单体建筑所存者亦十分珍稀，从元代史料文献中发掘当时寺院建筑的基本配置模式与建筑尺度就变得十分必要。本文通过元代历史文献，对几座敕建的元代佛寺及几座地方性的元代寺院加以分析与空间探讨，并对一些记载较为详细的元代佛教单体建筑的基本尺度加以分析，以期对元代佛教寺院可能的建筑空间配置情况及寺内单体建筑的基本尺度情况有一个较为具体的了解。

关键词：元代史料，元代寺院，建筑配置，单体建筑，建筑尺寸

Abstract：Given the lack of well–preserved Buddhist temples dating to the Yuan dynasty and the handful of extant Buddhist buildings from that period, it proves helpful to conduct research using historical texts to learn about the architectural layout and temple building size of the Yuan dynasty. This paper sheds light on several important temples from that period, both imperially commissioned and locally sponsored（as recorded in local gazetteers）. Through spatial analysis, the paper then explores the arrangement of buildings in Yuan temples, and analyzes the dimensions of those individual buildings whose measurements were recorded in more detail. This discussion will help to improve our understanding of Buddhist temples of the Yuan dynasty in general and their individual buildings in particular.

Keywords：historical literature of the Yuan dynasty, Buddhist temples of the Yuan dynasty, architectural layout, individual building, building size

尽管佛教寺院建筑作为一种建筑类型在中国历史上绵延发展了 2000 年之久，但现存佛教寺院，除了在一些偏僻而古老的寺院中偶然能够发现一两座历史较为久远的单体建筑之外，一般寺院内的建筑物多已经是明清以来，特别是清代以来的遗存。而寺院内的建筑配置也多因重修与重建而代有更新，早已非历史上的原貌了。除了在北方个别地区还存在一两座多少保存了一点辽宋时期寺院基本格局的古老寺院遗存——如辽金时期的大同善化寺及以宋代建筑遗存为主的正定隆兴寺——之外，再难见到较为完整的明清时期之前的寺院。即使是时间较近的元代寺院，情况也是一样。现存实例中，尽管在诸多寺院中仍然存有单座的元代木构建筑实例，但较为完整的元代寺院建筑群，几乎还未发现。

然而，元代寺院又确实有着上承两宋辽金寺院、下启明清寺院的重要历史价值，因此大略地厘清元代佛教寺院的基本格局，并大致了解元代寺院内的单体建筑基本尺度，或许对于理解现存明清时期寺院格局与单体建筑尺度特征有一定的帮助。所幸现存史料文献中，多少还可以

---

❶ 本文为作者主持的国家自然科学基金资助项目《文字与绘画史料中所见唐宋、辽金与元明木构建筑的空间、结构、造型与装饰研究》（项目批准号：51378276）成果。

发掘出一点有关元代佛教寺院建筑空间基本配置情况的描述，甚至还有一些寺内单体建筑的较为详尽的尺度描述。将这些史料加以整理，或能够有助于理解与分析元代佛教寺院及其建筑，此即本文的宗旨所在。

一、几座元代敕建寺院的建筑配置

元代史料中存在一些文字描述或舆图描绘的寺院，透过这些文字或舆图，多少可以了解一些有关元代佛教寺院的基本空间配置情况。

1. 抚州帝师寺

从大的发展趋势来观察，佛教寺院的基址在唐代时达到了一个相当宏大的规模，但自两宋辽金至元代，寺院的基址面积渐有减缩的趋势，而随着寺院基址规模的缩小，元代寺院内建筑的配置也开始趋于紧凑与规则。较为完整的小规模寺院建筑配置，见之于元人吴澄所撰《吴文正集》中收入的《抚州路帝师殿碑》，其寺"中创正殿，崇二常有半，广视崇加寻有五尺。深视广杀寻有七尺。后建法堂，崇视常九尺，广视崇加寻有二尺五寸，深视广杀寻有二尺五寸。前立三门，崇二常有四尺，广视崇加一尺，深视广杀寻有二尺。堂之左右翼为屋，各五间，其深广与堂称。门之左右有便门，有二塾，为屋各十有四间，其深广与门称。两庑周于殿之东西，前际门之左右塾，后际堂之左右翼，为屋各十有三间。左庑右庑之中，有东堂，有西堂，各三间，环拱正殿。上合天象如紫微、太微之有垣。三门之外棂星门，其楣六。楣之竖于地者，通计二百有五十。屋据高厚，俯临阛阓，望之巍然，彪炳雄伟。"❶

这座寺院的布局是清晰的，寺院中央为正殿，正殿之后是法堂，正殿之前是三门。三门、正殿、法堂，布置在一条中轴线上。法堂左右各有挟屋 5 间，三门左右各有便门及塾一座。便门及塾构成了两侧各有 14 间的塾屋。正殿两侧又有东西两庑，两庑与殿前三门两侧的左右塾相接，同时又与殿后法堂左右翼的挟屋相接，在正殿两侧形成各为 13 间的庑房。在左庑与右庑之间，同时也在正殿的两侧，各有两座三开间的朵殿，分别为东堂与西堂。三门之外另有棂星门一座，其门应为五间六柱的样式。这样一座寺院被布置在了深 60 寻（480 尺）、广 24 寻（192 尺）、约为 15 亩的基址面积上（图 1）。

这座寺院中，棂星门是一个特殊的设置，以表征其高于其他寺院的帝师寺身份。其余如三门、正殿、法堂、东西庑房、正殿两侧朵殿、法堂两侧挟屋、三门两侧门塾等，都是一般寺院中常见的配置形式。

图 1 抚州帝师寺
平面推想图
（作者自绘）

2. 金陵蒋山太平兴国寺

《至大金陵新志》卷一有一幅蒋山图（图2），描绘了金陵蒋山（今钟山）的寺院情况，其中规模较大的寺院为太平兴国寺，从图中看，这也是一座规模适中的寺院。寺前为一座三开间的前门，前门左侧有便门，但右侧的图不清晰，有可能是对称布置的左右便门。门内似乎又设有一道规模较大的门。推测其为一座门，是因为图中所绘之物，有一个尖拱券造型的曲线装饰，这一般是元明以后寺院山门前较常用到的门殿装饰曲线。由此，或可推测这是寺院的三门所在。三门以内、庭院中央，是一座似乎为二层楼阁状的主殿，可能是寺内的正殿。中央正殿被由三门及两侧庑房与殿后的廊房围合而成的廊院所环绕。在后侧廊房之后，则是一座二层楼阁。从寺院后部这座二层楼阁的两侧建起一道围墙，一直环绕到寺院前部的前门两侧，使寺院中心部分形成一个由围墙与廊庑围合而成的紧凑的庭院空间。这一空间，与前文所记述的抚州帝师寺的格局十分接近，规模也大略相当（图3）。

在这座兴国寺的东侧连有东庵一座，兴国寺之后又有三座佛塔，其中一座主塔还被布置在了一座塔院之中。三塔之后另有碑亭，碑亭附近还有一座规模较小的寺院。这些塔、庵及碑亭是否也可以算在兴国寺的建筑配置之中，尚不得而知。

3. 金陵大龙翔集庆寺

从同是收录在《至大金陵新志》卷一中的元代新创"大龙翔集庆寺"图（图4）来看，似乎因其是元代皇帝敕建的一座新寺，规模明显要大一些，

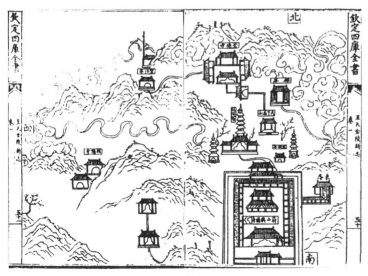

图 2 蒋山图

（[元]张铉.至大金陵新志[M]//宋元方志丛刊.北京：中华书局，1990：5313.）

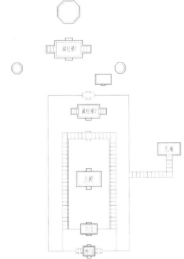

图 3 蒋山太平兴国寺平面示意
（作者自绘）

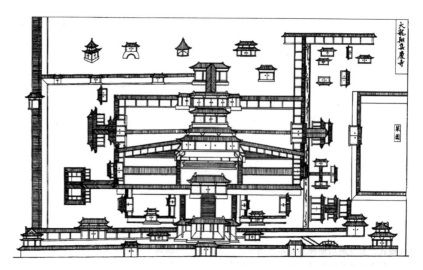

图 4　元集庆路大龙翔集庆寺图

（潘谷西 . 中国古代建筑史·第四卷 [M]. 北京：中国建筑工业出版社，2009.）

但中轴线上的建筑配置似乎与常见的寺院也没有太大的差别。寺之前部为一座三开间的三门，三门两侧各有两间侧门，侧门与寺院的两侧垣墙相接。前墙之南、三门两侧，各有一座三开间配房。三门之前另有一道墙垣，墙垣正中亦设有一座三开间的单檐小门，可能是寺院的前门。

三门以内似乎另有一座三间大门，应该是内三门，内三门的两侧也连以墙垣。内三门前两侧似乎各有一个小尺度的庭院，庭院内各有一座东西向布置的三开间小殿。内三门以内庭院正中是寺中的正殿，似为七开间重檐庑殿顶，坐落在高大的台基之上，殿前有向前伸出的月台。殿两侧有斜廊，与大殿两侧的庑房相连。殿前两侧甬道，东西方向各通向一座门，东侧的门外是一个四合院落，西侧门外是空地，门西南方向有一个中间有横向联络的四合小院，又像是一个"田"字形的单檐殿堂。若果是"田"字形殿，则可能是布置五百罗汉堂的位置。

正殿之后又有一殿，疑为法堂，从比例上看似为单檐五开间殿。殿前东西甬道连接两侧庑房，东侧在庑房间嵌有一座门，门外是一座二层楼阁，门与楼之间似乎还有连廊。西侧庑房间亦有门，其门之外是一座重檐殿堂，门与殿之间有连廊相接，略呈"工"字形殿格局。

法堂之后亦是一座宋元时期宫廷建筑中常见的"工"字形平面大殿。其前殿似为七开间，后殿则为五开间，都采用了单檐庑殿顶，中间连以穿堂。前殿的两侧似有殿挟屋，各为二间。挟屋之外，则用连廊与两侧庑房相接。

后殿的西侧亦有连廊，一直延伸到寺院西端的外侧庑房。外侧庑房应当是寺院的西侧边界，其西南端是一座角楼，恰与寺院的前垣墙相接。前垣墙东端亦有一座角楼。但其寺墙在东侧并不向北折，因为在寺院东侧有一块用围墙环绕的菜园，菜园的西门与法堂西侧的楼阁相对。

寺院的后部似为园林式布局，有散置的殿堂、亭榭，还有一座拱桥，桥上有桥亭。园林之北的图形不详，但从寺前有墙垣与角楼推测，园林之北当是寺院的北墙，北墙的东西两侧很可能也各有角楼设置。此外，在寺院东侧内庑房之外，还散落有一些房屋，房屋的北侧亦围以连廊。

作为皇帝敕建的大龙翔集庆寺，从当时的平面配置图来看，虽然殿堂及院落的尺度较大，但空间也并不十分复杂，大致是沿中轴线布置前门、三门、内三门、大殿、法堂及"工"字形后殿，大约有五进院落的进深。东西则用两重庑房环绕，内侧庑房之外，可能布置有罗汉堂、钟楼以及一些辅助性的建筑。特殊之处是，其寺院后侧有园林，寺院东侧有菜园，且寺内多处建筑采用了"工"字形平面格局，这可能也是元代寺院建筑的常见特征。

4. 大都大承华普庆寺

赵孟頫《大元大普庆寺碑铭》中较为详细地记录了这座寺院的空间格局："其南为三门，直其北为正觉之殿，奉三圣大像于其中。殿北之西偏为最胜之殿，奉释迦金像。东偏为智严之殿，奉文殊、普贤、观音三大士。二殿之间对峙为二浮图。浮图北为堂二，属之以廊。自堂徂门，庑以周之。西庑之间为总持之阁，中寘宝塔，经藏环焉。东庑之间，为圆通之阁，奉大悲、弥勒、金刚手菩萨。斋堂在右，庖井在左，最后又为二门，西曰真如，东曰妙祥。门之南，东西又为二殿，一以事护法之神，一以事多闻天王。合为屋六百间。盘础之固，陛阰之崇，题棁之謇，藻绘之工，若忉利兜率化出人间。凡工匠之佣，悉皆内帑，一毫不役于民，既成赐名曰大普庆寺。"❶

元代姚燧亦撰有一篇《普庆寺碑》，文中也大略提到了普庆寺内的建筑配置与空间格局："乃市民居，倍售之估，跨有数坊。直其门为殿七楹。后为二堂，行宁属之中，是殿堂东偏，乃故殿，少西叠甃为塔，又西再为塔。殿与之角峙。自门徂堂，庑以周之，为僧徒居，中间二楼。东庑通庖井，西庑通海会，市为列肆，月收僦赢，寺须是资。"❷

综合两篇碑文的记载，姜东成在其论文中提到这座寺院，他认为此寺与明代北京宝禅寺位置相重合而略大。根据《乾隆京城全图》，此寺基址规模大约为东西宽132步，南北长234.5步，根据这一基址规模及相关史料，他大略推想出了这座寺院中轴线上的基本布局（图5）。❸寺为南北向布置，前为三门，门内正对寺院正殿，即很可能是供奉华严三圣的正觉殿。正殿之北，在殿之东北隅，有一座所谓的"故殿"，因其殿之西有双塔，且塔与殿呈角峙之态，故可能是一座坐东朝西的殿堂，此即供奉文殊、普贤、观音三大士的智严之殿。与这座故殿相对称，在正殿西北隅，另有一座殿堂，即供奉释迦佛的最胜之殿。东西二殿之间，还布置有双塔。殿与塔均为对称布置的态势。

❶ 钦定四库全书.集部.别集类.金至元.[元]赵孟頫.松雪斋集.外集.碑铭.清文渊阁四库全书本.

❷ 钦定四库全书.集部.别集类.金至元.[元]姚燧.牧庵集.卷十一.庙碑.清文渊阁四库全书本.

❸ 姜东成.元大都大承华普庆寺复原研究[M]//王贵祥，等.中国古代建筑基址规模研究.北京：中国建筑工业出版社，2008：418-425.

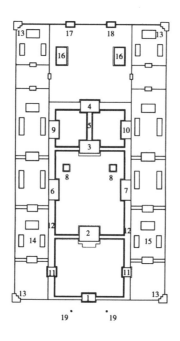

1—山门；2—正觉殿；3—法堂；4—后堂；5—连廊；
6—最胜殿；7—智严殿；8—塔；9—总持阁；10—圆通阁；
11—侧门；12—庑房；13—角楼；14—斋堂；15—庖井；
16—护法神殿、多闻天王殿；17—真如门；
18—妙祥门；19—幡杆；

图 5 元大都大承华普庆寺平面复原图
（姜东成绘制）

双塔之北，布置有二堂，前一堂很可能是法堂，堂后复有一堂，中间连以穿廊，形成宋元时期常见的"工字殿"式格局。二堂与三门之间连以东西两庑，两庑的功能是为寺中僧侣提供生活起居空间，由此形成一个紧凑而闭合的组群。在东西两庑中间，对称嵌立了东西二阁，东阁为圆通阁，阁内供奉大悲菩萨和弥勒、金刚手等造像；西阁为总持阁，这是一座经藏阁，但在阁内同时设置有一座宝塔，环绕塔之四周布置经橱。

主殿之后的中轴线后部，在二堂之后又有二殿：一为供奉护法神之殿，大约相当于后世的伽蓝殿；二为多闻天王殿，这很可能是延续了唐宋时期在寺院西北隅供奉北方毗沙门天王的传统。由此推测，多闻天王殿可能在寺之西北隅，而护法神之殿可能在寺之东北隅。

此外，寺之东侧布置有厨堂、库院等庖井类后勤设施；寺之西侧布置有斋堂。庖井与斋堂，都应该配置在寺院的辅轴线上。据姚燧的记载，西侧还有一组建筑，称为海会（院）。这里可能是一个对外的商业空间，其中"列为市肆"，用来出租，并利用出租所得经费，支持寺内僧徒的日常生活。既是"列为市肆"，很可能具有一定的规模，如沿西侧形成一个系列的院落及沿街店面。由此或也可以推测出，这座寺院的西侧很可能紧邻一条商业气息浓厚的街巷。

5. 大都崇恩福元寺

元成宗大德十一年（1307 年），大都城内又兴造了一座皇帝敕建的寺院，"所宜于都城南，不杂阛阓，得是吉卜，敕行工曹，觉其外垣，为屋再重，逾五百础。" ❶ 其位置大约在今日的北京丰台地区，寺内的建筑物约 500 础，若将其理解为 500 根柱子，以一座殿堂平均为 25 根柱子计，大约有 20 座殿堂、庑房。

这座寺院的布局，似乎与普庆寺有一些不同："门其前而殿于后，左右为阁，楼其四隅，大殿孤峙，为制正方，四出翼室。文石席之，玉石为台，黄金为趺，塑三世佛。后殿五世佛，皆范金为席台及趺，与前殿一。诸天之神，列塑诸庑，皆作梵像，变相诡形，怵心骇目，使人劝以趋善，惩其

❶ 钦定四库全书.集部.总集类.［元］苏天爵编.元文类.卷二十二.姚燧.崇恩福元寺碑.清文渊阁四库全书本.

为恶。……至于其榱题桷桷，藻绘丹碧，缘饰背金，不可资算。楯槛衡纵，捍陛承宇，一惟玉石，皆前名刹所未有。榜其名曰大崇恩福元寺。用其愿言，外为僧居，方丈之南延为行宇，属之后殿，库厩庖湢，井井有条。"❶ 寺院的核心是一座大殿，殿内供奉三世佛，殿平面为正方形，大殿的四个方向各出翼室，形式略如现存正定隆兴寺宋代摩尼殿的格局。

大殿之后为后殿，后殿之内供奉有五世佛。大殿之前为前殿，前殿之前则为寺之三门。三门、前殿、主殿与后殿通过两侧的庑房连接，庑房内塑有诸天之神。主殿之前左右对峙有东西二阁，可能是经藏阁与钟阁。中央核心庭院之外布置有僧居、方丈，其南有行宇，可能是接待服务性设施。后殿两侧则布置有库院、马厩、庖厨、湢浴之属（图6）。

❶ 钦定四库全书．集部．总集类．[元] 苏天爵，编．元文类．卷二十二．姚燧．崇恩福元寺碑．清文渊阁四库全书本．

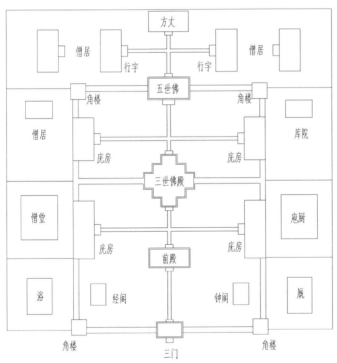

图6 崇恩福元寺平面推想图
（作者自绘）

二、元代镇江几座寺院的建筑配置

除了上述5座记录稍详的典型敕建寺院外，元代史料中还散见许多地方寺院的描述，透过这些描述多少可以了解这些寺院的大致空间布局与建筑配置。这里仅举出《至顺镇江志》中提到的几座寺院，略窥这一时期地方寺院的大致空间配置。

1. 镇江本府洪福寺

洪福寺的前身是南宋乾道初年（1165年）始创的一座小庵，南宋淳熙九年（1182年）再加扩建："其徒宗闻，游方于襄阳定慧得度，出大愿力，建五轮藏、诸天阁。僧行有堂，得度有次，削发凡一十一人。未几，寝室、丈室、香积厨、祖师堂、宣明堂，皆落成。于是，尼妙正绣罗汉诸天，施之钟磬、幢昵、香火瓜花，种种庄严矣。独一殿未立，阄慊然积累，阅十裁而就。曳材垩土，以身率之；檀众用勤，规模井井。一旦粲然，争雄于京口诸刹。"❶

显然这是一座宋代寺院，只是在元代时保存较好，仍属镇江地区的名刹之一。从行文中看，寺院内有五轮藏、诸天阁、僧堂、戒坛、丈室、寝室、香积厨、祖师堂、宣明堂以及钟磬设施。寺内的主殿是经历了10年时间才建成的。当然，寺内无疑应该还有三门、僧寮甚至法堂等建筑，只是这里没有详细记述。值得注意的是，这座创建于宋代的佛寺，还带有明显的宋代建筑配置特征。如寺内的五轮藏、僧堂、诸天阁、香积厨、宣明堂等建筑，在宋代寺院中是十分常见的配置，而在元代的相关文献中则极少提到转轮藏、僧堂、诸天阁、宣明堂等建筑；香积厨之称，在有关元代寺院的描述中也较为少见。

2. 镇江丹徒长乐寺

镇江丹徒县长乐寺创建于宋绍兴年间（1131—1162年），元代皇庆元年（1312年）加以重修："皇庆壬子，又施余资为大殿、为法堂、为庑、为库，役广而费重，历十寒暑，构而未完，……后十年，僧智安建东廉，又率守观建西庑。广茂募众力构钟楼，立塔七级，肖灵山会十六应真象于殿。德椿、德渊建藏殿、经阁，善奇、智寿各以己力并募施资，立普庵象于东庑，二力士于门，造函经以度于合。先是，僧善应、德明建方丈、堂宇，智安又加涂塈丹垩而覧其地，治巨镛鱼磬皿器，寺所宜有悉备焉。"❷

其寺有三门，门内有二力士造像，门内沿中轴线布置有大殿、法堂、藏殿、方丈，左右有钟楼、经阁。中轴线两侧为东、西两庑。另寺内有一座七层佛塔，位置不详，从行文看，似乎在大殿之前、对峙而立的钟楼与经阁之间。寺中轴线左右则配置有庖厨、库院及僧寮、斋堂等后勤服务设施。

3. 镇江丹徒平等寺

丹徒县平等寺初为一座小庵，渐次扩而成寺："越明年，堂殿告成，室处庖湢咸具。乃因待制陈公槱丐名于府，得金坛废寺之额，曰平等。一传而道圆，复为门、为殿、为阁、为藏；再传而法清，义为堂、为丈室。凡向之室处庖湢，皆斥而广之。"❸

❶ [元]俞希鲁.至顺镇江志[M].卷九.僧寺.寺.本府.南京：江苏古籍出版社，1999.

❷ [元]俞希鲁.至顺镇江志[M].卷九.僧寺.寺.丹徒县.南京：江苏古籍出版社，1999.

❸ [元]俞希鲁.至顺镇江志[M].卷九.僧寺.寺.丹徒县.南京：江苏古籍出版社，1999.

这座规模不大的寺院，有沿中轴线布置的三门、佛殿、法堂、丈室，另有阁与藏，可能是对峙而立的钟阁与经藏，此外，则是布置在寺中轴线两侧的寮室、僧舍、庖厨、湢池之属。

4. 镇江丹徒鹤林寺

鹤林寺，又称鹤林山报恩光孝禅寺，唐及五代时称竹林寺。寺中原有夹山丈室，宋末咸淳二年（1266年），"古镜师庆清自当涂隐静山来居之。"自师至后不多年，"葺三门、经藏、佛殿，及诸像设，费甚彩，……明年，寝堂、丈室、祠宇、寮院、轩槛、栏循、器具、床座，莫不毕葺。又明年，为库、为庑、为庖、为湢、为圊、为庐、为垣、为逵，术百役踵兴，惟善法堂，大役也，未易谋。……乃倒囊钵鸠工选材，悉力竭作，未一年而堂成。" ❶

显然这是一座重建于宋末元初的寺院，寺中有三门、佛殿、经藏及最后创建的善法堂。此外，则有方丈的寝堂、丈室，僧人的寮院，以及供奉祖师、伽蓝诸神的殿堂（祠宇）和寺中后勤服务用的库房、庖厨、庐舍（庐）、浴室（湢）、厕所（圊），乃至寺周的围垣（垣），寺旁的道路（逵），如此等等。

5. 镇江丹阳报恩庵

不仅寺院建筑配置紧凑完备，元代的一些佛庵也有相当完整的空间组织与建筑配置，如镇江丹阳市报恩庵。这是一座元代延祐四年（1317年）由丹阳人束氏兄弟创建的寺庵："乃辟新基，拓故址，建堂五楹，挟以两厦，东西为廉，十有二庭。前立山门，中构佛宇，修廊旁翼，崇墉外缭，肖形奉先。左右有室，斋房庖湢，靡不毕具，……钟镗鼓镗，震眩观听。经始于延祐丁巳，讫工于泰定丁卯。" ❷

寺庵于延祐四年（1317年）动土，建成于泰定四年（1327年），前后经历了10年时间。庵之前为山门，山门以内为佛宇，可能是佛殿的所在，庵中还布置有五间之堂，应该是法堂的位置。堂两侧有挟屋，殿与堂之东西各有侧房（东西为廉）。山门、佛宇、法堂之间用修廊连接。中心廊院之左右，有斋房、庖厨、僧舍、客堂（左右有室，斋房庖湢）。此外，寺内还悬有钟与鼓，但是否有钟楼与鼓楼却不得而知。但这至少说明，在元代寺庵中，已经出现了钟鼓同时并置于寺院中的做法。

重要的是，这座小庵似乎有12座庭院。想象其庵的建筑分为三路，中间一路，以山门、佛殿、法堂以及法堂之后的丈室构成4个院落。左右两路，再各分为4个院子，分别布置左斋右室、前庖后厨、库院湢池、僧寮客堂之属。如此正可以形成12个尺度不大的小庭院（图7）。这很可能也是当时小型寺院的标准空间组织模式。

❶ [元]俞希鲁.至顺镇江志[M].卷九.僧寺.寺.丹徒县.南京：江苏古籍出版社，1999.

❷ [元]俞希鲁.至顺镇江志[M].卷九.僧寺.庵.丹阳县.南京：江苏古籍出版社，1999.

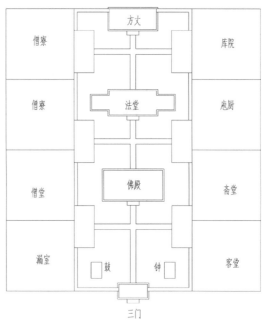

图 7　丹阳报恩庵十二庭平面推想图
(作者自绘)

三、关于寺院建筑配置的一般性讨论

由于元代国祚较短，且有元一代的南方地区在佛教文化上，还较多地沿袭了两宋时期特别是南宋时期寺院建筑的基本配置模式与寺内建筑物的基本建造手法，所以，有时很难将宋元时期佛教寺院做截然的分割。结合上文中择选的几座元代寺院，并结合两宋时期的寺院发展，或可对宋元时期寺院建筑空间的基本特征做一点简单而扼要的概括。

自两宋以来，佛教寺院中的建筑配置渐趋规制化，沿中轴线布置的建筑系列渐趋明晰，一般是以三门、佛殿、法堂、方丈这样一个基本的序列安排。有时候，在中轴线的后部，特别是法堂之后、方丈之前，还会出现经藏殿、观音殿阁、华严殿阁或毗卢殿阁等殿阁建筑。也有时候，位于寺院中轴线上的楼阁建筑会以组群的方式出现，如在中央楼阁两侧再布置两座朵楼或配楼。有时还会在主楼与朵楼之间设置飞虹桥。

除了两庑之外，在主殿之前的两侧配置钟楼、经阁是自唐代以来就已经成熟的建筑配置方式。或有将罗汉院与水陆院分置寺院两侧的做法，而更为常见的似乎是将僧堂与庖库分置在寺院的两侧。这一特点在潘谷西先生的研究中已经被注意到。他特别引用了宋代僧人大休正念提到的"山门朝佛殿，厨库对僧堂"的说法❶，来证明僧堂与庖厨的左右相对。如前文已经提到的，僧堂建筑一般会被布置在寺院的西侧，而庖厨与库院会布置在寺院的东侧。这一配置方式，自两宋时期似乎就已经十分成熟了。但实

❶ 潘谷西.中国古代建筑史[M].第四卷.元明建筑.引《大休录》.北京:中国建筑工业出版社,2001:304.类似的说法见于:[明]圆极居顶.续传灯录.卷十四.大鉴下.第十三世.大正新修大藏经本.原文系明州瑞岩永觉禅师的一段禅机偈语:"见麦里有面,厨库对僧堂,三门对佛殿,喝一喝。"

Figure labels: 方丈 / 僧寮 / 库院 / 僧寮 / 法堂 / 庖厨 / 僧堂 / 佛殿 / 斋堂 / 漏室 / 鼓 / 钟 / 客堂 / 三门

图8　宋元时期寺院基本空间配置示意图之一
（作者自绘）

际的配置中，还会出现如东、西方丈院配称，东库院、西寮房左右配称的做法（图8）。

此外，宋元寺院或道观中，亦有可能会出现东库堂、西云堂左右配称的做法。例如元代茅山道观建筑群中："初登山为通仙桥，直元符万宁宫门，左官厅，右浴室；第二门曰玉华之门，正殿祠三茅真君，曰天宁万福殿，左玉册殿，右九锡殿，东庑景福万年殿，西庑飞天法轮殿；左钟楼，右经阁，天宁殿后为大有堂，东库堂，西云堂，云堂后为宝箓殿，景福殿后为云厨，大有堂后曰众妙堂。"❶ 这座道观，主门内，左（东）官厅，右（西）浴室；正殿前，有左右配殿及左右庑房，还有寺院中常见的左（东）钟楼、右（西）经阁；主殿之后为大有堂，其前左右，东为库堂，西为云堂，云堂之后为宝箓殿，景福殿后为云厨，大有堂后为众妙堂。因为景福殿在观之东侧，说明云厨也在寺院东侧，与东库堂相邻近。这一点说明，厨库在寺院或道观的东侧，是宋元时期常见的配置。

另据宋人撰《（嘉定）赤城志》，在黄岩县禅院证法院中亦设有云堂，而在这座寺院中"云堂立西南隅。"❷ 也佐证了寺院内的云堂可能被布置在寺之西侧的配置原则。只是，这时的云堂与僧堂是否具有相同的功能，尚不十分清楚。

换言之，从建筑的宗教功能角度观察，在一座寺院中僧堂的地位应该比厨库的地位要高，而与厨库相当的建筑应该是僧人生活起居的寮房。前文已经谈到，寮房往往会与斋堂同时配置在寺院中轴线的左右两侧。寮房

❶ [元]刘大彬.茅山志.楼观部.第九篇.卷十.宫观.元刻本配明刻本.

❷ [宋]陈耆卿.（嘉定）赤城志.卷二十八.寺观门二.清文渊阁四库全书本.

与僧堂的关联比较密切，而与斋堂关联更为密切的恰恰是庖厨与库堂。事实上，宋元时期的寺院，多将庖厨、库院、斋堂布置在寺院的左（东）侧，而将寮房布置在寺院的右（西）侧。这或也从一个侧面验证了宋元时期一般寺院会将僧堂布置在西侧，而将厨库布置在东侧的基本方位特征。此外，与僧人起居关联比较密切的浴湢之所，也往往会布置在寺院的西侧。前面提到的元代道观，也是将浴室布置在寺院前部的西侧。

此外，自宋元时期起，明清寺院中常见的在寺院两侧对称配置伽蓝堂与祖师堂的做法已经开始出现萌芽。但这时的伽蓝神，还没有被固定为三国时关羽的形象。关于祖师堂内的配置，各个不同宗系的寺院在供奉对象上也各有千秋。潘谷西先生也注意到了这一点，而且特别肯定地明确了伽蓝堂与祖师堂是布置在寺院中轴线偏后位置的法堂两侧的。他引用了《南禅规式》中的一段话："宋国土地（即伽蓝）、祖师二堂在法堂左右。"[1] 当然，这里潘先生将"土地"神诠释为"伽蓝"神，正反映了中国汉传佛教寺院中的伽蓝神有一个逐渐形成的过程。在宋元时期，寺院中的伽蓝神还是一个十分不确定的神灵。一些寺院中将当地土地神看作是这座寺院的伽蓝神，还有一些寺院则将地方信仰中的神灵置于伽蓝神的地位。但将伽蓝堂与祖师堂布置在法堂左右，却很可能是宋元时期一些寺院中较为明确的配置方式。

更为重要的是，元代时的寺院中出现了钟楼与鼓楼对称配置的做法。同时，明清时期在寺院的前部设置供奉四大天王的天王殿的做法，在元代似乎已经出现萌芽，如在寺院前部殿堂内出现了对称配置两天王或四天神造像的做法。同时，有时还会在寺院正门之前设置金刚殿，殿内配置有二金刚造像。这些可能是后世天王殿建筑的萌芽形式。

当然，实际的寺院建筑配置，远没有达到完全制式化的程度。两宋与元代一系列寺院建筑配置中梳理出来的这些基本的配置方式（图9），也只是在一定程度上显现了某种规律性的趋势，但即使是看似见于某种明确表述的规制性配置，

图9　宋元时期寺院基本空间配置示意图之二
（作者自绘）

❶　潘谷西．中国古代建筑史[M]．第四卷．元明建筑．北京：中国建筑工业出版社，2001：304．

也未必能够在同一时期的每一座寺院中体现出来。

当然，因为宋元时期的寺院，还具体地划分为律寺、禅寺、教寺（讲寺），或分为十方寺院、甲乙寺院。即使是较为常见的十方禅寺中，还有不同的宗系划分。而且，所有的史料文献记载，对于每座建筑的方位布置也多语焉不详。所以，对寺院内空间与建筑配置的规律性探讨与界定，无疑是一件十分困难的事情。基于文献与实例的分析，对宋元时期最为重要与常见类型建筑的可能布置方位做一些探讨，大致地勾勒出一个可能的空间配置轮廓，或可对理解宋元时期寺院的空间与建筑分布特征有一定的助益。

除了上文所列这些基本的建筑配置外，元代寺院中还可能有一些其他的建筑配置，如大士殿、忏殿、华严殿、文殊殿、普贤殿、千佛殿、宣明堂、云堂，甚至十六观堂等建筑。这些多是沿用自两宋时期的佛寺建筑配置，且在寺院中出现的频次远不及前面所列诸种建筑类型，故这里不再做进一步的梳理。

四、见于文献记载的元代寺院单体建筑

尽管有元一代对佛教采取了允让与扶植的态度，使元代佛寺建设虽然受到金宋末年战火的蹂躏，却仍然保持了较为强劲的活力，南方寺院延续了南宋时期的发展势头，而北方寺院在元统治者的推动下，也有较为明显的建造与发展。但是，几乎没有一例较为完整的元代寺院留存至今，寺院单体建筑中的元代遗构也如凤毛麟角。因此，列出一些见于文献记载且有较为确切尺寸描述的元代寺院单体建筑（表1），对于了解这一时期佛寺单体建筑类型、尺度与规模或有一定的助益。同时，也能够对元代佛教建筑史上单体建筑实例贫乏的现状做些微的弥补。

表 1　见于文献记载的部分元代寺院单体建筑

序号	建筑物		文献记载	史料出处
	类型	名称		
1	山门	抚州帝师寺三门	前立三门，崇二常有四尺，广视崇加一尺，深视广杀有二尺	《吴文正集》卷50
2		嘉兴天宁万寿禅寺山门	作门以间计者五，其高七寻有半，深其高寻有二尺，左右设文武官像之次，且用阴阳家说筑案阜于官河之南，培主山于丈室之北，树以奇石，……	《金华黄先生文集》卷13
3		东皋福昌寺山门	殿之高六寻七尺有畸，其深六寻，广如其深之数。三门高深，视殿之寻尺差少，而广如之	《九灵山房集》卷28
4	大殿	抚州帝师寺正殿	中刱正殿，崇二常有半，广视崇加寻有五尺。深视广杀寻有七尺	《吴文正集》卷50
5		平江承天能仁寺大殿	首建大殿，殿楹之高百三十尺，其大围十有五尺。厚栋修桷，曲栾方䙡，咸与楹称。楹之表上至屋极，又若干，修去其崇若干尺，广加其修若干尺	《金华黄先生文集》卷12

匠学薪传——中国营造学社诞辰90周年纪念文集

序号	建筑物 类型	建筑物 名称	文献记载	史料 出处
6	大殿	镇江普照寺大殿	殿高四十四尺,纵广五十尺,耽如翼如,像设毕具,门与庑列,左右备扃镝,又凡十有五楹	《至顺镇江志》卷9
7	大殿	镇江大兴国寺大殿	大兴国寺,在夹道巷。……内一寺,佛殿四柱高四十尺,皆巨木,一柱悬虚尺余	《至顺镇江志》卷9
8	大殿	蒋山宝公塔院大殿	当其前为正殿,以间计者三,其高六寻,修如其高,而益寻有二尺以为其广	《金华黄先生文集》卷12
9	大殿	蒋山宝公塔院观音殿	后为观音殿,以间计者五,而其崇,减于正殿五之一。正殿之旁,翼以应梦之楼、弥勒之阁,辟两扉而作堂	《金华黄先生文集》卷12
10	大殿	东皋福昌寺大殿	不数年间,佛殿、三门、两庑,既溃于成。……殿之高六寻七尺有畸,其深六寻,广如其深之数	《九灵山房集》卷28
11	法堂	抚州帝师寺法堂	后建法堂,崇视常九尺,广视崇加寻有二尺五寸,深视广杀寻有二尺五寸	《吴文正集》卷50
12	楼阁	百丈山大智寿圣寺天下师表阁	阁为屋,以间计者五,其崇百有二千尺,三其崇一之一,以为其修,三其修,以为其广	《金华黄先生文集》卷11
12	楼阁	百丈山大智寿圣寺天下师表阁	阁为屋,以间计者五,其崇百有二十尺,三其崇一之一,以为其修,三其修,以为其广	《敕修百丈清规》卷8
13	楼阁	平江承天能仁寺万佛阁	首建大殿,殿楹之高百三十尺,……殿之后有万佛阁,其楹加于殿楹三十尺。阁为间五,而东西朵楼为间四,隆其中而杀其旁,纵横修广,各中于度,……	《金华黄先生文集》卷12
14	楼阁	元哈剌和林佛寺兴元阁	宪祖继述,岁丙辰,作大浮屠,覆以杰阁,鸠功方殷,六龙狩蜀代工,使能伴督络绎,力厎于成阁五级,高三百尺,其下四面为屋,各七间环列,诸佛具如经旨	《中州名贤文表》卷22
15	佛塔	蒋山宝公塔院佛塔	塔之趾径六莛,以渐而锐其上,六面五级,周以步檐,最下一级,飞榱外出,至二十有二尺	《金华黄先生文集》卷12
16	佛塔	宝林华严教寺塔	宋乾德初,僧皓仁即故址创新塔,九层八面,其高二百三十尺,塔附于寺,同号应天。……至元三十年来,补其处,架杰屋于法堂之北,以间计者九	《金华黄先生文集》卷12

注：表中所列 13 座佛教寺院中不同类型的单体建筑，见于元代的史料文献。

　　为了对这些记载有一个直观的印象，或可通过分析将上表的数据换算为今天的用尺尺寸。已知元尺与宋尺的基本尺度比较接近，宋尺的长度范围 1 尺大约为 30.9~32.9 厘米。由于没有元尺的详细数据，暂以坊间所传标为 5 尺、实测为 158.4 厘米的一把"黄花梨木"的"元尺"❶为标准，按照这把尺折合，则 1 元尺当为 31.68 厘米。以此尺大约可以将上面主要建筑的基本尺度推算出来，如表 2 所示。

❶ 金克木. 元代黄花梨——天下第一尺. 雅昌论坛.

表 2 文献记载之元代寺院单体建筑尺寸换算

序号	建筑物		通面广	通进深	高度	史料出处
	类型	名称				
1	山门	抚州帝师寺三门	4 寻 5 尺（37 尺）	3 寻 3 尺（27 尺）	4 寻 4 尺（36 尺）	《吴文正集》卷 50
			11.72 米	8.55 米	11.40 米	
2		嘉兴天宁万寿禅寺山门	5 间（87.5 尺）	7.5 寻 +1 寻 2 尺（4 间 70 尺）	7.5 寻（60 尺）	《金华黄先生文集》卷 13
			27.72 米	22.18 米	19.01 米	
3		东皋福昌寺山门	6.0 寻（48 尺）	6.0 寻（48 尺）	6.7 寻（53.6 尺）	《九灵山房集》卷 28
			15.21 米	15.21 米	16.98 米	
4	大殿	抚州帝师寺正殿	6 寻 5 尺（53 尺）	4 寻 6 尺（38 尺）	5 寻（40 尺）	《吴文正集》卷 50
			16.79 米	12.04 米	12.67 米	
5		平江承天能仁寺大殿			柱高 130 尺	《金华黄先生文集》卷 12
					柱高 41.18 尺	
6		镇江普照寺大殿	50 尺	50 尺	44 尺	《至顺镇江志》卷 9
			15.84 米	15.84 米	13.94 米	
7		镇江大兴国寺大殿			柱长 40 尺，悬地 1 尺，柱顶高度 41 尺	《至顺镇江志》卷 9
					柱顶距地 12.99 米	
8		蒋山宝公塔院大殿	7 寻 2 尺（58 尺）	6 寻（48 尺）	6 寻（48 尺）	《金华黄先生文集》卷 12
			18.37 米	15.21 米	15.21 米	
9		蒋山宝公塔院观音殿	5 间		48−9.6=38.4 尺	《金华黄先生文集》卷 12
					12.17 米	
10		东皋福昌寺大殿	6 寻（48 尺）	6 寻（48 尺）	6 寻 7 尺（55 尺）	《九灵山房集》卷 28
			15.21 米	15.21 米	17.42 米	
11	法堂	抚州帝师寺法堂	4 寻 3.5 尺（35.5 尺）	3 寻 1 尺（25 尺）	3 寻 1 尺（25 尺）	《吴文正集》卷 50
			11.25 米	7.92 米	7.92 米	
12	楼阁	百丈山大智寿圣寺天下师表阁	120 尺	40 尺	120 尺	《敕修百丈清规》卷 8
			38.02 米	12.67 米	38.02 米	
13		平江承天能仁寺万佛阁	5 间	5 间	柱子高 160 尺	《金华黄先生文集》卷 12
					50.69 米	
14		元哈剌和林佛寺兴元阁	7 间	7 间	300 尺	《中州名贤文表》卷 22
					95.04 米	
15	佛塔	蒋山宝公塔院佛塔	塔为六边形	副阶出檐长度 22 尺	塔高 5 级	《金华黄先生文集》卷 12
				副阶出檐 6.97 米		
16		宝林华严教寺塔	塔为八边形	塔为八边形	塔高 9 层 230 尺	《金华黄先生文集》卷 12
					72.86 米	

注：1 常 =2 寻，1 寻 = 8 尺，1 尺 = 31.68 厘米

尽管这些尺寸记述得十分粗略，但仍然可以看出元代建筑的一些端倪，如元代哈剌和林城佛寺中的兴元阁，高达 300 尺，约 95.04 米，是一座相当高的木构楼阁建筑（图 10）。而平江承天能仁寺的万佛阁，仅其柱子的高度就有 160 尺，约合 50.69 米，则其阁的高度也是可以想象的。嘉兴天宁万寿寺山门，高为 7.5 寻（60 尺），进深比高多出 1 寻 2 尺，则进深为 70 尺。其面广仅给出了"5 间"这一信息。若假

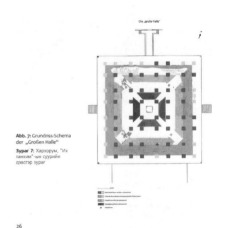

Abb. 7: Grundriss-Schema der „Große Halle"

Зураг 7: Хархорум, "Их танхим"-ын суурийн дэвсгэр зураг

26

图 10　兴元阁遗址考古平面图
（旅日学者包慕萍提供）

设其进深为 4 间，如果按照平均每间的开间尺寸推测，面广的长度约为 87.5 尺。如此可以推想，其门高 19.01 米，进深 22.18 米，面广 27.72 米（图 11）。可知这座寺院山门的尺度，也是比较大的。当然，要对这些记录做出某种合乎当时结构与建筑逻辑的还原，还有很多分析与探讨的工作可做，这或是下一步的研究中可以深究的问题。

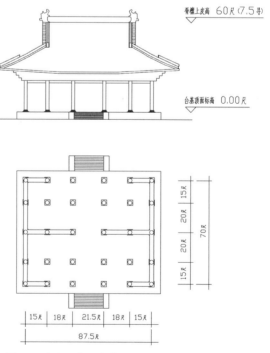

图 11　嘉兴天宁万寿寺山门平立面基本尺度示意图
（作者自绘）

匠学薪传——中国营造学社诞辰90周年纪念文集

存世圆明园匠作则例考察

赵萨日娜

[北京市考古研究院（北京市文化遗产研究院）]

摘要： 有清一代建筑营建工程数量众多，留下了大量指导、管理工程实施的匠作则例，其中与圆明园工程相关的则例占较高比例。本文列举目前存世的圆明园官修匠作则例 22 种，对其类型进行探讨，并从中选取四种作为典型则例，分别介绍其编修背景、基本结构，简要梳理、归纳其内容；以其中的文本为主要依据，对圆明园工程则例的衍生源流进行辨析，探讨圆明园则例的应用范围。

关键词： 匠作则例，圆明园，则例类型，衍生源流

Abstract: A large number of government buildings were built in the Qing dynasty. Handicraft regulations were compiled in order to guide and manage the construction process. The regulations concerning the Yuanmingyuan (Garden of Perfect Brightness) account for a large part. This article discusses twenty–two official regulations compiled to create the garden and, among them, identifies several types through comparison of their similarities and differences. Four (types of) regulations can be regarded as typical. Based on a detailed study of their text structure and editing history, the author makes some conjectures about the origin and evolution of these regulations before demonstrating their actual application and use in the Yuanmingyuan and beyond.

Keywords: handicraft regulations, Yuanmingyuan, regulation type, origin and evolution

一、匠作则例概述

"则例者，聚已成之事，删定编次之也" ❶，一般代表官方编纂、具有律法性质的规章。"匠作则例"的命名最早由王世襄先生提出，名称中"匠作"代表其涉及"有关营建制造的各作工匠" ❷，"则"代表法则或准则，"例"代表成例或定例，"匠作则例就是把已完成的建筑和已制成的器物，开列其整体或部件的名称规格，包括制作要求、尺寸大小、限用工时、耗料数量以及重量运费等，使它成为有案可查、有章可循的规则和定例。" ❸ 匠作则例的编纂，主要是为了应对皇家或官方建筑工程中的估算与核销，却在无意中保留了诸多关于匠作做法的信息，是研究清代营造业、手工业的重要资料。

对清代匠作则例的搜集、整理、研究工作肇始自中国营造学社（以下简称营造学社或学社），前辈学者们多方搜集"手抄小册"，开展整理和研究工作，《营造算例》《清式营造则例》《清官式石桥做法》等均为其中的代表性成果。学社停止活动后，王世襄先生独力继续匠作则例的整理工作，并将多方搜得的则例 73 种进行了分作汇编。 ❹

---

❶ 故宫博物院印行，总管内务府现行则例序。

❷ 文献 [10].

❸ 文献 [11]，前言。

❹ 先后出版《清代匠作则例汇编》两册，内容包括佛作、门神作、装修作、漆作、泥金作和油作。参见：文献 [15]、文献 [16]。

❶ 文献 [10].

❷ 文献 [13]: 25–29, 274.

❸ 文献 [14]: 128–144, 264.

❹ 2019 年，圆明园新入藏一套二函四十八册的抄本《圆明园匠作则例》，但未披露详细信息，暂不列入讨论。

❺ 此编号系该文献在《清代匠作则例联合目录》中的对应编号。首位数字代表其所属类型：1– 则例，2– 清册，3– 做法，4– 分法，5– 物价和工价。

❻ 表中所使用的图书馆简称：国图 – 中国国家图书馆，文研院 – 中国文化遗产研究院（原中国文物研究所），中大 – 香港中文大学图书馆，中研 – 台北"中央研究院"历史语言研究所，图宾根 – 图宾根大学中文韩文系（德国），芝加哥 – 芝加哥大学（美国），斯坦福 – 斯坦福大学（美国），北大 – 北京大学图书馆，清华 – 清华大学图书馆，古建所 – 北京市古建筑研究所，国会 – 国会图书馆（日本）。

❼《联合目录》显示共五个版本，据清华大学图书馆及清华大学建筑学院的藏书记录，共有四个版本藏于清华（详见下文），第五版本藏所不详。

前辈学者为了解读和利用匠作则例，对其进行了多角度的类型划分，具体而言：按颁行方式分为刊本与抄本，按适用范围分为外工与内工，按来源出处分为官方和私辑。❶一般来讲，刊本多涉及外工，内工仅见抄本。官方刊本和抄本多归入各大图书馆和研究机构的古籍收藏，私辑抄本则主要见于各机构算房、样式房专项收藏中。❷

2003 年，德国图宾根大学汉学研究所与清华大学科技史暨古文献研究所合作编定的《清代匠作则例联合目录》（以下简称《联合目录》），开列了海内外各图书馆、大学和研究单位收藏的匠作则例二百余种，虽未涉及算房、样式房传抄的私辑则例，但在资料数量上已十分可观，为匠作则例资源的查找提供了极大的便利。根据《联合目录》，目前存世的匠作则例中既有不针对具体工程项目的通用型则例，例如《工程做法》《内庭大木石瓦搭土油裱画作现行则例》；也有以具体项目为契机所编纂者，例如《热河工程则例》《崇陵工程做法册》及圆明园相关则例等，其中圆明园则例的存世数量及版本类型均在此类则例中占据了极高的比例。

此前已有学者注意到圆明园相关则例的丰富性和重要性，从建筑学角度展开了研究，郭黛姮《〈圆明园内工则例〉评述》❸即以若干种"圆明园内工则例"为主要依据，对清代官式建筑的建造及分工进行了论述。本文将主要关注文献本身，统计整理《联合目录》中开列的圆明园则例，对其中几种则例进行重点解读，尝试辨析其衍生源流，为此后的研究提供参考。

二、圆明园匠作则例一览

据《联合目录》，海内外现存与圆明园工程相关的匠作则例共计 22 种❹，均为抄本，部分则例存有若干版本（表 1）。

表 1　存世圆明园匠作则例汇总

分类编号❺	名称	卷册	版本	藏所❻	出版情况
1-2-6	总管内务府圆明园则例	2 册	抄本	中国国家图书馆	《清代宫苑则例汇编》（八）
1-4-6	内庭圆明园内工诸作现行则例	34 册	乾隆年间抄本	文研院 中大 中研 图宾根 芝加哥 斯坦福	《清代匠作则例·壹》
1-4-7	内庭万寿山圆明园三处汇同则例	37 册	乾隆年间抄本	北大 图宾根 中大	《清代匠作则例·贰》
1-4-8	圆明园内工则例	16 册	抄本	国图	未出版
1-4-9	圆明园内工现行则例	16 卷	抄本	清华❼	《中国科学技术典籍通汇·技术卷一》
1-4-10	圆明园则例	20 册	抄本	国图	未出版
1-4-11	圆明园工程则例	4 册	抄本	文研院	未出版

分类编号	名称	卷册	版本	藏所	出版情况
1-4-12	圆明园工程则例	2 册	抄本	国图	未出版
1-4-13	圆明园工程现行则例	13 册	抄本	古建所	未出版
1-4-14	圆明园工程现行则例	2 册	抄本	文研院	未出版
1-4-15	圆明园内工程做法则例	7 册	抄本	文研院	未出版
1-4-16	圆明园内工工料则例	4 册	抄本	国图	《清代宫苑则例汇编》（七）
1-4-17	圆明园内工画作则例	4 册	抄本	国图	《清代宫苑则例汇编》（八）
1-4-18	圆明园内工汇成工程则例	8 册	抄本	北大	未出版
1-4-19	圆明园万寿山内庭汇同则例	35 册	抄本	国图	《清代宫苑则例汇编》（一至六）
1-4-20	圆明园万寿山景山各工物料轻重则例	1 册	同治十三年（1874 年）抄本	北大	未出版
1-4-21	圆明园转轮藏开花献佛木作则例	1 册	抄本	国图	未出版
1-4-22	万寿山工程则例❶	19 册	抄本	国图	《清代宫苑则例汇编》（九至十二）
1-4-23	热河工程则例	17 册	抄本	国图	《清代宫苑则例汇编》（十六至十八）
1-4-24	圆明园内工杂项价值现行则例	1 册	抄本	中研	未出版
1-4-25	圆明园工程做法则例	9 册	抄本	国会	未出版
5-3	内工圆明园物料斤两价值	1 册	抄本	国图	未出版

根据类型和体例的区别，可将上述则例分为以下四类：

（1）政书类

《总管内务府圆明园则例》（编号 1-2-6）是唯一一部符合此类型的则例。全书共二册，为内务府抄本，涉及员役定额、奏销房地租、应用物件、修理桥梁、修艌船只、行文注销、稽查园户、安设寺庙喇嘛、值年官员、改称园庭匾额等方面，其内容以奏文和政令为主，并未涉及具体匠作信息。该则例虽被收录于《联合目录》中，实际并不属于严格意义上的匠作则例。

（2）做法类

做法类则例是记载某处具体工程的专门则例，多由工程人员现场抄录完成，并无固定体例，一般逐一记录单体建筑各部位的构件名称、具体做法、尺寸等信息，更详细者还会附上用工、用料信息。《内庭万寿山圆明园三处汇同则例》的"斗科分晰"一册即为做法类则例，其内文为"斗口单昂，每攒除桁椀分位，计高三踩，内：单昂、蚂蚱头各一层，里外各一拽架……假如斗口三寸，每

❶ 本则例及下栏的《热河过程则例》正文大量抄录了圆明园则例，故将其一并列入讨论。

攒自平板枋上皮至正心桁中，高二尺八寸一分，内系大斗底高三寸六分……"这一格式。除此之外，任一圆明园则例卷册中均未再发现做法类则例。

（3）工料类

以《圆明园内工工料则例》《圆明园内工画作则例》为代表。工料类则例是指专门记载某一匠作工种具体做法和用工用料的则例，体例格式通常是逐条开列构件做法、计量单位，并说明所耗物料的种类、用量以及所需人工，例如"落地明连三横披连三飞罩大框，高一丈至八尺、宽二尺二寸至一尺六寸，每扇用：长一丈零五寸、宽六寸、厚二寸楠木二块，……以上每扇用：木匠一工，水磨烫蜡匠一工。"❶这类则例可以直接反映建筑设计、用工用料等信息，具有很高的实用价值，在圆明园则例中最为常见。

（4）价值类

以《圆明园万寿山景山各工物料轻重则例》《圆明园内工杂项价值现行则例》为代表。价值类则例是指官方颁定的各种物价、工价、运价的清单❷，其体例一般是列出物料种类、计量单位，随后附价值或重量数据，如"一号筒瓦：内庭例长一尺一寸、宽四寸五分，每件：价银四厘；圆明园、万寿山例长九寸，宽八寸，每件：价银四厘。"❸价值类则例往往直接影响工程的奏销，并能在一定程度上反映当时社会的经济情况。

现存的圆明园则例中，多数为类似《内庭圆明园内工诸作现行则例》《圆明园工程则例》等的综合性则例，兼具工料和价值两种类型。

目前存世的圆明园则例在主题、体例和类型上存在很强的一致性，其正文内容也多有雷同，各版本间是否存在源流关系呢？下文将重点选取其中几部则例进行具体探讨。

三、几种重要则例的源流辨析

综合考虑则例完整性、架构逻辑性和保存信息多寡等因素，现选取《内庭圆明园内工诸作现行则例》、清华大学藏16卷本《圆明园内工现行则例》《热河工程则例》《圆明园万寿山内庭汇同则例》四种则例进行简要介绍和源流考证。

1.《内庭圆明园内工诸作现行则例》

该书中多页钤有"乾隆御览之宝"，正文中有"乾隆六年修理内工……"、"乾隆三十五年十一月初二日奉三、英二位大人准拟……"等记录，推测其成书时间为乾隆年间，且在乾隆三十五年（1770年）以后，是现存诸种圆明园则例中唯一明确可知编订于乾隆年间的典籍。❹现存六函三十四册，其原件不可获取，《清代匠作则例·壹》将其中重复内容予以删减，影印收录为二十六章，现据影印本内容对其进行分析。

❶ 引自《内庭圆明园内工诸作现行则例》内里装修作。

❷ 文献 [17]: 48.

❸ 引自《圆明园万寿山内庭三处汇同则例》中"三处汇同杂项价值则例"。

❹ 据《联合目录》，《内庭万寿山圆明园三处汇同则例》成书于乾隆年间，但纵观全书，仅在正文中夹杂"乾隆三年十一月内大臣海等奏准……"、"乾隆二十三年十一月初三日内圆明园印丈送到例册二本……"等字样，并无序跋、印章等明确反映年代的信息，故仅可将乾隆年间作为其编修上限，无法确定其成书时间，《清代匠作则例·贰》中亦仅将其定为乾隆后抄本，未确定具体年代。

《内庭圆明园内工诸作现行则例》是一部大型综合性则例，涉及圆明园工程的方方面面。开篇有目录和凡例三条，据首条凡例，"内外工程，内庭遵宫殿定例核算，外工照工部定例核算，至圆明园工程，按现行则例核算，并未刊刻颁行。乾隆六年修理内工，奏明照圆明园则例办理，但各项工作物料条目繁多，殊难画一。其园工例未及遍载者，仿照宫殿部司则例核算；至各工无例可稽款项，呈明核算奏销。今将曾经奏销比拟则例缮造成册，计十有六本，庶将来工务取证允平引援有据矣"。

一般来讲，颁行的每种则例均有其适用范围，但在乾隆六年（1741年）修建圆明园时，因原本的圆明园则例中大量内容未涉及，故借用内庭则例作为补充，至于未见于任何则例的做法，则将实际工程中的做法与工料详细记录，呈明奏销。这一过程说明了当时的则例在内容上存在大量不足，若此后的内工工程都比照圆明园的流程进行处理，势必会造成标准的混乱和核算奏销上的人力浪费，这种情况下需要一套更加全面的则例来把控圆明园，甚至是所有皇家园林的营建，此即该则例的编修背景。它的编纂以圆明园工程中参照的各则例和实际工程的奏销记录为基础，目的在于为以后的工程提供参考。

凡例中明确说明，本套则例"计十有六本"，同时"至琉璃瓦料一项……核算其样件价值俱未编入"；"铜锡镀金镀银亮铁取用各项工料则例，概不编入"。而该则例现存的内容中不仅收录了琉璃瓦料斤两、价值则例和铜锡镀金镀银亮铁等作则例，而且卷数远远超出了目录显示的16本。全书内容庞杂，结构不甚明朗，部分则例反复出现，且正文内容并不重合（表2）。该则例钤有"乾隆御览之宝"、满汉文"圆明园之条记"、"中国营造学社图籍"三种朱印，"乾隆御览之宝"出现在大木作、石作、物料斤两等8章则例中，"圆明园之条记"在全书的18章中都有分布，二者出现位置并不完全重合，但足以说明该则例基本维持了清代原貌。既然是曾经上呈御览的官修则例，为何在整体编修结构上仍然如此混乱呢？

❶ 本列以目录为依据对各章内容进行核对，内容不属于目录中任何一项的则留白。第二十五、二十六两章中收录则例种类众多、内容驳杂，本栏中仅列出其中能与目录对应者。

表2　影印本《内庭圆明园内工诸作现行则例》概览

编号	章节名称	乾隆御览之宝	圆明园之条记	中国营造学社图籍	内容❶
一	圆明园内工大木作现行则例	√		√	大木作
二	圆明园内工装修作则例		√	√	内里装修作
三	圆明园内工石作现行则例	√	√	√	石作
四	圆明园内工瓦作现行则例		√	√	瓦作
五	圆明园内工搭材作现行则例、圆明园内工土作现行则例		√		搭材作、土作
六	油作定例、画作定例、裱作定例		√	√	油作、画作、裱作
七	圆明园内工装修作现行则例			√	装修作

编号	章节名称	乾隆御览之宝	圆明园之条记	中国营造学社图籍	内容
八	圆明园漆活彩漆飐金定例		√	√	漆作
九	圆明园内工佛像现行则例				佛作
十	圆明园内工陈设现行则例			√	陈设作
十一	圆明园松木价值例		√		木料价值
十二	圆明园内工物料斤两现行则例	√	√	√	物料轻重
十三	圆明园内工杂项价值则例	√		√	杂项价值
十四	转输藏开花献佛木作定例		√	√	
十五	承光殿销算用过则例、杂项则例		√	√	
十六	宫殿斗科零星件数用工则例、斗科大木零星杂项则例		√	√	
十七	圆明园内拟定铺面房装修拍子以及招牌幌子则例、水车则例	√	√		
十八	圆明园供器把莲则例、圆明园桥梁并栏杆现行则例、园内修舱船只现行则例、新造如意船壹只销算则例		√		
十九	圆明园内工铜锡作现行则例、镀金作则例、错银作则例、水晶帘则例、西洋水法铸造激筒铜管等项活计按例应用物料匠夫则例、西洋细亮铁槽活则例、万寿山清漪园铸造铜殿处用工料比例	√	√	√	
二十	西窑琉璃价值则例、琉璃瓦料重量则例		√	√	杂项价值、物料斤两
二十一	圆明园内工衣服库现行则例、谐奇趣旧水法帘幔壁衣等项例、圆明园修补毡竹雨裰等帘定例		√	√	
二十二	装修续例	√	√	√	装修作
二十三	圆明园画作则例	√	√	√	画作
二十四	圆明园内工木料价值汇成则例			√	木料价值
二十五	万寿山栏杆分析例、成造苇子墙则例、圆明园各样廊灯工料价值则例、圆明园石料砖瓦琉璃等杂项价值则例、运石料加骡挂例等			√	杂项价值
二十六	万寿山广储司磁器库铜作、广储司锡作则例、内工油作现行则例			√	油作

纵观本套则例，与其说是编纂完成后的颁行则例，倒不如说更像编纂前的资料汇总。就其现存状况而言，装修作内容在第七章内工装修和第二十二章装修续例中两度出现❶，油作、彩画作、松木价值、杂项价值等则例也都反复收录，但前后文的具体内容则不完全相同。例如第十一章的"圆明园松木价值例"中仅规定了不同尺寸下松木料的价值变化，而第二十四章"圆明园内工木料价值汇成则例"则分别列出了红松和黄松的价值。再例如彩画作，在第六章的"画作定例"中共收录彩画做法92条，均为"则"的格式，即泛泛描述各类型彩画纹样、做法和工料，并无特指，如"椽子衬二绿刷大绿，每丈用：水胶二两、白矾二钱、二绿四两、大绿

❶ 第二章"装修作"内容实为"内里装修作"，或称"硬木装修"，与此处所列两章为不同种类。

八两，每二十丈画匠一工"；而在第二十三章"圆明园画作则例"中，收录的条目数量扩展为330条，其中不乏大量格式为"例"的词条，如"勤政大殿垂花门枋梁大木，苏做彩画二青地搭锦袱点金，海墁花卉，每丈用……"等。若追溯这两部分画作则例的来源，前者更有可能出自乾隆六年（1741年）修理内工时用作参照的"圆明园则例"，后者则对应了"至各工无例可稽款项，呈明核算奏销"这一情况，也就是说，本项编纂虽以"将曾经奏销比拟则例缮造成册"为最终目标，但在这一阶段，"则例"与"奏销"尚未系统地编为一体，该则例很可能只是一套计划中的十六卷则例的稿本。

将正文内容归类后发现，仍有大量卷册未被纳入目录中。其中琉璃瓦料采买的"样件价值"和"铜锡镀金镀银亮铁取用各项工料则例"均在凡例中注明"不编入"，只需查各部司已有则例，显然不在本次编修之列。至于"新造如意船"、"成造苇子墙"等各项则例，或许因为使用范围有限，并无编入则例的必要，便也未列入目录中。

正因这一原因，多个版本的圆明园则例并未再抄录这些目录以外的则例，在某些情况下，它们也被视为独立成册的单项则例。例如1931年3月，中国营造学社在中山公园举办圆明园遗物与文献之展览，展出"工程则例"十种："一、圆明园工程做法则例五十五种❶；二、圆明园桥梁并栏杆则例；三、圆明园修理船只则例；四、圆明园内拟定铺面房装修拍子及招牌幌子则例；五、谐奇趣旧水法帘幌壁衣等项则例；六、圆明园增塑包纱漆庄严定例……"，其中二至五项列举的单项则例，在内容上便对应本则例中的部分章节。

2.《圆明园内工现行则例》

现存的圆明园则例中近半数在内容和命名上都高度类似，其内文各卷册名称大都为"圆明园内工……现行则例"，极可能为同源则例。其中以清华大学所藏十六卷本的《圆明园内工现行则例》保存最为完整、最具体系，该则例影印收录于《中国科学技术典籍通汇·技术卷一》（图1），并附有提要。

该套则例每卷的封面保留有编号及题签，题签的下部及首页钤有"圆明园工程处图记"印章，说明是由官方组织编修的。首卷开篇有目录与凡例五条，其中前三条均与《内庭圆明园内工诸作现行则例》一致，二者间应存在关联。多出的两条凡例之一为"原定续定各项则例，或因实用，或经拟比，总据旧有成规、现在式法、曾经奏销，援引较定。至物料价值……"，由此可知该则例的来源包括"原定"、"续定"两部分内容，但在正文中却未见"续定"字样。若与《内庭圆明园内工诸作现行则例》的内容进行比对，可以发现该则例的油作内容与前者第二十六章中"内工油作现行则例"完全一致，与第六章的"油作定例"则全然不同；画作收录的301条做法

❶ 在过去有关则例的著录与统计中，"种"向来是一个较为模糊的概念。大至一套大型综合性则例，如《内庭圆明园内工诸作现行则例》，小至单项则例中细分的某一匠作做法，如装修作则例下的镟作则例，都可以称为是一"种"则例，此处的"五十五种"并不知其确指。同时，目前存世的则例中并不存在任一五十五册或五十五卷的版本，因此并不能明确此次展出的"圆明园工程做法则例"与存世则例的对应关系。但考虑到《内庭圆明园内工诸作现行则例》是一部关于圆明园工程的大型则例，又是营造学社旧藏（原编号"营160"），有可能正是本次展出的则例。

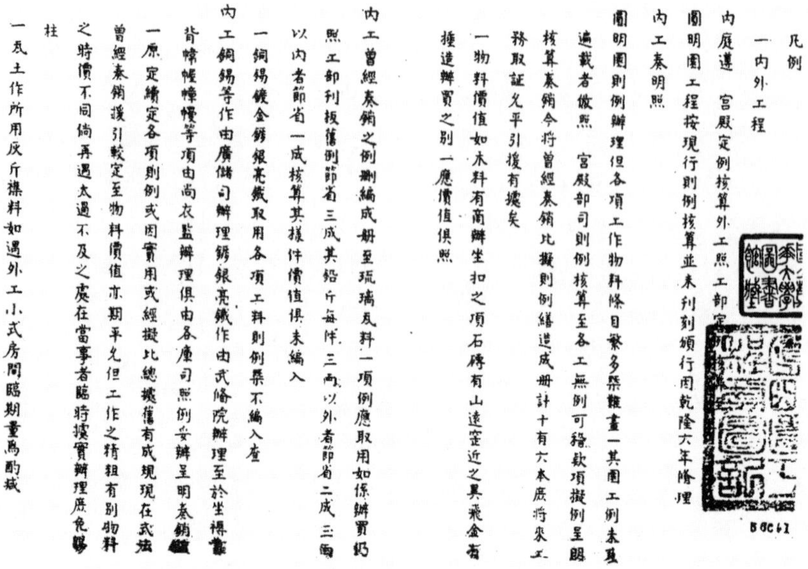

匠学薪传——中国营造学社诞辰96周年纪念文集

图1　清华大学图书馆藏十六卷本《圆明园内工现行则例》书影

（任继愈．中国科学技术典籍通汇·技术卷一 [M]．郑州：河南教育出版社，1994：697．）

在数量上远远超过了第六章中的"画作定例"，而与第二十三章"圆明园画作则例"基本雷同；木料价值同样抄录自第二十四章的"木料价值汇成则例"，而非第十一章的"松木价值例"，概括而言，该则例中收录的内容中有一部分在前者中属于"续定"则例。以此为线索，推测该则例即是以《内庭圆明园内工诸作现行则例》为底本而编修的圆明园则例的完成本。

编订完成的《圆明园内工现行则例》全书结构与目录保持一致，依次为大木作、装修作、石作、瓦作、搭材作、土作、油作、画作、裱作、内里装修作、漆作、佛作、陈设作、木料价值、杂项价值、物料轻重16种单项则例。但现存各版本《圆明园内工现行则例》在结构和内容上并不都与其一致，仅清华大学所藏另外三个版本的则例，在整体架构上就有不同程度的增补删减（表3）。以十四册本为例，其中并未收录油、画、裱、漆作及木料、杂项价值等6项则例，但补充了琉璃瓦料价值、斗科做法、铜锡镀金等内容。

❶　目录和凡例均附在大木作则例之前，并未单独成册。

表3　清华大学藏四个版本《圆明园内工现行则例》主要内容一览

	十六卷本	十四册本	十五册本	十八卷本
目录❶	√			
凡例	√			√
大木作	√	√	√（2册）	√
装修作	√	√	√（3册）	√
石作	√	√	√	√

	十六卷本	十四册本	十五册本	十八卷本
瓦作	√	√	√	√
搭材作	√	√	√	√
土作	√	√		√（与搭材作合为一册）
油作	√			√
画作	√			√
裱作	√			√（与陈设合为一册）
硬木装修	√	√	√	√
漆作	√			√
佛作	√	√	√	√
陈设	√	√	√	√
木料价值	√			√
杂项价值	√			√
物料斤两	√	√		√
琉璃价值		√	√	
琉璃脊瓦料				√
镀金镀银（镀金作、镀银作、锡作、铜作、水晶帘等）		√（2册）	√	√
斗科栏杆（宫殿斗科零星件数用工、栏杆分晰例、杂项摘定则例）		√	√	（包含于下方续添杂项则例中）
续添杂项则例				√（2册）

抄本则例在传抄流传过程中具有很强的灵活性，抄写者可以根据实际工程需要节选部分内容传抄，也可以将主要底本中未收录的内容予以补充；正因如此，才导致目前存世的圆明园则例存在着如此众多的版本。初步判断，《联合目录》中编号 1-4-8 至 1-4-18、1-4-21、1-4-24 至 1-4-25，共计 14 种则例，均与十六卷本的《圆明园内工现行则例》同源或以其为底本。

3.《圆明园万寿山内庭汇同则例》

该则例是一部汇编性质的则例，主要以内庭、万寿山、圆明园等处则例为底本，虽然收录的则例种类有限，却是最早的则例汇编。❶

《圆明园万寿山内庭汇同则例》开篇为全书目录：

"圆明园、万寿山、内庭汇同则例，凡三十二本，分晰开载于后：大木作、外檐装修、内檐装修、石作、瓦作、搭彩作、土作、油作、画作［上］❷、画作［下］、裱作、漆作、佛作、木料价值、杂项价值、物料斤两、毡竹

❶ 文献 [15]：10.

❷ 原文中用小字注明"上"、"下"册，本文以"[]"区分。

帘雨褡、镀金錽银亮铁槽活、转轮藏开花献佛、供器把莲、铜锡作、铸造铁缸、栏杆、陈设、桥梁、修艌船只、供案炉瓶供托、拆散装修、铺面拍幌、山式加高、热河布达拉加高、户部库贮物料价。"

该则例现存 35 册，均为抄本，大部分卷册的封面上保留了编号题签，与目录基本一致。封面与内文虽有不对应的情况，但其中有 29 册（第 1 册、第 3~30 册）的内容均与目录相符，反映了清乾隆年间的建筑营建情况，仅缺少内檐装修、转轮藏开花献佛、铸造铁缸三册；另有 6 册（第 2 册、第 31~35 册）是嘉庆元年（1796 年）至道光二十二年（1842 年）间各处行宫营缮的报销号簿❶，应不属于原则例，而是后来的收藏者将其合并为一函。总体来讲，该则例比较完整地保留了原始编纂时的信息（表 4）。

表 4 《圆明园万寿山内庭汇同则例》概览

册数	封面编号与题签	内文
1		目录、大木作
2	一号 圆明园万寿山内庭汇同大木作现行则例	黄新庄行宫报销号簿
3	圆明园万寿山转轮藏开花献佛用工用料例	物料斤两
4	四号 圆明园万寿山内庭三处汇同石作现行则例	石作
5	五号 圆明园万寿山内庭三处汇同瓦作现行则例	瓦作
6	六号 搭材作现行则例	搭彩作
7	七号 内庭圆明园万寿山汇全土作现行则例	土作
8	八号 圆明园万寿山内庭三处汇同油作现行则例	油作
9	九号 [上] 圆明园万寿山内庭三处汇同画作现行则例	画作 [上]
10	十号 [下] 圆明园万寿山内庭三处汇同画作现行则例	画作 [下]
11	十一号 圆明园万寿山内庭三处汇同裱作现行则例	裱作
12	十二号 内庭圆明园万寿山汇同漆作现行则例	外檐装修
13	十三号 内庭万寿山佛作现行则例	佛作
14		木料价值
15		杂项价值
16	十六号 物料斤两例	漆作、圆明园谐奇趣旧水法香机则例
17	十七号 圆明园万寿山内庭三处汇同毡竹帘雨褡工料价值现行则例	毡竹帘雨褡
18	十八号 圆明园万寿山内庭汇同镀金錽银亮铁槽活现行则例	镀金錽银亮铁槽活
19	二十号 圆明园万寿山内庭汇同供器把莲现行则例	供器把莲
20	二十一号 圆明园万寿山内庭三处汇同铜锡作现行则例	铜锡作
21	二十三号 圆明园万寿山内庭汇同栏杆现行则例	栏杆
22	二十四号 圆明园万寿山内庭汇同陈设现行则例	陈设
23	二十五号 圆明园万寿山内庭汇同桥梁现行则例	桥梁

册数	封面编号与题签	内文
24	二十六号 圆明园万寿山内庭汇同修艕船只现行则例	修艕船只
25	二十七号 圆明园万寿山内庭汇同供案炉瓶供托现行则例	供案炉瓶供托
26	二十八号 圆明园万寿山内庭汇同旧装修拆散逐件工料现行则例	拆散装修
27	二十九号 圆明园万寿山内庭汇同铺面房装修拍子招牌现行则例	铺面拍幌
28	卅号 内庭圆明园万寿山汇同各作山式加高现行则例	山式加高
29	三十一号 热河布达拉庙工各作加高则例	热河布达拉加高
30	三十二号 户部 奏明库贮物价值现行则例	户部库贮物料价
31	半壁店 行宫报销号簿	半壁店行宫报销号簿
32	良各庄 行宫报销号簿	良各庄行宫报销号簿
33		桃花寺行宫报销号簿
34	东路盘山 行宫报销号簿	东路盘山行宫报销号簿
35		燕郊行宫报销号簿

该则例中绝大部分题名以"圆明园、万寿山、内庭汇同"开头，但编修范围并不限于圆明园等三处，还包括了热河、工部、户部、广储司等其他工程或机构，其编纂目的似乎是希望将原有则例汇集合并，得到一部内容更加完备、应用范围更广泛的则例。该则例具有一套较为完整的编纂体系，内容均与建筑营造相关，体例高度类似，不论工料类还是价值类则例，均在各条目下并排开列各处则例中对此项的规定，便于比对和筛选。

就汇编底本而言，该则例很有可能针对每一处则例选择了多种不同的版本，并在其中做出取舍。例如圆明园则例部分，油作、木料价值等内容显然与《内庭圆明园内工诸作现行则例》中的"油作定例"、"松木价值例"相同，出自"原定"则例；而画作部分则出自"续定"则例，即与《圆明园内工现行则例》内容相同。但要进一步探讨其中各种则例的具体来源及底本的版本状况，仍有待于大量文献解读和校对工作的完成。

此外，还有另一版本的汇同则例，即《内庭万寿山圆明园三处汇同则例》。原书有八函三十七册，《清代匠作则例·贰》将其全文影印出版，整理为二十五章。该则例各卷册装帧统一，封面编号连续，似乎是一套完整的抄本，但其体例并不统一，内容排序也稍显混乱。此前有研究者论证，该则例中有 14 章属于一套经过系统编纂的综合性则例，其余 11 章内容由后来的收藏者收入其中，并重新制作装帧。❶ 而这 11 章中又有 8 章的主题均可与前述《圆明园万寿山内庭汇同则例》目录中的某项对应，内容也多与前述则例重合；所剩 3 章为各种杂项做法，如"同乐园铺面房油饰彩画定例"、"圆明园新营房定例"等，均与圆明园工程密切相关。该则例虽

❶ 文献 [17]：68–69.

然在体例上并不统一，但从实用角度来说具有合理性。同时，其中部分内容目前仅见于该则例，是对其余版本圆明园则例的重要补充。

4.《热河工程则例》

在现存的诸多则例中，《热河工程则例》是一类特殊的存在。该则例为抄本，多处有"热河工程钤记"印，应是由官方组织编纂的，现存十七卷。各卷册封面有题签及编号，编号为卷一至卷十六以及卷三十一，题签均为"热河……现行则例"，而每卷正文中另有卷名，一至十六卷为圆明园诸作则例，卷三十一为静明园与热河建塔的奏销档。细看前十六卷的正文内容，与相应的圆明园则例多有雷同，应是以圆明园则例为底本编纂或传抄的。

《热河工程则例》首卷有"圆明园内工则例目录"和凡例五条，除个别字的抄写差异外，与圆明园则例完全相同。对比二者的收录内容，热河则例是一部纯粹的工料类则例，其前十二卷内容与目录中的13种匠作保持一致，但未收录关于物料价值和物料斤两的内容，取而代之的是斗科做法、镀金鋄银铜锡作则例、衣服库则例等内容（表5）。

❶ 第三十一卷以静明园则例为底本，故未列入比较。

表5　圆明园与热河则例内容对应情况

圆明园内工现行则例	热河工程则例 ❶
圆明园内工大木作现行则例	卷一 热河大木作现行则例 内容：圆明园内工大木作现行则例、万寿山拟定例内圆亭座、圆明园零星斗科用料现行则例
圆明园内工装修作现行则例	卷二 热河装修作现行则例 内容：圆明园内工装修作现行则例、万寿山拟定例内圆亭座装修
圆明园内工石作现行则例	卷三 热河石作现行则例 内容：圆明园内工石作现行则例
圆明园内工瓦作现行则例	卷四 热河瓦作现行则例 内容：圆明园内工瓦作现行则例
圆明园搭材作现行则例	卷五 热河搭材作现行则例 内容：圆明园搭材作现行则例
圆明园内工土作现行则例	卷六 热河土作现行则例 内容：圆明园内工土作现行则例
圆明园内工油作现行则例 圆明园内工画作现行则例	卷七 热河油画作现行则例 内容：圆明园内工油作现行则例、圆明园内工画作现行则例
圆明园内工裱作现行则例	卷八 热河裱作现行则例 内容：圆明园内工裱作现行则例
圆明园内工硬木装修则例	卷九 热河内里装修现行则例 内容：圆明园内工硬木装修则例
圆明园内工漆作现行则例	卷十 热河漆作现行则例 内容：圆明园内工漆作现行则例

圆明园内工现行则例	热河工程则例
圆明园内工佛像现行则例	卷十一 热河佛作现行则例 内容：圆明园内工佛作现行则例
圆明园内工陈设现行则例	卷十二 热河陈设现行则例 内容：圆明园内工陈设现行则例
圆明园内工木料价值汇成则例	
圆明园内工杂项价值则例	
圆明园内工物料斤两现行则例	
镀金鋄银（镀金作、鋄银作、锡作、铜作、水晶帘等）	卷十三 热河铜锡作现行则例 内容：圆明园内工广储司磁器库铜作则例、广储司锡作则例； 卷十四 热河鋄银镀金现行则例 内容：圆明园内工铜锡鋄银等项则例、圆明园镀金作则例、圆明园鋄银作则例、圆明园锡作则例、圆明园水晶帘则例
宫殿斗科零星件数用工	卷十六 热河斗科零星件数现行则例 内容：圆明园内工宫殿斗科零星件数用工则例
	卷十五 热河衣服库现行则例 内容：圆明园内工衣服库现行则例

在以往的圆明园则例中，铜锡镀金、绫绢帐幔等项均引自各部司原有则例，标题名称也往往照抄原名，颇具随机性。而在《热河工程则例》中，这些则例均冠以"圆明园"三字，有意识地强调了其与圆明园则例的关联和统一。被该则例引为底本的圆明园则例应当与前述《圆明园内工现行则例》同源，并在则例的整体体系上有所发展。

《热河工程则例》中大量抄录圆明园则例，说明圆明园则例编订后的应用范围并不仅限于圆明园工程，也影响、甚至指导了万寿山、热河等处皇家园林的营建。在以往对则例的研究中，常根据书名进行判断和筛选，因此便忽略了《热河工程则例》《万寿山工程则例》与圆明园则例之间的关联。实际上，此两种则例中保留的相关信息，在比对、校订各版本圆明园则例内容时起到的作用同样是值得关注的。

四、结语

目前存世的 22 种与圆明园相关的匠作则例均为抄本，因大量抄本匠作则例并未正式出版，而是私下相互传抄，在传抄过程中难免出现题名与内容不对应、内容重复、缺少序跋等各种问题。❶厘清文献本身的版本状况与衍生源流，一方面利于通过对同源则例的对比整理，订正其中的错谬；另一方面可以对则例的应用范围做出更准确的定位，避免时间、空间上的误用。

现存圆明园则例中唯一可确定其编修年代的是《内庭圆明园内工诸作现行则例》，该则例成书于乾隆年间，以乾隆六年（1741 年）修理圆明

❶ 文献 [12].

内工为契机，由官方组织编纂。开篇有目录及三条凡例，表明本则例共计划编修十六本，并列出每本的主题。但其现存卷数远超计划数量，且整体结构混乱，部分匠作类型的则例反复收录，呈现出一种未编纂完成的状态。通过与《圆明园内工现行则例》对比，推测其重复收录的匠作则例中，先收录者出自原"圆明园现行则例"，后收录者则引用自各部司则例，或是根据实际工程奏销记录而添加。该则例应是为编修《圆明园内工现行则例》而收集的资料的汇总，或可视为其稿本。

各版本《圆明园内工现行则例》中，当属清华大学图书馆所藏的十六卷本最能体现其编纂完成后的原貌。该则例保留了官方印鉴，开篇有目录和凡例，说明了其编纂缘由及全书结构，正文内容亦与目录保持一致。在二十余种圆明园则例中，有半数以上可能与之同源，但这些同源则例仅核心内容与其相同，整体结构上增补删减的情况极为普遍，应是由于抄写者往往按需抄录所导致。

《圆明园万寿山内庭汇同则例》也是由官方组织编纂的与圆明园相关的则例。其中收录了内庭、圆明园、万寿山、工部等处的多种则例，并且引用的各项工程或各部司则例似乎并不只限于一种版本，前述两种圆明园则例均有部分内容被收录其中，对其底本的考证仍有待进一步研究。

此外值得注意的是，圆明园匠作则例的应用范围并不只局限于圆明园工程，万寿山、热河等处的则例均大量借鉴了圆明园则例。这一现象说明，在当时的背景下圆明园则例被默认应用于其他皇家园林的建造，就其应用范围和重要性而言，或许可以与内庭则例、工部则例并列。因此，在考察和解读圆明园则例时，同样应当将其他皇家园林的匠作则例和园林实物遗存纳入研究范围，以弥补圆明园实物无存的缺憾，为研究工作带来更多可能性。

限于资料获取的不便和文献解读工作之浩繁，则例中的大量信息尚未得到有效的发掘。本文所提出的观点和结论，依托于目前十分有限的文献梳理工作，必然存在局限性，仅将此作为引玉之砖，希望能在各位研究者今后的研究中有所助益。

参考文献

[1] 任继愈.中国科学技术典籍通汇·技术卷一 [M].郑州:河南教育出版社，1994.

[2] 王世襄.清代匠作则例一 内庭圆明园内工诸作现行则例 [M].郑州:大象出版社，2000.

[3] 王世襄.清代匠作则例二 圆明园万寿山内庭三处汇同则例 [M].郑州:大象出版社，2000.

[4] 姜亚沙. 清代宫苑则例汇编 [M]. 北京：全国图书馆文献缩微复制中心，2011.

[5] 圆明园内工现行则例（十八卷本）. 清抄本. 清华大学建筑学院图书馆藏.

[6] 圆明园内工现行则例（十六卷本）. 清抄本. 清华大学图书馆藏.

[7] 圆明园内工现行则例（十四册本）. 清抄本. 清华大学图书馆藏.

[8] 圆明园工作则例（十五册本）. 清抄本. 清华大学图书馆藏.

[9] 朱启钤. 营造算例印行缘起 [J]. 中国营造学社汇刊，1931，2（1）.

[10] 王世襄. 谈清代的匠作则例 [J]. 文物，1963（7）：19-25.

[11] 王世襄. 清代匠作则例 [M]. 郑州：大象出版社，2000.

[12] 宋建昃. 关于清代匠作则例 [J]. 古建园林技术，2001（3）：7，40-45.

[13] 刘畅. 样式房旧藏清代营造则例考查 [M]// 张复合，贾珺. 建筑史论文集（第16辑）. 北京：清华大学出版社，2002.

[14] 郭黛姮.《圆明园内工则例》评述 [M]// 张复合，贾珺. 建筑史（第19辑）. 北京：机械工业出版社，2003.

[15] 王世襄. 清代匠作则例汇编：佛作 门神作 [M]. 北京：中国书店，2002.

[16] 王世襄. 清代匠作则例汇编：装修作 漆作 泥金作 油作 [M]. 北京：中国书店，2008.

[17] 刘梦雨. 清代官修匠作则例所见彩画作颜料研究 [D]. 北京：清华大学，2019.

存世圆明园匠作则例考察

佛光寺东大殿建筑、像设营造制度与空间关系研究[1]

张 荣 李玉敏 王 帅 王一臻 陈竹茵 王 麒

（北京国文琰文化遗产保护中心）

摘要：佛光寺东大殿是我国唯一一座唐代殿堂式木构建筑。通过十几年的测绘勘察分析研究，笔者团队发现了古代木结构建筑的微位移特性，并推测出东大殿始建的材分制度与营造尺规制，以及东大殿的建造逻辑。除了木构建筑，东大殿内还保留有唐代的塑像、壁画、题记、彩画、经幢等珍贵的像设。像设的位置、规格、尺度都与建筑的营建制度密切相关，建筑、像设、色彩均涉及人体工程学的视线关系，经过一体化设计。东大殿建筑与像设上保留有清晰的历代修缮和改造的痕迹，历史上东大殿建筑空间与像设的历次改变都为其功能调整而服务。

关键词：佛光寺，东大殿，微位移，像设，人体工程学

Abstract：The east hall of Foguang Monastery on Mount Wutai in Shanxi province is one of China's oldest wooden buildings（d. 857, Tang dynasty）. The author's decades-long field survey and research led him to discover a micro-displacement in the historical wooden structure, which has an enormous impact on understanding the hall's modular design（base unit; construction ruler）. Since the statuary, calligraphy, paintings, and pagodas on display in the hall also date from the Tang dynasty, their placement and appearance are closely related to the hall's original construction rules and design principles. Assuming that the timber frame, the statues, and the colors are human-made objects and moreover, engineering artifacts, the documentation of their repair, maintenance, and alteration gives further insight into the design intentions; and this then serves to demonstrate how the hall's spatial arrangement resulting from such and similar human interventions served different functions throughout its history.

Keywords：Foguang Monastery, east hall, micro-displacement, statues, human engineering

一、概述

佛光寺位于山西五台山台外南麓。1961 年，佛光寺被国务院公布为第一批全国重点文物保护单位。2009 年，佛光寺作为五台山的一个重要组成部分，列入联合国教科文组织的世界遗产名录。

佛光寺坐东面西，大殿位于寺院内最东侧的高台上，故称为"东大殿"。东大殿前经幢的建造日期[2]记载为："大中十一年十月廿□建造"（图 1）。根据前后文判断，缺的一字应该是"日"字。经幢与大殿同时建造，东大殿建成的准确时间应为：唐大中十一年阴历十月二十日。唐大中年

---

[1] 本文为国家自然科学基金面上项目"中国文物古迹保护思想史"课题成果，项目批准号：51778316。

[2] "'佛殿主'之名既然写在梁上，又刻在幢上，则幢之建造应当是与殿同时的。即使不是同年兴工，幢之建立要亦在殿完工的时候。殿的年代因此就可以推出了。"参见：文献 [1]，文献 [2]。

间采用的历法是宣明历❶，换算为公历，东大殿建成的日期是公元857年11月10日。

佛光寺东大殿是我国现存规模最大、保存最完整的唐代木结构建筑，也是唯一一座殿堂式唐代官式建筑。1937年7月，由梁思成、林徽因、纪玉堂、莫宗江诸位学者组成的中国营造学社调查组发现了佛光寺东大殿，并经测绘研究后，将这座伟大的建筑公之于众。由于东大殿内保存有唐代木构、唐代墨书题记、唐代塑像、唐代壁画，被梁思成先生称为"四绝"，并誉为我国古建筑"第一瑰宝"。

图1 东大殿经幢纪年刻字
（作者自摄）

二、东大殿建筑尺度研究

1. 多次精细化测量对比分析东大殿的木结构微位移特性

2006年前后，清华大学利用全站仪、三维激光扫描仪和手工测量相结合的方式，对佛光寺东大殿进行了全面的精细化勘察，将测绘成果精度由以往的厘米级提升为毫米级，并且将数据公布于《佛光寺东大殿实测数据解读》❷（2007年）和《佛光寺东大殿建筑勘察研究报告》❸（2011年）中。后来，多位学者根据这两篇文献中东大殿高精度的测绘成果，对东大殿的材分制度进行了解读和分析。❹ 其中，2016年清华大学建筑学院刘畅、徐扬发表的《观察与量取——对佛光寺东大殿三维激光扫描信息的两点反思》对东大殿部分铺作进行了重新测绘，将测量数据与2006年的测量数据进行了对比，并提出再次精细化测绘东大殿的建议。

笔者团队从2015年开始对东大殿的建筑和像设进行数字化勘察，并于2017年开始对佛光寺东大殿开展了本体监测工作，为佛光寺建立了永久的平面控制网和高程控制网。在此基础上，采用高精度全站仪、水准仪对设在东大殿大木结构上的370余个监测点进行多次监测，采用高精度三维激光扫描设备对建筑整体和局部区域进行多次扫描。经计算，水平方向上地面设站测量误差约为1毫米，最小误差仅为0.1毫米，草架部分设站测量误差为3毫米；高程方向上地面设站测量误差为1.5毫米，草架部分设站测量误差为3毫米。❺

笔者团队在东大殿柱头、昂嘴和草栿梁架的构件端点处安设监测标靶。每隔半年，依据永久控制网坐标，测量这些标靶的空间位移变化。同时，

❶ 张培瑜，王桂芬，陈月英，等. 宣明历定朔计算和历书研究 [J]. 紫金山天文台台刊，1992（2）：140.

❷ 文献 [3].
❸ 文献 [4].
❹ 参见：刘畅，徐扬. 观察与量取——对佛光寺东大殿三维激光扫描信息的两点反思 [M]// 王贵祥，贺从容，李菁. 中国建筑史论汇刊. 北京：中国建筑工业出版社，2016；王南. 规矩方圆佛之居所——五台山佛光寺东大殿构图比例探析 [J]. 建筑学报，2017（6）：29-36；肖旻. 佛光寺东大殿尺度规律探讨 [J]. 建筑学报，2017（6）：37-42；温静. "殿堂"——解读佛光寺东大殿的斗栱设计 [J]. 建筑学报，2017（6）：43-48；刘畅. 佛光寺东大殿实测数据之再反思——兼与肖旻先生商榷 [M]// 王贵祥，贺从容，李菁. 中国建筑史论汇刊. 北京：中国建筑工业出版社，2018. 等.

❺ 参见张荣、李玉敏、陈竹茵、王一臻、王麒《佛光寺东大殿的建筑尺度研究与位移监测初探》，第三届国际建筑遗产保护与修复博览会预防性保护论坛会议论文集，2019年.

还对角梁端点和草栿内部分重要结构构架进行实时位移监测。

经过对 2018—2019 年的初步监测数据分析，可以看出，木结构建筑并非岿然不动，在温湿度等环境变化影响下，每个结构构件都会产生微小的位移变化。东大殿这样一座通面阔 34.02 米、通进深 17.64 米，由超过 3000 个木结构构件组成的建筑，其位移累加量是非常显著的。

举例说明，2019 年 9 月 7 日，东大殿室外环境日温差为 16.4℃，湿度变化量为 50%。西南角梁端点位移量为 6.5 毫米，东南角梁端点位移量为 7.5 毫米，由图 2~图 5 可以看出，角梁位移曲线与环境温度变化趋势基本一致，说明建筑位移形变量与温度变化有明确的相关性。

对比冬夏两季东大殿结构监测点的坐标点，发现其位移更加显著。由于各节点位移存在海量的数据，对应分析其与温湿度变化的工作非常复杂，目前只能得到初步认识，即随着每年和每日的温湿度变化，东大殿整体结构都会产生位移变化。变化有一定规律，但尚不能证明位移为理想的循环往复过程。

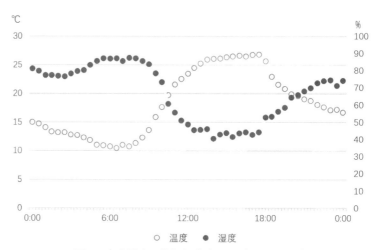

图 2　东大殿大环境温湿度（2019 年 9 月 7 日）

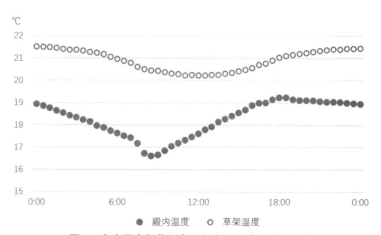

图 3　东大殿内与草架内温度（2019 年 9 月 7 日）

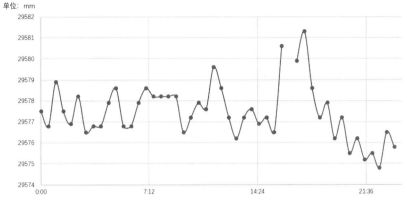

单位：mm

图 4　西南角大角梁单日形变曲线（2019 年 9 月 7 日）

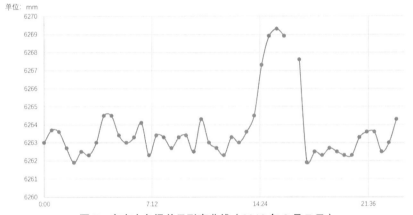

单位：mm

图 5　东南大角梁单日形变曲线（2019 年 9 月 7 日）

　　依据最新的测绘数据，笔者对佛光寺东大殿的建筑尺度进行了再次测量分析，以验证 2006 年测绘的准确性。结果表明，小尺寸的单构件自身尺寸基本保持一致，如斗栱的材厚、广、出跳等，但大构件及空间位置有明显的不同。以开间为例，对比 2006 年 7 月和 2018 年 9 月在相同高度所截取的开间距离数据（表 1），可以发现两期测量数据虽然存在一定差距，但变化量多在 10 毫米以内，最大的约为 20 毫米。同时，变化数据有正有负，最终通面阔的累计差值约 20 毫米。从上文数据可知，东大殿角梁端点的日位移变化量即可达到 7 毫米。开间要考虑不同柱子位移变化的累计，故这两次测量的数据差反映出东大殿结构自身的位移数据变化。

　　根据以上分析结果可知，中国木结构古建筑存在受外界环境影响具有微小位移的特性，本文称之为"微位移"。古建筑构件微小的位移变化与所处的外部环境，尤其是温湿度环境关系紧密，该种微位移不应简单地被判定为古建筑的形变病害问题，而应视为古建筑木结构材料特性应对其所处环境变化的一种形态改变。

　　目前对佛光寺东大殿木结构微位移的认知尚处于初步阶段，其位移数值变化与环境变化的关系还需要做进一步的系统性分析研究。

表 1　2006 年 7 月与 2018 年 9 月东大殿开间测量数据对比　　　　（单位：毫米）

高度	位置	测绘时间	北尽间	北稍间	北次间	明间	南次间	南稍间	南尽间	通面阔
500毫米	前檐柱列	2006 年 7 月	4419.7	5051.2	5012.4	5060.3	5047.3	5046.5	4428	34065.8
		2018 年 9 月	4428.4	5048.9	5020.6	5056.2	5049.5	5029.4	4443.2	34075.8
		差	8.7	−2.3	8.2	−4.1	2.2	−17.1	15.2	10
	前内槽柱列	2006 年 7	—	5045.1	5028.6	5022.5	5074.3	5062.3	—	25232.8
		2018 年 9	—	5051.5	5037.2	5017.4	5073.3	5063.3	—	25230.2
		差	—	6.4	8.6	−5.1	−1	1	—	−2.6
1460毫米	前檐柱缝	2006 年 7 月	4430.3	5040.2	5040.9	5039.8	5039	5043.2	4431	34065.5
		2018 年 9 月	4423.5	5044.1	5036.9	5054.8	5052.4	5014.3	4443.5	34068.6
		差		3.9	−4	15	13.4	−28.9	12.5	3.1
	前内槽柱缝	2006 年 7 月		5053	5020.9	5022.2	5090.4	5049.9	—	—
		2018 年 9 月		5054.9	5027.6	5014.8	5092.4	5046.2	—	—
		差		1.9	6.7	−7.4	2	−3.7	—	—
	中柱缝	2006 年 7 月	—	—	—	—	—	—	—	25185.2
		2018 年 9 月								25210.1
		差								24.9
	后内槽柱缝	2006 年 7 月		5067.1	5013.4	5037.2	5039.1	5049.7		
		2018 年 9 月	—	5063.4	5019.9	5050	5027.2	5058.4		
		差		−3.7	6.5	12.8	−11.9	8.7	—	—
4750毫米	前檐柱缝	2006 年 7 月	4430.8	5048.7	5032.1	5029.2	5055.2	5014.8	4423.1	34033.9
		2018 年 9 月	4420.4	5031.8	5048.2	5040.5	5050.2	5015	4416.4	34020.9
		差	−10.4	−16.9	16.1	11.3	−5	0.2	−6.7	−13
	前内槽柱缝	2006 年 7 月	—	5038	5040.2	5025	5083.7	5048.7	4384.2	—
		2018 年 9	4392	5043.7	5048.4	5041.1	5075.9	5035.7	4386.5	34022.6
		差		5.7	8.2	16.1	−7.8	−13	2.3	—
	中柱缝	2006 年 7 月	4389.5	—	—	—	—	—	4407.2	33965.7
		2018 年 9 月	4415.9	—	—	—	—	—	4402.5	33985.9
		差	26.4	—	—	—	—	—	−4.7	20.2
	后内槽柱缝	2006 年 7 月	4324.6	5044.3	5017.6	5072	5026.5	5067.4	4393.7	33946.1
		2018 年 9 月	4357.6	5052.6	5014.9	5072.4	5030.3	5077.6	4370.1	33966.1
		差	33	8.3	−2.7	0.4	3.8	10.2	−23.6	20
	后檐柱缝	2006 年 7 月	4441.2	5022.3	4996.5	5065.6	5064.8	5031.8	4349.9	33972.1
		2018 年 9 月	4425.4	5022.8	5009.4	5071.4	5045.8	5043.8	4354.3	33973.6
		差	−15.8	0.5	12.9	5.8	−19	12	4.4	1.5

2. 东大殿的建筑尺度研究综述

考虑到东大殿的微位移特性，再次审视 2006 年的精细化测绘数据。对东大殿材分的推断，是依据华栱与昂材厚的手工精确测量得出的，这一数据受东大殿微位移变化影响很小，可靠性很强。同时，对比两次测量结果，东大殿的通面阔差值约为 20 毫米，相差不到 0.06%，综合两次测量数据，基本验证了对东大殿材分和用尺的推测。

经过对 2018—2019 年东大殿建筑结构监测的初步分析，基本核实了《佛光寺东大殿建筑勘察研究报告》一书中关于东大殿测绘及材分制度的研究结论：东大殿材厚 210 毫米，以材厚的 1/10 作为大木的基本模数单位：1 分° 等于 21 毫米。

佛光寺外檐柱头铺作为：七铺作双杪双下昂偷心造。材厚 10 分°（210 毫米），材广 15 分°（315 毫米），为七寸材。以 210 毫米为营造尺七寸可以计算出东大殿采用的营造尺为 300 毫米一尺。《营造法式》中记载："凡构屋之制，皆以材为祖，材有八等，度屋之大小因而用之"❶。《营造法式》中的一等材，厚六寸，高九寸。佛光寺东大殿材厚七寸，广一尺零五分。这是一个比宋代《营造法式》记载的一等材更大一等的尺度，在国内实物中仅见此一例。

中国营造学社社长朱启钤先生对《营造法式》研究之后，即认为书中所定的材有过小之嫌。"观《法式》卷四云，凡构屋之制，皆以材为祖，材有八等，度屋之大小，因而用之。其第一等，不过广九寸厚六寸，殿身九间至十一间则用之。以此推之，其局促可想。"❷ 推测《营造法式》所反映的宋代建筑体量及用材已经远远小于唐代，这里的材分八等已经不能涵盖中国古代建筑巅峰时期的建筑材分等级了。东大殿自身地位和规模可以辅证唐代建筑用材大于后世用材之说。东大殿只是一座七开间四进深的中等规模建筑，及至唐含元殿、麟德殿、明堂等都城最高规格建筑，用材理应更为硕大，唯憾实物不存。我国目前除了佛光寺东大殿，另外两座唐代建筑——南禅寺正殿和广仁王庙正殿，规模和用材都远小于东大殿，与其出资和服务对象有关。另外，现存宋、辽、金代的木构建筑中，除了奉国寺大雄殿材厚 20 厘米、材广 29 厘米❸，华严寺大雄宝殿材厚 20 厘米、材广 30 厘米❹，用材略小于东大殿，其余建筑都不大于《营造法式》规定的一等材。后世的木构建筑用材渐小，为基本趋势。东大殿用材尺度超乎《营造法式》一等材，或可以"特等材"称之（图 6），反映了一种早期建筑用材现象。

东大殿尺度设计还存在几何比例关系。建造佛光寺东大殿的工匠，将勾股定理❺ 运用在东大殿昂的制作中，它的一个直角边高是 21 分°，另一个是 47 分°，其斜边刚好是 51.5 分°（图 7），这样制作昂非常精确，可以保证每一个昂的斜度都完全一致。此外，经过三维激光扫描的对比，

❶ 文献 [5].

❷ 文献 [6].

❸ 杜仙洲 . 义县奉国寺大雄殿调查报告 [J]. 文物，1961（2）：5-17.

❹ 梁思成，刘敦桢 . 大同古建筑调查报告 [J]. 中国营造学社汇刊，1933，4（3/4）：1-168.

❺ 中国是世界上研究直角三角形勾股定理（也称勾股弦定理）最早的国家。在成书于约公元前 1 世纪的《周髀算经》里就记载了"勾三股四弦五"的勾股定理，并且以其发现者商高的名字命名，故中国的勾股定理也称"商高定理"。

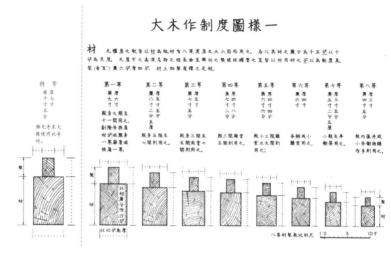

图6　佛光寺东大殿特等材与《营造法式》材等对比
（作者据《梁思成全集》第七卷"大木作制度图样一"改绘）

匠学薪传——中国营造学社诞辰90周年纪念文集

❶ 文献[7]: 241. 五台山佛光寺建筑.

❷ 文献[4]: 115.

发现昂的斜度是确定东大殿整个梁架斜度的一个关键。参照《营造法式》，东大殿采用了八架椽屋前后乳栿用四柱的屋架体系，两檐柱以内的八椽等分。而整个屋架的三角形，即东大殿橑檐槫与脊槫所构成的直角三角形与斗栱昂与第二跳华栱所构成的直角三角形为相似三角形，将昂的三角形扩大11倍构成了整个屋架（图8）。傅熹年先生原来认为东大殿中平槫的高度为二倍的柱高❶，根据笔者团队分析研究，东大殿橑檐槫至脊槫高（即举高）等于中平槫至平柱柱头的高度（图9）。❷

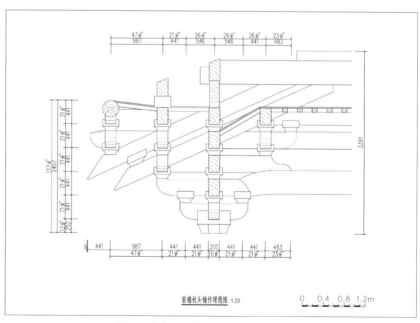

图7　东大殿前檐柱头铺作剖面理想图
（文献[4]）

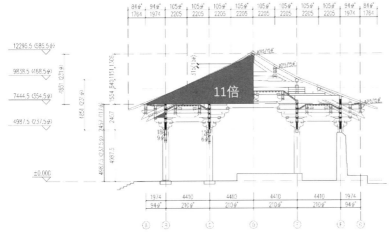

图8 东大殿屋架三角形示意图
（作者自绘）

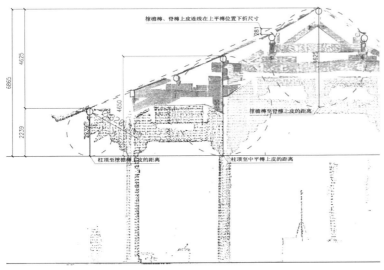

图9 东大殿中平槫高度分析图
（作者自绘）

　　东大殿建筑设计还存在分° 数基准现象。大殿采用七开间、四进，外檐柱与内槽柱双套筒的金厢斗底槽平面。东大殿明五间的开间是等开的，开间尺寸为5040毫米，换算成分° 值为240分° ，换算营造尺为一丈六尺八寸。同时，这个数值还是材宽的16倍。而东大殿的进深与尽间都是4410毫米，合210分° ，一丈四尺七寸，为材宽的14倍，足材的10倍。

　　此外，东大殿生起非常明显，《营造法式》记载七开间从平柱到角柱生起共六寸。东大殿前檐柱列，从明间到北尽间，各柱头分别比前者高2.5分° 、3.5分° 、4.5分° （为一个等差数列），总生起值为10.5分° （220.5毫米），合七寸三分五厘，大于《营造法式》的六寸，符合其"令势圆和"之要求（图10~图12）。

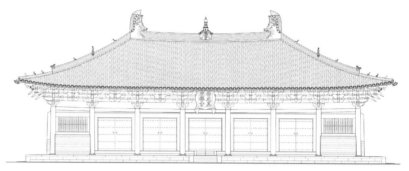

图 10 东大殿正立面图
（文献 [4]）

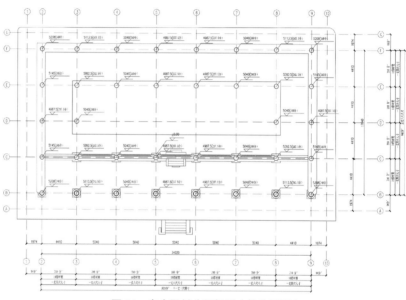

图 11 东大殿材分理想图（柱头平面）
（文献 [4]）

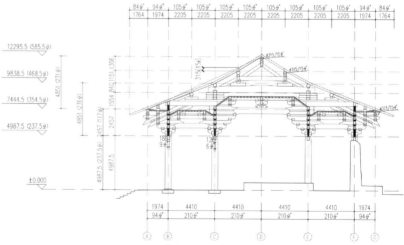

图 12 东大殿材分理想图（明间剖面）
（文献 [4]）

三、唐代东大殿建筑空间与色彩

1. 东大殿现状与唐代原状之关系

判断东大殿现状面貌与唐代原状的关系有助于理解大殿空间设计原意。可资参照的线索包括板门位置、柱头样式等。

首先是板门及其相关构造带来的疑问。

现今可以看到东大殿的板门位于前檐檐柱列上。当时，梁思成先生猜想此板门可能建造于明代。[1]1965年，罗哲文先生在板门上发现了唐代的墨书题记，证明这些板门的建造年代依然可以追溯到唐代。[2]

加之，前檐柱的柱础是雕刻精美的覆莲柱础，而内槽是平素柱础。通常莲瓣柱础因露明而造，而现状被其上加设门槛所遮蔽。同时，由于覆莲柱础的存在，木质门槛下部与柱子连接的部分需要加工成不规则的形状。梁思成先生是否就是因为这些不合乎寻常的地方而怀疑板门的建造年代，引发了关于门槛、门扇建造年代差异及其原因的研讨。

如果要安装门槛，必须在柱子上做卯口，东大殿第一列的内槽柱上面留存很多卯口封堵的痕迹，根据碳14年代分析，推测这些封堵卯口的木料是元代之物。[3]

东大殿柱头卷杀问题也显示出大殿在元代经历了比较大的修缮。通过观察发现，东大殿大部分的柱头都做有加工精美的卷杀，而后檐柱当心间北缝、北次间北缝、北梢间北缝3根柱头无卷杀，做工与其他柱头完全不同，笔者团队将这三根柱子的木料也做了碳14的分析，发现这些柱子的木料亦属元代。

与之相关联，佛光寺文殊殿脊刹和东大殿的琉璃刹造型几乎完全一样。20世纪90年代文殊殿重修时，发现脊刹上有"元代至正十一年"（1351年）的字样。[4]由此可以推断出，在元代至正年间，东大殿和文殊殿都进行过一次落架大修，文殊殿和东大殿的瓦顶均有过更换。

综合上述线索判断，元代至正年间东大殿大修时，板门从原来的内槽柱推到了如今的前檐柱上，并更换了3根后檐柱，直接改变了大殿空间设计。

按照这一推论，唐代东大殿始建之时，其板门位于前内槽柱列，前檐柱与前内槽柱之间为前廊（图13~图15）。这与日本奈良唐招提寺金堂的建筑空间基本相同。

2. 东大殿始建时期的建筑彩画与空间

在唐代始建之时，东大殿建筑上画满了彩画，颜色以红、白两色为主，主要有画在阑额上的"七朱八白"、斗栱上的燕尾彩画、梁栿边缘的白色缘道，以及其他部位遍刷的土朱。佛光寺东大殿内现存彩画基本符合《营造法式》中所记载的丹粉刷饰彩画的特征。考察现存彩画细节特征，能够

❶ 文献 [1]; 文献 [2].

❷ 文献 [8].

❸ 碳14测年证据参见文献 [9] 第31–52页，以下皆同。

❹ 文献 [10].

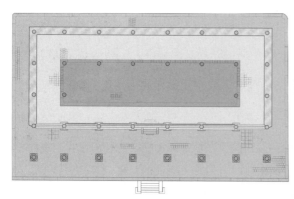

图13　佛光寺东大殿唐代始建平面复原图
（作者自绘）

匠学薪传——中国营造学社诞辰90周年纪念文集

图14　佛光寺东大殿唐代始建复原模型正立面图
（作者单位自制，比例1：20）

图15　佛光寺东大殿唐代始建复原模型前廊特写
（作者单位自制，比例1：20）

❶　文献 [5].

辅助验证大殿内外空间设置原状。

　　东大殿现留存的"七朱八白"彩画中的白色部分直接与柱头相接（图16），与《营造法式》中"两头近柱，更不用朱阑断，谓之入柱白"❶的表述完全符合，可以明确其为《营造法式》中"入柱白"的彩画形式。

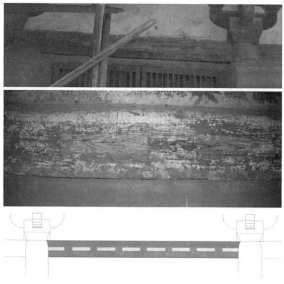

图16　东大殿"七朱八白"彩画
（作者自摄、自绘）

东大殿明栿内的大木构件上多绘有明显的白色缘道，尤其东侧外槽的构件更为明显。这是因为后世历次的遍刷土朱过程中，东侧外槽仅柱子及以下部分被刷染，柱头以上的部分被刷染得较少，故呈现白色的缘道，三斗的白色边缘都得以较清晰地辨认（图17）。

图17　后槽明乳栿上的彩画❶
（作者自摄）

东大殿内留存有大量绘于斗栱等构件之上的燕尾。其中室内燕尾（华栱下部"凹"字形部分）大部分为白色，室外燕尾为红色。但是在东大殿的前外槽区域，燕尾也为红色，这使得现室内空间的燕尾存在色彩不统一的问题，尤其在前侧的两个内槽角柱铺作上非常明显（图18，图19）。根据以上分析可知，东大殿在唐代始建时期，板门位于内槽柱列上，作为区分室内外的界限；燕尾彩画在前内槽柱铺作上的反色现象也证明了东大殿创建之初板门位于前内柱列，前内柱与前檐柱之间为外廊。

❶　可见其面上用土朱通刷，下棱刷白色缘道。

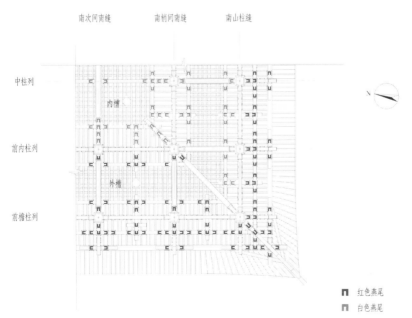

图18　燕尾彩画分布示意图
（作者自绘）

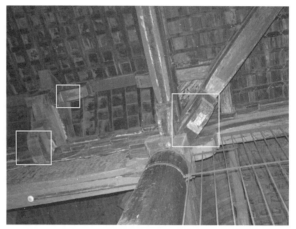

图19　内槽西北角柱照片❶
（作者自摄）

❶ 西侧外槽部分燕尾彩画为白色（白色燕尾上残留的红色印记是后期遍刷土朱的残留），北侧外槽部分燕尾彩画为红色。

殿内前内槽柱列北梢间、南梢间的两幅栱眼壁画（图20），绘制青绿黄红四色卷草花纹，线条流畅、色彩生动，具有唐代风格的典型特点。这两幅壁画构图、题材相同，应为同一时期绘制，碳14测年结果也进一步印证了这两幅壁画地仗层为唐代始建时期遗存，也可辅助印证此柱列位置原为室内外空间分界之判断。

图20　前内槽柱列南梢间栱眼壁壁画
（作者自摄）

据《营造法式》记载，宋代建筑的色彩非常华丽，除了丹粉刷饰外，还有五彩遍装、碾玉装等类型彩画。在东大殿栱眼壁上还留存有华丽的海石榴华铺地卷成的彩画,这种以彩画和丹粉刷式结合的彩绘形式被称为"杂间装"。

四、像设与建筑空间关系

1.唐代始建时建筑与像设空间设计分析

除建筑外，唐代塑像的制作也非常成熟。根据佛书记载，佛像高度有明确的规定，分为一丈六尺佛和一丈八尺佛。笔者团队通过三维激光扫描，仔细测量了佛光寺东大殿内主佛的高度，中间的释迦牟尼佛高5400毫米，合一丈八尺，两边的阿弥陀佛和弥勒佛与之相比分别矮四寸和七寸（图21）。由此可知，整个东大殿的塑像也是按照当时的营造尺营造的。

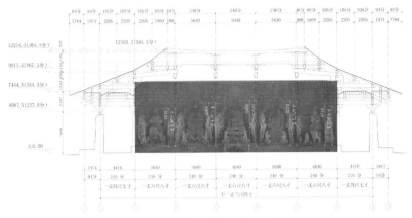

图 21　东大殿主佛高度
（作者自绘）

东大殿采用明五间等开间的金厢斗底槽平面，将建筑与内部主佛坛对照，可以看到主佛坛上共有五组塑像，中间为释迦牟尼佛，两边分列阿弥陀佛和弥勒佛，再往两边为文殊菩萨和普贤菩萨，中间三组塑像每组以主佛为中心，旁边为胁侍菩萨和供养菩萨。通过建筑的开间将大殿划分为五个等开间的空间，每一个开间相当于一个独立佛龛（图 22）。东大殿的建筑要采用这种金厢斗底槽，中间等五开间的做法完全是为了满足主佛坛上佛像布局之用。

前内槽柱北次间栱眼壁壁画年代为唐代，被柴泽俊先生命名为《弥陀说法图》。根据前文研究，唐代始建时其位于建筑的前廊空间内，信众游客可从室外看到这幅壁画以及其他前廊内槽栱眼壁壁画。打开大门后，这幅壁画正好位于阿弥陀佛一组塑像的头顶之上。对比这幅壁画与主佛坛，发现壁画上的佛像布局与主佛坛佛像的布局完全一致。中间为阿弥陀佛，旁立四尊胁侍菩萨，前面两尊供养菩萨，左侧文殊菩萨，右侧普贤菩萨，两侧再有天王和供养人（图 23）。由此可知，唐代始建时期东大殿建筑的平面布局是按照主佛坛佛像的布设确定的，而主佛坛的塑像和前槽栱眼壁

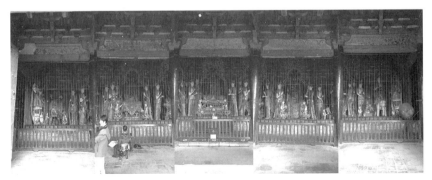

图 22　东大殿塑像、壁画与建筑空间关系图
（作者自摄）

图23　北次间栱眼壁壁画《弥陀说法图》与主佛坛佛像布局对比
（作者自绘）

匠学薪传——中国营造学社诞辰90周年纪念文集

❶ 文献 [11].

壁画以及建筑彩画的绘制都是经过统一设计的。

　　东大殿前的唐大中经幢上所刻佛像，与东大殿内主佛坛的塑像布局一致，且佛像的坐姿与佛座形式也与主佛坛塑像一一对应（图24），说明经幢的建造与东大殿的建筑和像设也密切相关。

　　对比经幢现状照片与20世纪20年代小野玄妙拍摄的照片❶，发现经幢的顶部构件略有缺失，令经幢原有的总体高度存疑，但经幢的位置仍在始建原位。笔者团队仔细测量了经幢与东大殿台基的位置关系，惊喜地发

图24　东大殿殿前经幢与主佛坛主佛塑像对应
（作者自摄）

现经幢至东大殿台基前沿的距离为 5045 毫米，约等于 5040 毫米，相当于 240 分°，一丈六尺八寸，刚好是东大殿明间开间的尺寸；经幢至三层台地边缘即东大殿大台阶口的距离为 4376 毫米，约等于 4410 毫米，相当于 210 分°，一丈四尺七寸，刚好是东大殿进深的尺寸。如此，东大殿前檐柱到大台阶口共四丈二尺，加上前后檐柱间距五丈八尺八寸，共十丈零八寸。所以东大殿除了本身木构吻合材分制度，其经幢的选址及台基石作也是按照材分和营造尺设计建造的。

需要补充说明的还有，傅熹年先生曾经提出佛光寺东大殿剖面设计中考虑到了视线与像设关系的猜想（图 25）。❶

❶ 文献 [7]. 中国早期佛教建筑布局演变及殿内像设的布局.

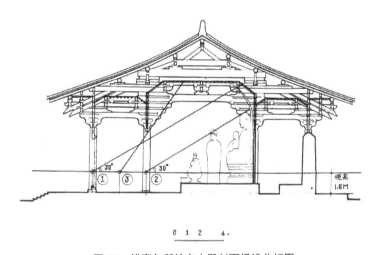

图 25　傅熹年所绘东大殿剖面视线分析图
（文献 [7] 中的 "中国早期佛教建筑布局演变及殿内像设的布局"）

进一步考察东大殿明间剖面与视线的角度关系，结果如下（图 26）：

（1）人登上大台阶，以视点高度 1.6 米分析，人眼以 31° 向上前方望去，刚好看到东大殿的橑檐槫，东大殿全貌尽收眼底；

（2）人走到经幢的位置，以 31° 视角向上前方望去，刚好能看到东大殿栌斗之高度（东大殿现有匾额为明代，原来匾额的大小和位置尚无法判断）；

（3）根据前文分析东大殿始建时板门位置在前内槽柱列上，前檐设外廊，人站在前檐柱列，通过大门向内看，恰好可以看到主佛背光顶端，视线高度为 31°；

（4）人在门口看向佛头顶和中胁侍菩萨头顶的角度也恰恰是 31°。

连缀的动线，使人从进入东大殿前廊到进入佛殿，视角保持 31°，不需改变就可以通过门洞先看到一组完整佛龛，然后看到佛的全貌。此外，人站在前廊正中，通过门洞刚好可以看到内槽平闇正中，此时人的视线角度是 45°（实际测量 46°），可以充分感受内槽部分的高敞宽大。

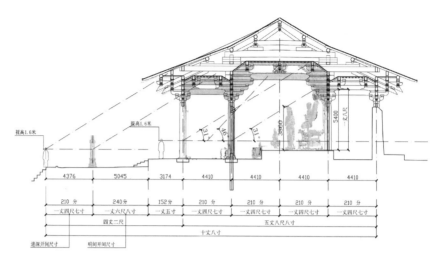

図中文字：
提高1.6米　提高1.6米

4376　5045　3174　4410　4410　4410　4410

210 分　240 分　152 分　210 分　210 分　210 分　210 分
一丈四尺七寸　一丈六尺八寸　一丈五尺　一丈四尺七寸　一丈四尺七寸　一丈四尺七寸　一丈四尺七寸
四丈二尺
十丈八寸　五丈八尺七寸
进深开间尺寸　明间开间尺寸

图 26　东大殿剖面经幢位置及视线分析图
（作者自绘）

　　进一步扩大视野，考察佛光寺内第一进院落中央之乾符经幢。此幢建于 877 年，位于佛光寺院内一层台地的中轴线偏南侧。经幢到东大殿第三级台地边缘水平距离为 53.8 米，按照 300 毫米／尺计，约合十七丈九尺四寸，考虑到古代施工误差，工匠设计时可能取十八丈的整丈尺寸。以视点高度 1.6 米分析，垂直方向上人眼在经幢位置看向东大殿屋脊的视角约为 20°（图 27），水平方向上看向左右子角梁，向左为 19.8°，向右为 18.3°，都约等于 20°（图 28），是平视即可看清的舒适视角，从此处观赏东大殿，刚好是一个平视的 20° 角的视觉锥。现今乾符经幢附近仍然是拍摄东大殿正立面的最佳地点（图 29）。经幢北侧正对文殊殿，是否唐代即在今文殊殿的位置也存在文殊殿，抑或金代建造文殊殿时考虑了与经幢的位置关系，这些问题需要进一步研究考察。

　　通过前文东大殿建筑像设尺度与人视线的"人体工程学"分析，了解到一千多年前唐代的工匠对视线收放的把握及其与经幢、建筑、佛像高度之间的关系，不得不令人惊叹。根据以上分析可知，唐代大中年间，来自

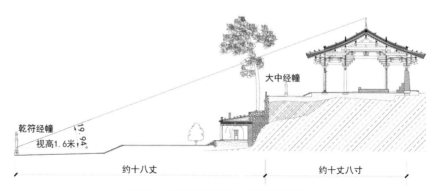

图中文字：
大中经幢
乾符经幢
视高1.6米
19.94
约十八丈　约十丈八寸

图 27　乾符经幢与东大殿垂直面视角
（作者自绘）

（页边）
匠学薪传——中国营造学社诞辰90周年纪念文集

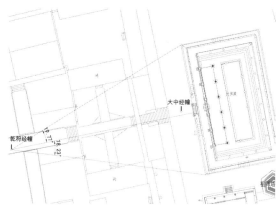

图28 乾符经幢与东大殿水平面视角
（作者自绘）

图29 从乾符经幢附近拍摄的东大殿
（作者自绘）

长安的捐资人代表宁公遇与主持愿诚以及东大殿的建筑设计师，对东大殿的建筑、塑像、壁画、经幢、彩画都进行了系统的规划设计。设计从宗教礼佛和人体视线的空间要求出发，选取了最为适合的大木建筑制度、塑像壁画粉本、建筑彩画及经幢等进行完美组合。东大殿的木作工匠、瓦石作工匠、彩画作工匠、塑像壁画工匠都在统一的设计要求下，依照东大殿统一的材分、营造尺模数制度进行营造。

窥一斑而知全豹。盛唐时期，一座佛殿建筑的营造，各工种都依据统一的模数制度进行设计，其建筑、像设、色彩都经过精心的整体设计最终完成。佛光寺东大殿的建筑、像设和色彩反映出中国木结构建筑在其鼎盛时期的成熟设计施工营造制度和高超的艺术成就。

2. 东大殿宗教礼拜空间分析

唐朝时期，礼佛的主要方式是顺时针绕行佛塔或佛像，被称为"右绕式礼佛"。中国石窟寺内部保留的早期洞窟也有很多中心塔柱窟，信徒的参拜方式也以右绕式礼佛为主。东大殿始建之初，中间为主佛坛，殿内拥有一圈可以绕行拜佛礼佛的空间。

元宪宗七年（1257年），八思巴至五台山，成为第二位到五台山朝拜文殊圣容的西藏喇嘛，也是喇嘛教大量传入五台山的前奏，之后五台山地区逐渐盛行喇嘛教。喇嘛教信徒主要以"五体投地"的方式进行参拜。始建时期板门位于内槽柱上，内槽柱与主佛坛之间的空间狭小，不足以供信徒进行完全叩拜。故推测在元代东大殿大修时，依据叩拜的需要将整个板门从内槽柱移到了前檐柱，这样在主佛坛前面就形成了一个很宽敞的礼佛空间，可以供信徒和僧人在此进行"五体投地"式的参拜。

至明代，汉传佛教法师本随禅师，在东大殿的主佛坛两侧和后侧补塑了五百罗汉像，补绘了栱眼壁壁画，将整个礼佛空间变成了既可以进行右绕礼佛又可以进行叩拜礼佛。这种宗教空间，被称为"复合空间"（图30）。

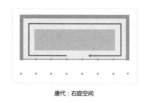
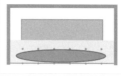
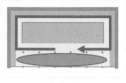

唐代：右旋空间　　　　　　元代：叩拜空间　　　　　　明代：复合空间

图30　东大殿礼佛空间演变示意图
（作者自绘）

由此可知，整个东大殿历史上各次的修缮、空间改变及塑像壁画的增补，都是为了满足所处时代礼佛仪式仪轨的需要。

五、结语

佛光寺东大殿是我国现存唯一的唐代殿堂式木结构建筑，同时保存有唐代塑像、壁画、题记，被称为"四绝"。引用考古学的一个名词，佛光寺东大殿可视为我国早期木结构建筑最重要的一件"标准器"，是建筑学者研究我国早期木结构建筑的基本模板。

佛光寺东大殿由唐代晚期的高官贵胄捐资兴建，建筑与像设用来自长安的供养人、高僧与工匠共同设计建造。其反映的建筑大木做法、材分制度、彩画制度既能与《营造法式》相互印证，又反映出了比《营造法式》一等材更大的用材其材分与营造尺共用的设计制度及中国古建筑技术顶峰时期高超的官式营造工艺。

东大殿的场地设计、建筑设计、像设设计、色彩设计都依据统一的模数制度与范例，并充分考虑使用功能与人眼视线的"人体工程学"关系，各工种都在这统一而极具数学之美的逻辑性建筑原则下设计施工。东大殿的总体设计是捐资者、使用者和设计者共同努力的结果，严格遵循唐代官式建筑营造制度，并按照宗教文化仪式仪轨要求，通过和谐而统一的设计表现出中国建筑艺术巅峰时期的豪劲和精美，代表了其时的最高艺术成就。其设计理念的表达，反映出中国营造学社社长朱启钤先生提出的"营造"的概念。❶

通过东大殿的空间格局变化可知其建筑、塑像、壁画、彩画、经幢等始终随礼佛仪轨功能的变化而变化。从建筑学的角度而言，东大殿的设计营造以及历次改造遵从典型的形式服从功能的理性主义建筑观，建筑内的空间、像设、装饰的改造都以礼佛崇佛的基本宗教使用功能为目的。东大殿所反映出的中国传统理性主义建筑观对今天研究具有中华文脉的民族建筑设计而言具有重要的借鉴意义。

（致谢：感谢清华大学建筑学院中国营造学社纪念馆刘畅馆长在佛光寺东大殿勘察期间的指导及对本文的指正。）

匠学薪传——中国营造学社诞辰90周年纪念文集

❶ "本社命名之初，本拟为中国建筑学社。顾以建筑本身，虽为吾人所欲研究者最重要之一端，然若专限于建筑本身，则其于全部文化之关系仍不能彰显。故打破此范围，而名以营造学社。则凡属实质的艺术，无不包括。由是以言，凡彩绘、雕塑、染织、髹漆、铸冶、抟埴、一切考工之事，皆本社所有之事。"参见：文献 [12]。

参考文献

[1] 梁思成. 记五台山佛光寺建筑 [J]. 中国营造学社汇刊, 1944, 7（1）: 13-62.

[2] 梁思成. 记五台山佛光寺建筑续 [J]. 中国营造学社汇刊, 1945, 7（2）: 1-20.

[3] 张荣, 刘畅, 臧春雨. 佛光寺东大殿实测数据解读 [J]. 故宫博物院院刊, 2007（2）: 28-51, 155.

[4] 吕舟, 张荣, 刘畅. 佛光寺东大殿建筑勘察研究报告 [M]. 北京: 文物出版社, 2011.

[5] 梁思成. 梁思成全集: 第7卷 [M]. 北京: 中国建筑工业出版社, 2001.

[6] 朱启钤. 李明仲八百二十周年忌之纪念 [J]. 中国营造学社汇刊, 1930, 1（1）: 1-24.

[7] 傅熹年. 傅熹年建筑史论文集 [M]. 北京: 文物出版社, 1998.

[8] 罗哲文. 山西五台山佛光寺大殿发现唐、五代的题记和唐代壁画 [J]. 文物, 1965（5）: 31-35.

[9] 张荣, 雷娴, 王麒, 等. 佛光寺东大殿建置沿革研究 [M]// 贾珺. 建筑史: 第41辑. 北京: 中国建筑工业出版社, 2018.

[10] 滑辰龙. 佛光寺文殊殿的现状及修缮设计 [J]. 古建园林技术, 1995（4）: 33-44.

[11] 关野贞, 常盘大定. 中国文化史迹 [M]. 杭州: 浙江人民美术出版社, 2017.

[12] 朱启钤. 中国营造学社开会演词 [J]. 中国营造学社汇刊, 1930, 1（1）: 1-10.

清华大学藏定东陵烫样底层工艺初探 ❶

文 雯 王青春 荷雅丽 刘 畅

摘要：本文以历史文献整理与解读、科学检测和匠作复制试验三位一体的路径，研究清华大学藏定东陵地宫烫样的底层板料和主体结构的制作工艺，记录烫样底层结构复制品从治糊、板料制备到内外结构和木框架的制作过程，探索样式房制作烫样的工作流程和组织方法。

关键词：定东陵烫样；制作工艺；纸张；制糊

Abstract：The paper discusses the cardboard craft and the making of the Dingdong Mausoleum *tangyang*（literally ironed model）currently stored at Tsinghua University through analysis of historical literature, scientific examination and modern reproduction. The process of making paste and cardboard as well as the production of the model's exterior and interior cardboard structure standing on a wooden pedestal are documented; this includes the organization and workflow for（re）production.

Keywords：Dingdong Mausoleum *tangyang*（ironed model）, craft, paper, paste

《履园丛话·营造》有云："……然图说者仅居一面，难于领略，而又必以纸骨按画，仿制屋几间，堂几进，弄几条，廊庑几处，谓之烫样。苏、杭、扬人皆能为之"。❷ 作为当年非常普及、盛行江南的烫样工艺，现存实物几乎仅存清宫样式雷遗物一门。❸ 针对现存案例的深入考察必然能够为重现这一中国古代建筑设计传统方法做出重要的贡献。本文就现有清华大学藏定东陵烫样开展研究。研究揭示，该烫样为清同治十二年（1873 年）由样式房（时任掌案雷廷昌）制作的地宫烫样之一，彩绘贴签，可拆卸组装层层揭看，为进呈样 ❹（图 1）。烫样总长 630 毫米，总宽 367 毫米，总高 310 毫米，比例尺为 1：100（寸样）。该烫样现由 31 个构件组成，总体保存状况良好，局部有破损，个别构件缺失。本文将按烫样制作的先后顺序，从板料制备和主体结构制作的角度探讨烫样的制作工艺，结合复制试验，试图部分还原该烫样制作时的历史情况。

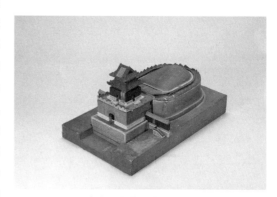

图 1　清华大学藏定东陵烫样现状图
（姜明 摄）

❶ 本文得到国家社会科学基金重大项目"《营造法式》研究与注疏"（项目批准号 17ZDA185）和清华大学自主课题"《营造法式》与宋辽金建筑案例研究"（项目批准号 2017THZWYX05）资助。

❷ 文献 [1]：219.

❸ 目前已知烫样收藏者主要有：故宫博物院、德国民族学博物馆、清华大学。

❹ 文献 [2].

一、文献依据

烫样制作工艺的依据可以分为记载烫样工艺、用材、用工的直接依据和作为烫样制作基础的相关传统手工艺资料等间接依据。直接依据来自样式房档案，反映烫样的基本信息；间接依据需要结合直接依据推算，引出被当时匠人当作基本素养而语焉不详的相关工艺做法，并顺藤摸瓜地钩沉历史资料。

1. 直接依据

样式房记《三海烫画样材料账》中写明制作烫画样使用的纸张，"东昌纸半刀，迁安榜纸卅张，黄毛边三张，矾连四三张，表辛纸五刀，合背黄白廿张，白面斤半"（图2）。制作糨糊的原料白面并没有和大条胶、广胶等其他粘结剂列在一起，而是和纸张同列，暗示糨糊在烫画样制作时与其他粘结剂用途的不同。此外，这批材料是用于烫样和画样两个部分的，不能简单地将其全部归为烫样用材料。

刘敦桢的《同治重修圆明园史料》汇总了国立北平图书馆藏同治十二年至十三年（1873—1874年）重修圆明园的十余处烫样，并"圆明园中路及清夏堂二处模型，俱二寸大样，确属当日进呈之旧物"，包括勤政殿附近烫样、九洲清晏烫样、上下天光烫样、万方安和烫样、恒春望附近烫样、万春园天地一家春烫样、清夏堂烫样等，同时提及烫样、画样的制作："又依图制为模型，谓之'烫样'，有一分样、二分样、五分样及装修用木样数种。一分样即实物比例百分之一，余类推。待图、烫样决定后，发交销算房估计工料，行文各主管部院，领取应需物件，着手兴造……共计画样、烫样二项，费工料银五千八百余两。停工后，仍由内务府发交样式房雷氏保存，备异日兴修查核之用。"[1] 说明烫样制作在画样完成后、工料银估计前，施工完成后流回样式房，清亡后被雷氏后人转卖。

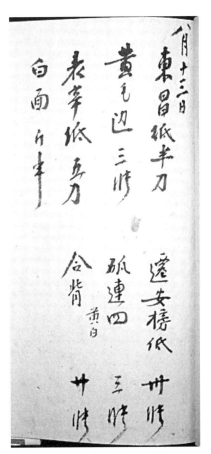

图2　样式房《三海烫画样材料账》
纸张记录
（中国营造学社纪念馆提供）

❶　文献 [3].

清华大学建筑学院师生从烫样出发探讨建筑空间及烫样本身的系列研究也为本文的讨论提供了参考。这一时期烫样的共性之一是制作时间很短。据《雷氏档案·旨意档》记载，九洲清晏大样的制作时间为同治十二年（1873 年）十二月初八至十二月十三日，仅 5 天时间，同时还要烫春耦斋二寸大样。❶ 万方安和烫样的制作时间为同治十三年（1874 年）五月二十六日至六月初六日，仅 10 天时间，同时还要烫恒春堂和全碧堂烫样。❷ 养心殿东暖阁添搭明瓦木棚烫样也应制作于同治十三年（1874年），这一时期清廷各项建设或重修工程密集，样式房的烫样工期应当也是十分紧张的，以至于放弃追求尺寸的精确。❸ 刘仁皓的论文中通过显微偏光分析发现万方安和烫样使用了人造群青、铅白、氢氧化铜、铁红和银朱等颜料，使用纸张为桑皮纸。❹

清华大学建筑学院藏定东陵烫样的制作时间为同治十二年（1873 年）五月初五至五月廿五日，不超过 20 天，同时还要制作全分样、另一地宫样及若干局部小样。短暂的工期和繁重的任务，加上不多的人手，迫使样式房必须要在材料选择、工艺选择和时间分配等方面形成一套标准化、有取舍、能适应高强度工作的烫样制作模式。

2. 间接依据

制作烫样所用的材料和方法与装潢、盔头、匣裱、彩绘和沥粉存在密切联系。以这些门类为研究烫样工艺的间接依据，可进一步整理出相关的做法细节。

（1）装潢作 装潢作是用纸张托裱画心的基础。有关装裱用糨糊制备的记载较早的有唐代张彦远《历代名画记》："凡煮糊必去筋，稀缓得所，搅之不停。自然调熟余往往入少细研熏陆香末，出自拙意，永去蠹而牢固，古人未之思也。汧国公家背书画入少蜡，要在密润，此法得宜。候阴阳之气以调适，秋为上时，春为中时，夏为下时，暑湿之时不可用。勿以熟纸背，必皱起，宜用白滑漫薄大幅生纸"，描述了北方糨糊制备的配方、做法、时令等要点。❺

明代冯梦桢《快雪堂漫录》："用面作掌大块，入椒、矾、蜡等末，用水煮，侯面浮起为度。取出，入清水浸，浸至有臭气白泛即易水，直待气泛尽，取出待干。配入白芨汁作糊，永远不受霉湿……白芨为末，匀入白面，洁净水慢慢澄过。不可将水入面，但以面水入器内盖好。一日一夜，等面沉入底，务令粘腻。量水多少入白蜡及明矾、川椒末，置火上不住手搅。火需用文火，不得令焦结实。如麻腐取出，做数块浸水中，以次用之。"❻ 文震亨《长物志》："法糊：用瓦盆盛水，以面一斤渗水上，任其浮沉。夏五日，冬十日，以臭为度。后用清水蘸白芨半两、白礬三分，去滓和元浸麴打成，就锅内打成团。另换水煮熟，去水，顷置一器，候冷，日换水浸。临用，以汤调开，忌用浓糊及敝帚。"❼

❶ 文献 [4].

❷ 文献 [5].

❸ 文献 [6].

❹ 文献 [5].

56
匠学薪传——中国营造学社诞辰90周年纪念文集

❺ 文献 [7].

❻ 文献 [8].

❼ 文献 [9].

明末清初周嘉胄《装潢志》:"制糊:先以花椒熬汤,滤去椒,盛净瓦盆内放冷。将白面逐旋轻轻糁上,令其慢沉,不可搅动。过一夜,明早搅匀。如浸数日,每早必搅一次。俟令过性,淋去原浸椒汤,另放一处。却入白矾末、乳香少许,用新水调和,稀稠得中,入冷锅内,用长大擂槌不住手擂转,不令结成块子。方用慢火烧,候熟,就锅切成块子,用原浸椒汤煮之。搅匀再煮,搅不停手,多搅则糊性有力,候熟取起。面上用冷水浸之,常换水,可留数月,用之平贴不瓦。霉候不宜久停,经冻全无用处。"❶

清代周二学《赏延素心录》也有"糊法:用陈天水一缸,以洁白飞面入水,水气作酸,再易前水,酸气尽为度。即曝干,入白矾少许,和秋下陈天水,打成团入锅煮熟。倾置一缸,候冷,浸以前水,日须一易。临用入磁瓿,千杵烂熟,以前水匀薄,大忌浓厚。夏裱制糊,十日之前,春秋制糊,一月之前,过宿便失糊性。"❷

由于糯糊的主料白面易受虫害,加水易发霉发腐,故常加入熏陆香、白芨、白矾、花椒、乳香等辅料防虫、防霉、防腐。不同文献中的制糊方法及配方略有差异,但流程大同小异,均是先用冷水浸泡面粉,静置一段时间后搅拌,加辅料搅拌,入锅煮熟成团,冷却后分块,浸入冷水中备用,常换水。临用时按需取块,用热水调稀,忌浓稠。

(2)盔头作 盔头作出现在嘉庆四年(1799年)的档案中并持续存在到光绪朝(1875—1908年)。盔头作是制作戏剧人物所戴冠帽的工种,清晚期皇室对京剧推崇日盛,盔头作直到清末依然存在于内务府造办处。

《内务府造办处档案总汇》中有乾隆二年(1737年)十一月初二日关于漱芳斋重檐大戏台灯具的记录:"司库刘山久、其品首领萨木哈、催总白世秀将戏台灯上旧有围屏画片字片、新添围屏上画片字片纸样并羊角挂灯配做得烫胎宝盖样一件、羊角套头灯上烫胎宝盖样一件持进……其余照样准做。"❸灯具是戏台陈设的一部分,表达戏台灯具造型、图案等样式的模型称"烫胎宝盖样",与表达建筑群体、单体或室内样式的"烫样"或为同源,且与盔头烫胎做法无异。

建福宫花园的《内务府奏销档》中有"乾隆六年(1741年)十二月初五日奉旨:四所、五所挪在东厂盖造,四所、五所地方新建工程即按照烫胎样式改造。"❹此处及其余多处档案中的"烫胎"、"烫胎合牌样"即烫样。

《堂谕档普祥峪普陀峪纪事》中同治十二年(1873年)五月初五日钟老爷催促样式房"你赶紧设法调度,你自有办法找画匠、找盔头作人帮办。"❺可知该烫样制作时用到了盔头作的匠人和工艺。据嘉庆四年(1799年)《各处各作各房苏拉匠役花名册目总数》,盔头作包含裁缝、铁匠、甲身、熟皮匠、铜匠、油匠、木匠、毛毛匠、草子匠、沥粉匠、烫胎匠、带子匠、纱帽匠、盔头匠、搭材匠,共三十名。❻其中的沥粉匠、烫胎匠和

❶ 文献 [10].

❷ 文献 [11].

❸ 文献 [12].

❹ 内务府奏销档,乾隆六年十二月初五日,中国第一历史档案馆藏。

❺ 样式雷图档 366-00211:堂谕档普祥峪菩陀峪纪事,中国国家图书馆藏。

❻ 文献 [13].

盔头匠与烫样制作工艺直接相关，且为各作（处、房）中唯一有此类工种者，故推测当时样式房所找盔头作人应当是负责沥粉、烫胎和用盔作方法制作曲面模型的。

（3）匣裱作 匣裱作包含装潢工艺，又具备制作囊匣的能力。体现在乾隆二十年（1755年）三月对造办处匠作的调整和合并 **❶**，将二十八作合并为五作，其余十处仍一处一作。调整后的造办处涉及内檐装修工艺的主要匠作包括：如意馆、金玉作、绣活处、珐琅作、玻璃厂、铜镀作、匣裱作、油木作、广木作、灯裁作等；调整后造办处职掌机构设有：活计房、查核房、督催房、汇总房、钱粮库、档房六处，为所有奏销活计料、工、钱粮奏折上的签画部门。**❷**

合并后的匣裱作有裱匠、匣匠、广木匠、镟匠共六十一名，包含从前的裱作、匣作、广木作和画作。裱作涉及纸张裱糊，是烫样板料的基础。但烫样制作时样式房并没有调用裱作匠人，而是直接使用成品的合褙纸，可知烫样所用平面板料为预制半成品。

囊匣是我国古代文物包装的匣子，清代常用纸板作为囊匣框架墙体，外饰锦缎蓝布等纤维织物，内填棉花作为缓冲。囊匣作为文物储存的器物，需要控制温湿度、防尘、防紫外线照射、防微生物侵蚀污染、防震、防磕碰挤压且易于入库、提取和排架等特点。囊匣制作过程中的纸板粘接和覆面层两步做法可能与烫样外部主体结构制作和表面覆纸做法有相通之处，区别在于，囊匣用布条捆绑定型，而烫样用增加内部支撑来稳定框架形态。

二、板料制备

烫样的主体部分由各种纸合褙构成，平面和曲面板料是制作烫样的基础。观察现存烫样构件可知，纸合褙由多层纸张用糨糊裱糊而成。纸张从裱糊到干燥成型可供使用常需要较长的时间。笔者所在课题组在公历3月至5月进行了烫样复制试验，裱好的纸合褙平均需要3—4天完全干燥，纸幅越大干燥越慢。在定东陵烫样制作的农历五月初五至五月廿五日，北京地区处于初夏，气候应当比复制试验时更湿热，干燥时间相应增加。而烫样整体制作时间又十分紧张，因此平面板料的制备工作应是提前完成，制作烫样时直接使用各种尺寸的板料存量以节省时间。由于清代皇家陵寝建筑呈现高度模数化、标准化的特征，定东陵的地宫各券座遵照慕陵规制，故曲面板料可能根据设计方案现制，但可直接使用以往案例中制好的模具，甚至可能直接使用预制的成型曲面板料。

板料的制备包括以糨糊为主的粘结剂的制备和平面、曲面板料制备三部分工作，三者之间关联紧密。糨糊的质量直接影响裱糊效果的好坏，而某些构件的曲面板料是由平面板料直接弯曲固定而成的。

❶ 文献 [14].

❷ 文献 [13].

1. 粘结剂

由样式房记《三海烫画样材料账》可知，烫样制作在板料制备阶段使用的粘结剂为糨糊，以白面为原料。

糨糊是中国古代常用的多糖类胶料，主要成分是小麦淀粉，含22%—28%的直链淀粉和72%—78%的支链淀粉。直链淀粉在溶液中不稳定，倾向形成不可逆胶（退化），成膜极硬；支链淀粉使黏性溶液更不易形成胶或提高胶的可逆性，适合纸张裱糊。❶ 糨糊按蛋白质含量高低分为大粉浆和小粉浆两类：南方常用大粉浆，不去筋；北方常用小粉浆，去筋。造成此种差异的原因或为南北气候不同：北方干燥，含筋糨糊易变得脆硬，导致裱件变形，生虫、生斑；南方潮湿，去筋糨糊过稀，黏性不足。因此，北裱多用去筋淀粉，南裱多用不去筋的面粉。

❶ 文献 [16].

依照史料的记载，笔者团队进行了不同原料及做法的糨糊制备试验。主要原料分别选用全麦面粉和小麦淀粉，加热步骤分别采用煮熟法和烫熟法，控制辅料为等量的明矾。试验结果表明，在北京的春夏之交，以小麦淀粉为主料用烫熟法制得的糨糊效果最佳，操作步骤如下（图3）：

（1）制糨头：向盆中加入500克小麦淀粉和10克明矾，缓慢倒入40℃温水，边倒边用木棒沿同一个方向搅拌均匀成稀糊状，用木棒或手碾碎其中结块的颗粒至糨头顺滑。初始水温过凉则容易出现未除净的面筋，影响糨糊性能。明矾呈弱酸性，过量则对纸张不利，过少则增加黏性和防腐性能不足，故应控制用量在适宜范围。

（2）烫熟：向盆中快速倒入开水至没过糨头，为避免飞溅可用木棒引流。随后迅速用木棒沿同一方向用力搅拌，使糨头糊化成色泽均匀的半透明状，即"烫熟"，水粉充分交融，形成稳定有黏性的浓稠糨糊。避免其中混杂未熟的白色粉末，影响糨糊性能。

（3）保存：浓稠的糨糊冷却后，分割成近似拳头大小的团块，浸入冷水中保存，每日换水可存放月余。

2. 平面板料

烫样中使用的墙体、地面等多数板料为平面纸板，《三海烫画样材料账》中称"合褙"。将不同层数的单张纸用糨糊裱糊在一起，形成不同厚度的合褙，其工艺类似书画装裱中册页的做法。鉴于不便取样，观察明楼上层檐正吻破损处，初步判断此处的合褙用12张纸叠合而成（图4）。

笔者团队依据烫样的基本信息对其进行了复制试验，其中平面板料制备过程如下（图5）：

（1）取一块预制稠糨糊入盆中，缓慢加入冷水，用木棒搅拌使糨糊与水均匀混合，制成较稀的薄糨糊，同时预留少量稠糨糊备用。备好12张毛边纸，用喷壶喷湿备用。

（a）温水搅拌　　　　　　　　　　（b）碾碎颗粒

（c）开水烫熟　　　　　　　　　　（d）成团保存

图3　小麦淀粉烫熟法制糊步骤
（雷宇芯 摄）

图4　明楼上层檐正吻破损处纸张分层
（雷宇芯 摄）

（2）将一张已洇湿的纸铺于平整的案上，光面向下，糙面向上。用排笔蘸取薄糨糊从纸的一端开始沿"米"字形从中间向边缘轻刷，使纸张与桌案紧密贴合，每一笔均需刷至纸边外侧，即"走出来"。一遍刷完后按同样方法再刷一遍，确保纸张的所有位置都浸有糨糊，且与桌案间无气泡。用笔需轻重得宜，既要保证纸张与下层贴合严密，又不能使纸张破损。

（3）取一张已洇湿的纸，光面向下，糙面向上，右端与第一张纸对齐，左端抬高，用排笔从右端中部开始沿"米"字形逐渐向左刷，同时左边随排笔走势缓慢下落，直至与下层纸完全贴合。如有褶皱，则用针锥从左端挑起再次刷落。用排笔蘸取薄糨糊在第二张纸上刷糨糊，方法及注意事项与第一层纸相同。

（4）重复步骤（3）直至所有纸张均裱在一起。

（5）取少量稠糨糊均匀涂抹在纸张四周边缘处，不可出现肉眼可见的糨糊块。用针锥挑起纸张一端两角，手持鬃刷将纸张托离桌案，糙面向下

（a）调薄糨糊 （b）备纸

（c）喷湿纸张 （d）上纸

（e）刷糨糊 （f）排笔光纸

（g）鬃刷去褶皱 （h）边缘涂稠糨糊

（i）起纸 （j）上板

图 5 平面板料制备步骤
（雷宇芯 摄）

上到立置木板上，用鬃刷顺势刷平纸张边缘，使之与木板平整严密贴合。上板完成后可向纸张中心部位喷少许水，使边缘先于中心干燥，避免纸张干燥收缩时的拉力将边缘崩离木板造成纸面翘曲。待纸张完全干燥后从木板上整体取下，即成可用作平面板料的纸合褙。

3. 曲面板料

烫样中有多处曲面构件，需要制备二维或三维的曲面板料。在复制试验中，对不同部位的曲面采用不同的制作方法和材料：门洞券、闪当券、罩门券、金券、隧道券等以二维曲面为主的构件先后使用泥模具和铜模具；宝顶使用石膏模具；屋顶和宝城未使用模具。

1）泥模具制作券座试验

黄泥是常用的传统手工艺制作模具材料之一，来源广泛易得，价格低廉，黏性好，含水量适中，易于塑形。制模时先取适量黄泥，若泥质较干可加少量水，依烫样形状及尺寸做出券座的内（外）曲面形状。黄泥干燥过程中会收缩变形，因此在制作时要留出余量，券座的跨度需要精准控制，高度和宽度则可放大。前期试制测量数据显示，泥模具从初制到完全干燥的变形量基本在10%—15%浮动，平均约为11.2%，随模具尺寸、形状及初始含水量不同而有所差异。试验数据详见表1。因此在用泥模具制作券座的试验中，跨度留出12%的余量，高度和宽度在12%的基础上再加5毫米余量。具体步骤如下：

（1）依据烫样券座内（外）尺寸取泥制模，在高、跨、宽三个维度分别留出余量，泥胎曲面尽量平整均匀，充分干燥。

（2）将毛边纸按长度略大于泥胎弧长，宽度略大于泥胎宽的尺寸裁出13张，与另一小张毛边纸共同喷湿备用。调好薄糨糊备用。

（3）在泥胎曲面及四周刷一层薄糨糊。取一张湿毛边纸，中部与券顶对齐，从中心向两端逐渐贴在泥胎曲面上，纸边包裹在泥胎底面，两侧纸边贴上泥胎侧面，使底纸完全覆盖并在四周包裹泥胎曲面。用烙铁熨烫纸表面，使之与泥胎紧密贴合，不留气泡。底纸层不刷糨糊，起纸后留在泥胎上。

（4）取一张湿毛边纸仍按从中间到两边、最后封边的顺序铺在底纸上，用烙铁熨烫平实，用排笔蘸薄糨糊均匀刷在纸张表面，包括曲面及四周封边的部分。

（5）重复步骤（4）直至泥胎表面共裱糊13层纸（含底纸）。最外层纸上不刷糨糊。

（6）将最后一小张纸刷上糨糊，贴在泥胎底面，两端封住合褙纸端包裹泥胎底面的部分，防止干燥过程中纸张崩开，但不要过长延伸到曲面。

（7）将裱好的合褙及模具放在常温室内至纸张和泥胎完全干燥，用小刀将合褙从泥胎上起下，共12层，底纸和底面封边纸留在泥胎上。测量

表 1　泥模具试验形变数据

构件名	项目	实物尺寸（毫米）	泥模具原尺寸（毫米）	泥模具干燥尺寸（毫米）	形变率（%）
罩门券外壳	跨	96	100	86	14
	高	55	60	55	8.3
罩门券内壳	跨	57	60	52	13.3
闪当券外壳	跨	106	120	106	11.7
	高	55	67	58	13.4
闪当券内壳	跨	69	77	70	9.1
	高	38	50	44	12
金券外壳	跨	112	125	112	10.4
	高	60	72	63	12.5
隧道券外壳	宽	86	96	78	8.3
	跨	62	70	65	7.1
隧道券内壳	宽	86	96	82	14.6

此时的合裰尺寸，按原样高宽尺寸裁切完成。

此外，笔者用制备好的板料作为对照，将板料裁成与合裰用纸尺寸相等的纸条，表面刷糨糊按同样的方法使之弯曲贴在泥模具的底纸上，用烙铁熨平。干燥后板料法制成的合裰表面平整，但尺寸误差较大（图6）。

泥模具的优势在于原料廉价易得，操作简便；缺点则是形变量难以控制，表面不够平整，复制试验无法达到烫样原件的精度，故随后被放弃（图7）。

2）铜模具制作券座试验

紫铜的成分接近铜单质，柔软且延展性好，表面平整光滑，易于热塑弯曲，成型后干湿形变几乎可以忽略不计。本次复制试验的各券座最终使用铜模具裱糊，具体步骤如下（图8）：

图6　泥模具板料对照结果
（雷宇芯 摄）

图7　泥模具试验结果
（雷宇芯 摄）

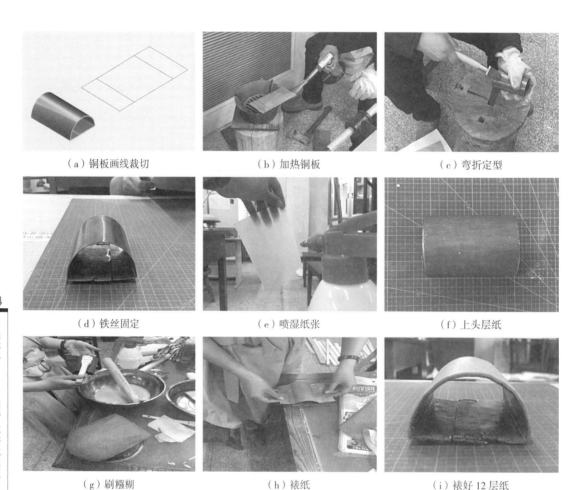

<table>
<tr><td>（a）铜板画线裁切</td><td>（b）加热铜板</td><td>（c）弯折定型</td></tr>
<tr><td>（d）铁丝固定</td><td>（e）喷湿纸张</td><td>（f）上头层纸</td></tr>
<tr><td>（g）刷糨糊</td><td>（h）裱纸</td><td>（i）裱好12层纸</td></tr>
</table>

图 8　铜模具制作券座曲面步骤
（雷宇芯 摄）

（1）依据烫样券座尺寸计算券座弧长、跨度及宽度，在铜板上画出相应形状，其中长度略大于弧长与跨度的和，留出余量用于模具底面的固定，宽度同券座进深。用金属切割机沿画线最外沿切下，打磨模具边缘。

（2）用热风枪均匀加热模具，然后放入冷水中，用锤子沿曲面与底面的分界线弯折铜板，再将曲面部分按烫样尺寸形状弯曲成型。底面余量重叠打孔，穿铁丝捆绑固定。

（3）纸张糨糊的制备和裱糊方法与泥模具相同，纸张完全干燥即可取下调整尺寸。

用铜模具制成的券座表面平整，尺寸准确，效果较好（图9）。但铜模具制作成本较高，工艺较复杂。

3）石膏模具制作宝顶试验

宝顶构件为复杂的三维曲面，用铜模具制作难度大。笔者先后试验泥模具和石膏模具，结果显示用石膏模具制成的宝顶合褶效果更佳（图10）。石膏吸水性较

图 9　铜模具制作券座成品
（雷宇芯 摄）

（a）泥模具　　　　　　　　　（b）石膏模具

图 10　宝顶模具对比试验
（雷宇芯 摄）

强，干湿形变极小，尺寸形状较准确。具体步骤如下：

（1）通过摄影测量生成宝顶构件的三维模型，并画出宝顶平面、剖面形状并标出尺寸。

（2）以金井所在位置为中心，向 5 个方向分别放线，用高度等于宝顶高，长度等于金井到宝顶边缘，斜边形状同宝顶剖面的近似直角三角形纸片确定宝顶形状框架，并固定在底盘上。

（3）用石膏依据定位纸片制成表面平滑的模具，静置干燥。

（4）纸张、糨糊的制备和裱糊方法同泥模具试验。由于宝顶形状复杂，一张纸难以平整覆盖全部表面，因此采取分区裱糊的方法，使纸张完全包裹宝顶顶面，周围全部封边，相邻纸张之间相互重叠，表面尽量平整。静置至纸及石膏模具均完全干燥，将合褙整体取下。

用石膏模具制作的宝顶构件精度和表面平整度均较好（图 11）。三种模具相较，泥模具的成本、制作难度和精度最低，铜模具最高，石膏模具则介于二者之间，但其材料选取的历史依据尚不清晰。

4）平面弯折法制作曲面

部分构件的曲面用上述三种模具制作效果和效率均不高。考虑到平面板材在一定程度内可以自由弯折，在强度较大的粘结剂作用下能够保持静

（a）烫样宝顶构件　　　　　　　（b）复制试验宝顶
（姜明 摄）　　　　　　　　　　（雷宇芯 摄）

图 11　石膏模具制作宝顶效果

定，因此笔者对于明楼下层檐的屋顶曲面、宝城内外围曲面、背后灰土外侧曲面、地宫底外围及大槽底内围等曲面采用平面板料弯折法制作。

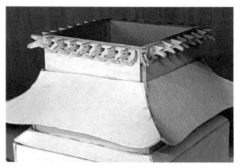

图 12　明楼下层檐复制试验
（雷宇芯 摄）

（1）明楼下层檐　明楼下层檐的屋顶曲面尺寸和弧度均较小，且为较复杂的三维曲面。复制时将平面板料按烫样形状、尺寸画线裁切，将四片板料斜边两两相对挤压，使之弯曲贴合成腰檐的形状，用鱼胶粘接四处围脊固定。板料间相互的压力和鱼胶的作用使得腰檐能够保持稳定的曲面形状。在烫样制作过程中，下层檐的总长宽及总高是需要严格控制的，而曲面的弧度则是相对定性的表达，因此可用平面板料自然弯曲的弧度模拟实际建造时的举架屋面形状（图 12）。

（2）背后灰土外侧、地宫底外围和大槽底内围　背后灰土外侧、地宫底外围和大槽底内围的曲面是尺度较大、局部弧度较小的简单二维曲面，后两者关联甚密。在制作时，可先做好底面和顶面，再沿其弧线边缘裁切平面板料并用鱼胶粘在对应位置上固定。试验结果表明，这种以平面板料制作曲面的做法在上述构件中可以实现准确的弧度、高度的稳定性和表面平整度。

（3）宝城内外围　由烫样宝城构件内侧题注可知，宝城内外围并非等宽的曲面，而是北高南低，因此在裁切板料时需要确定若干定位点的高度，连接各点并拟合成平滑的曲线，作为侧面的上下边缘。板料的弯曲和固定方法同上。

三、外部结构

1. 粘结剂

板料制备的主要粘结剂是薄糨糊，薄糨糊适于纸张之间的大面积粘接，而用板料制作烫样结构的过程以板料棱边之间的小面积粘接为主，需要黏性强、干燥快的胶料，薄糨糊显然不适用。

为探究烫样结构制作时可能使用的粘结剂，笔者用波长为 365 纳米的长波 UV 光照射烫样构件，观察到多种疑似粘结剂痕迹的现象。

（1）UV 光影像显示，在木框架与大槽底纸张交接处有多处亮白色荧光反应，而这些部位在可见光下呈深褐色，应当是制作时流出的胶液（图 13）。由此推断，大槽底板料与木框架的粘接使用含有蛋白质的胶。中国古代营造行业常用的蛋白质类胶为动物胶，包括皮胶、鱼胶、鹿角胶、骨胶等。其中以牛皮为主料制成的水胶和广胶应用最为广泛，鱼胶以鲟鱼鱼鳔（为内廷用鱼鳔）黏性最佳，骨胶使用较少。❶ 样式房《三海烫画样材料账》中写明制作烫画样所用胶料为广胶（图14），即牛皮胶的一种，价格贵于水胶。三海烫画样与定东陵烫画样制作时间间隔不远，且均为样式房负责的皇家工程，很可能使用同一种胶，即定东陵烫样的主体结构也用广胶粘接。

（2）原粘于地宫平水墙构件上的罩门券后石门在搬运过程中脱落，露出背面大面积胶痕。这些胶干后发脆，易使所粘接构件整体脱落，在可见光下呈深色，UV光下无明显荧光反应，颜色比含钙元素的颜料涂层深，但未出现明显的吸收现象（图15），可能不是动物胶，也可能是老化的动物胶的荧光反应在周围强烈荧光的影响下变得较不明显。

（3）在背后灰土曲面、地宫底顶面题签附近等多处出现疑似胶痕的印迹，这些痕迹在可见光下颜色与周围纸张原色接近或稍深，但UV光下出现较亮的白色荧光反应（图16，图17）。粘贴题签时使用的胶可能也是含有蛋白质的广胶，但浓度较低、用量较少，而背后灰土曲面处并无题签，

<aside>❶ 文献[16].</aside>

（a）可见光　　　　　　　　　（b）UV光

图13　大槽底交接处胶液痕迹
（姜明 摄）

图14　样式房《三海烫画样材料账》
（中国营造学社纪念馆 提供）

（a）可见光 （b）UV 光

图 15　罩门券后石门背面胶印

（姜明 摄）

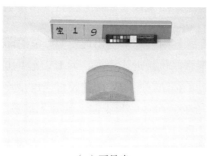 

（a）可见光 （b）UV 光

图 16　背后灰土曲面胶印

（姜明 摄）

（a）可见光 （b）UV 光

图 17　地宫底顶面胶印

（姜明 摄）

匠学薪传——中国营造学社诞辰90周年纪念文集

可能为制作时误沾上的胶。UV 光影像分析主观性较大，精度不高，胶的准确成分仍留待进一步分析。

2. 转角

烫样构件中出现多处直角转角交接，从部分构件破损处裸露的合褙结构判断，转角的做法有直角和切角两种。其中可见为直角交接的部位较多，有明楼墙身转角、方城墙身转角、地宫及方城填厢盖面灰土等，做法较简单，直接将裁切好的一张合褙侧边垂直粘在另一张合褙纸面边缘处。由于合褙通常较厚，因此在裁切时要根据交接方向调整合褙边长尺寸，即纸端

图 18 明楼墙身转角直角交接细部
（姜明 摄）

涂胶的合褙边长为构件设计边长减去合褙厚度，否则会造成较大制作误差。构件较复杂时，误差累加甚至可能超过构件间尺寸余量，影响不同构件之间的组装成型。直角交接形成的转角一侧端口可见合褙纸张分层，若粘贴位置稍偏离边缘则会显现出棱，操作简便、速度快，但精度和效果略逊于切角法（图 18）。

切角法目前仅见于明楼下层檐构件（图 19）。此法将两张需要正交的合褙裁切成边长等于构件外皮长度的尺寸，端口分别打磨成 45° 斜角，斜面也施彩绘，将角科斗栱插入斜角处，使之能够与墙身结合。外观精致，制作复杂，适用于少量重要的精度要求高的部位。由于明楼下层檐周围要制作大量斗栱，转角处有角科，尺度极小，构造复杂，因此主体部分采用切角法交接，表面的彩绘层也更精细。

3. 斗栱

斗栱在烫样中数量较多，制作的难度较大，集中出现在明楼下层檐构件的腰檐上方，其下则未做出下层斗栱。构件每面各做出 7 攒平身 / 柱头科，四角各有 1 攒角科，共 32 攒，均为单翘单昂五踩斗栱。但实际工程中，普祥峪上层檐斗栱除角科外每面仅有 4 攒，下层檐除角科外每面有 8 攒，出踩也与之不同。可知，烫样在制作时会根据审阅者的观察角度而有所取舍。在俯视的角度下，明楼上层檐下斗栱的下半部会露出，而下层斗栱被腰檐遮挡更多，斗栱制作又耗时耗力，难度较大，故予以省略，在数量和种类上也不求精确，只作为一种示意。

斗栱层通过三组分件附着在由双层合褙粘接而成的平座墙体外侧，由外向内依次命名为 A、B、C 组。A 组是蚂蚱头和昂，由两张裁剪成剖面形状的合褙粘贴而成，前端出踩，尾端插入 B 组内侧（图 20）。B 组是瓜栱和万栱，合褙方向平行于墙面。B、C 两组之间的厚度差表现单翘的出踩深度。与昂不同，B 组的合褙是将每面墙做成一个整体，相邻两万栱尽端相联，拽枋在昂及蚂蚱头处断开以便插入 A 组分件。B 组共 4 件，每件表现 7 攒斗栱。这种做法增加分件整体性和强度，降低操作难度，减小累积误差提高精度。C 组是坐斗、正心瓜栱和万栱，相邻两攒之间分开，

图 19　明楼下层檐转角 45°切角交接细部
（姜明 摄）

图 20　A 组斗栱分件复制试验
（雷宇芯 摄）

（a）烫样原件

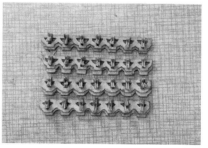

（b）复制试验

图 21　明楼上层檐斗栱细部对照
（雷宇芯 摄）

匠学薪传——中国营造学社诞辰60周年纪念文集

上端略低于 B 组，可能有调节误差的考量。C 组上端低于外侧而被挡住，若上端不齐也可以被遮挡，减小制作难度；上部空隙也可以用来调整 A 组插入的深度，相邻两攒之间的微小距离移动可以弥补 C 组和 B 组左右之间可能出现的微小误差，避免 A 组分件难以插入的情况（图 21）。

4. 木框架

烫样底盘使用截面约 25 毫米见方的木条以榫卯结构交叉构成木框架，边框木条截面约 36 毫米见方。测量烫样底盘尺寸发现，由于制作误差或木材蠕变，底盘并非一个标准的矩形，而是四条边分别不等长的四边形（图 22，图 23）。其详细尺寸见表 2。

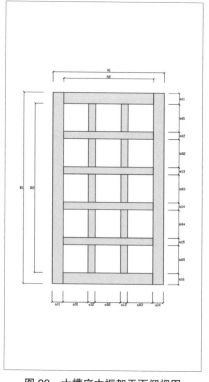

图 22　大槽底木框架平面仰视图
（方文静 绘制）

<table>
<tr><td>（a）烫样原件
（姜明 摄）</td><td>（b）复制试验
（雷宇芯 摄）</td></tr>
</table>

图 23　大槽底木框架复制试验对照

表 2　大槽底木框架细部尺寸实测

编号	测量对象	实测尺寸（毫米）	清尺换算（寸）	复制尺寸（毫米）
A-1	外总宽	374	11.69	374
A-2	内总宽	304	9.5	304
a-01	横间隔 1	84	2.63	84.6
a-02	横间隔 2	85.5	2.67	84.7
a-03	横间隔 3	84.8	2.65	84.7
a-11	横边木方 1	36	1.13	36
a-12	横内木方 1	24.3	0.76	25
a-13	横内木方 2	23.2	0.73	25
a-14	横边木方 2	36	1.13	36
B-1	外总长	630	19.69	630
B-2	内总长	558	17.44	558
b-01	纵间隔 1	90	2，81	84.6
b-02	纵间隔 2	92	2.88	91.6
b-03	纵间隔 3	91	2.84	91.6
b-04	纵间隔 4	91.7	2.87	91.6
b-05	纵间隔 5	90.8	2.84	91.6
b-11	纵边木方 1	36	1.13	36
b-12	纵内木方 1	23.6	0.74	25
b-13	纵内木方 2	23.1	0.72	25
b-14	纵内木方 3	23.4	0.73	25
b-15	纵内木方 4	23.4	0.73	25
b-16	纵边木方 2	36	1.13	36

四、内部结构

尺寸较小的构件可直接根据设计尺寸裁切粘贴板料，而尺寸较大的，尤其是单一板面跨度较大时，由于板料自重易在中部形成向下的弯曲形变，构件自身强度也会受影响，遑论在其上安放其他构件。因此，对于尺寸较大的构件，应当采取一些措施以加强其结构的强度和稳定性。

笔者采用X射线照相分析烫样大尺寸构件的内部结构。利用射线穿透物体会产生能量损耗的原理，物体的密度和厚度越大，射线能量损耗越多，用X射线照射物体并投影到另一侧的感光材料胶片上时，能量损耗越多的位置底片颜色越亮，可据此推测物体的内部结构和材料密度。

团队在北京联合大学应用文理学院文物X射线探伤实验室对烫样构件分两次进行了影像采集。实验使用YXLON X射线探伤机，参数设置的变化对影像效果及后续分析会产生影响（图24）。对于大槽底、地宫底等较大构件，一次拍摄无法覆盖其全部，采取分段拍摄的方法，将大槽底构件分为上、中、下三段，地宫底分成上、下两段（图25，图26）。对于宝

图24　X射线拍摄现场及参数
（方文静 摄）

图25　大槽底分段示意
（方文静 摄）

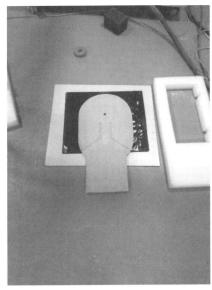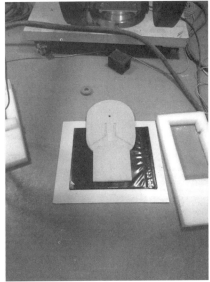

图 26　地宫底分段示意

（方文静 摄）

城构件，在照射其俯视角度之外还拍摄了其侧面展开图，以求更清晰地反映其侧面内部的支撑结构（图 27）。各构件的拍摄参数及影像见表 3。

　　同种材料在照射方向上厚度越大，X 射线穿透的能量损耗越大，投射在胶片上的颜色越亮，则垂直于照射方向的合褶颜色极黯淡，几乎可忽略不计。因此，构件影像中外轮廓以内的部分，颜色较亮者为平行于照射方向的合褶，即构件内部的支撑体系。

　　依据 X 光片反映的内部支撑体系，团队在复制过程中对月台、地宫底灰土等大型构件也做出了内部结构（图 28）。

　　除纸板支撑外，在大槽底构件的转角处，有两道极亮的楔形印迹，材料密度远大于木材，可能为正交的两枚铁钉。两道印迹一长一短，前者沿大槽底的长边方向钉入；后者尖端清晰，尾端边缘模糊且弯曲，可能为平

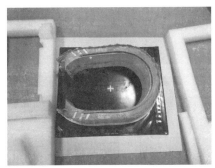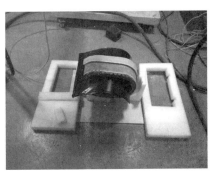

（a）平面图　　　　　　　（b）东侧面展开图　　　　　　（c）西侧面展开图

图 27　宝城拍摄现场

（方文静 摄）

表 3　清华大学藏定东陵烫样构件 X 射线照相参数及影像

构件名	管电压 （千伏）	管电流 （毫安）	焦点尺寸 （毫米）	曝光时间 （分钟）	X 射线影像
大槽底 -a	80	2	5.5	1	
大槽底 -b	80	2	5.5	1	
大槽底 -c	90	2	5.5	1	
地宫底 -a	80	2	5.5	1	
地宫底 -b	80	2	5.5	1	
东西大夯灰土平面	90	2	5.5	1	
东西大夯灰土立面	85	2	5.5	1	
月台	90	2	5.5	1	
宝城平面	90	2	5.5	1	
宝城东侧立面展开	80	2	5.5	1	
宝城西侧立面展开	90	2	5.5	1	
地宫平水墙立面	100	2	5.5	1	
地宫平水墙平面	85	2	5.5	1	
方城南门洞券立面	85	2	5.5	1	
方城南门洞券平面	100	2	5.5	1	
方城北门洞券立面	100	2	5.5	1	
方城北门洞券平面	85	2	5.5	1	
扒道券	85	2	5.5	1	
方城城身立面	100	2	5.5	1	
方城城身平面	85	2	5.5	1	
木踏跺立面	85	2	5.5	1	
蓑衣顶立面	100	2	5.5	1	
蓑衣顶平面	85	2	5.5	1	
金券立面	100	2	5.5	1	
金券平面	85	2	5.5	1	
罩门券立面	85	2	5.5	1	
罩门券平面	100	2	5.5	1	
闪当券立面	85	2	5.5	1	
闪当券平面	100	2	5.5	1	
金券前门洞券立面	100	2	5.5	1	
宝顶平面	80	2	5.5	1	
明楼上层檐平面	80	2	5.5	1	
明楼下层檐平面	80	2	5.5	1	
东看面墙立面	80	2	5.5	1	

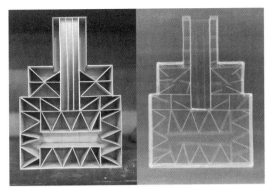

图 28　月台复制品内部结构对照
（姜明 摄）

行于照射方向钉入的铁钉，在钉入过程中受木材阻力而产生弯曲变形。大槽底构件该转角外侧细部可佐证这一推测：在转角背面边木方的对应位置上可见铁钉钉帽的孔洞，短边侧面的对应位置因表面覆有面层纸而难以明辨，但 X 射线影像表现得较为清晰（图 29）。这两个铁钉可能用于加固底部木框架边框结构，仅见于此一处转角，不排除后期加固的可能性。

（a）可见光
（姜明 摄）

（b）X 射线

图 29　大槽底转角铁钉对照

五、结论与展望

　　烫样平面板材由于制作周期长而很可能是预制的，其做法与书画装裱的册页制作类似，合褙每张用 12 层纸以糨糊粘合。曲面板材使用模具以盔头作的手法裱糊成型。

　　烫样的主体结构分为外部轮廓和内部支撑两部分，用含蛋白质的动物胶粘接。外部轮廓转角之间的交接有直角和切角两种，前者简便快捷，应用广泛；后者精细复杂，仅用于精度和工艺要求高的部位。内部结构主要起支撑作用，避免因板材自重或表面工序操作造成弯曲变形，支撑方法依构件而定。底部木框架用榫卯结构搭接，有铁钉加固。

清晚期的皇家建筑工程几乎全由样式房主持设计，烫画样的制作应当出自同一批或有传承的两批人，使用的材料和工艺相差应不大，加之样式房很可能存有部分标准化的构件供各个工程通用，因此对同期其他工程的烫样的研究，包括对定东陵项目中其他烫样的研究都对本文所述烫样有参考价值。

参考文献

[1] [清]钱泳，撰.孟裴，校点.履园丛话（上）：卷十二 艺能[M].上海：上海古籍出版社，2012.

[2] 刘畅，文雯，荷雅丽，王青春.清华藏定东陵烫样基础信息实录[M]// 贾珺.建筑史：第4辑.北京：中国建筑工业出版社，2020.

[3] 刘敦桢.同治重修圆明园史料[J].中国营造学社汇刊，1932，4（2）.

[4] 蒋哲.从图样、烫样到空间——圆明园九洲清晏殿内檐装修研究[D].北京：清华大学，2018.

[5] 刘仁皓.万方安和九咏解读——档案、图样与烫样中的室内空间[D].北京：清华大学，2015.

[6] 赵波.故宫藏"养心殿喜寿棚"烫样及其背景研究[D].北京：清华大学，2015.

[7] [唐]张彦远.历代名画记[M]// 中国美术论著丛刊.北京：人民美术出版社，2004.

[8] [明]冯梦桢，撰.丁小明，点校.快雪堂日记[M].江苏：凤凰出版社，2010.

[9] [明]周嘉胄，著.尚莲霞，编著.装潢志[M].北京：中华书局，2012.

[10] [明]文震亨，撰.李瑞豪，评注.长物志[M].北京：中华书局，2012.

[11] [清]周二学.赏延素心录.[M]// 杜秉庄，杜子熊.书画装裱技艺辑释.上海：上海书画出版社，1993.

[12] 中国第一历史档案馆，香港中文大学文物馆.清宫内务府造办处档案总汇：第七册[M].北京：人民出版社，2005：690.

[13] 吴兆清.清代造办处的机构和匠役[J].历史档案，1991（4）：79-89.

[14] 吴兆清.清内务府活计档[J].文物，1991（3）：89-96.

[15] 宋旸，王海红.文物预防性保护研究——传统囊匣的制作工艺[C]// 中国文物保护技术协会.中国文物保护技术协会第七次学术年会论文集，北京：科学出版社，2013：386-390.

[16] 刘梦雨.清代官修匠作则例所见彩画作颜料研究[D].北京：清华大学，2019.

土家族楼阁式建筑的传承与创新：
永顺县土司曲苑土王祠大木构架特征研究[1]

杨 健 刘 杰[2] 余翰武
（湖南科技大学建筑与艺术设计学院）

摘要：本文通过对土家族传统工匠彭善尧、孙国龙师傅的作品——位于永顺县土司曲苑的土王祠——进行考察，并将其与永顺县老司城遗址现存的摆手堂、文昌阁、皇经台进行比较，认为土王祠在继承当地木构建筑传统的基础上，在棋柱及梁架的运用、歇山顶和翘角的做法、构件的定型化等方面进行了改良，是传承与创新的产物。在武陵山区木构建筑营造技术的发展演变过程中，传承与创新是贯穿始终的主题。某些具有强烈革新意识的工匠，其作品具有较强的生命力和适应性，成为后世传承的对象。彭善尧、孙国龙师傅主持营建的土王祠，能够满足当前经济、技术、功能和材料来源方面的要求，具有较强的创新性，为研究南方少数民族地区大木技术的演变机制提供了一个具体的案例。

关键词：土家族，楼阁式建筑，大木构架，土王祠

Abstract：This article is based on the results of the authors' field survey of Tuwangci, the local shrine to Tusi located in Yongshun county, Hunan province, and built by the master carpenters Peng Shanyao and Sun Guolong. Through comparison with the nearby Tusi sites of Huangjingtai, Baishoutang, and Wenchangge, all located in Laosicheng, Yongshun county, the authors suggest that: Tuwangci continued the local tradition of building in wood, but improved the use of short columns (*qizhu*), beam-column frameworks (*liangjia*), hip-gable roofs (*xieshan*), upturned corner eaves (*qiaojiao*), and standardization of wooden components. Thus, Tuwangci embodies the spirit of inheritance and innovation, which runs like a red thread through the history of multi-storied building construction of the Tujia people. There are Some Carpenters who have intense innovative consciousness. Their works have stronger vitality and greater adaptability and become the examples inherited by later generations.These buildings served as models for the later generations of artisans. Tuwangci is one of them: it adapted exceptionally well to the new environment, complying with various new economic, technical, functional, and material requirements, while offering insight into the evolution of timber framing in southern minority areas.

Keywords：Tujia, multi-storied buildings, timber frame construction, Tuwangci

❶ 本文为教育部人文社会科学研究规划基金项目〔编号：19YJA850013〕"武陵山区土家族大木作营造技艺的区系划分与匠作谱系研究"的相关论文。湖南科技大学建筑与艺术设计学院研究生杨天润参与了调研与测绘工作。

❷ 作者单位：上海交通大学设计学院。

一、引言

土王祠是土家族吊脚楼营造技艺国家级代表性传承人彭善尧师傅主持营建的木构楼阁，位于湘西土家族苗族自治州永顺县县城的土司曲苑中，2016年年底竣工（图1）。该项目的掌墨师，为彭善尧营造团队的孙国龙师傅。❶

本文将土王祠与永顺县老司城遗址现存的三座土家族木构楼阁式建筑——皇经台、摆手堂和文昌阁——进行比较，以揭示土王祠的大木构架特征。其中，摆手堂位于老司城紫金山墓地南侧的土家族文化展示区，其前坪是村民跳摆手舞的场所（图2）；文昌阁位于老司城回龙山的关帝庙遗址区，是清晚期的遗构（图3）；皇经台为老司城祖师殿建筑群的组成部分，作为藏经阁使用，应为土司时期（清雍正改土归流以前）的作品（图4）。❷

❶ 彭善尧，土家族，湖南省湘西土家族苗族自治州永顺县泽家镇砂土村人，1940年出生，16岁开始学艺，20岁便独自掌墨。2012年12月，被国家文化部认定为"土家吊脚楼营造技艺国家级代表性传承人"。近年来，每年授徒20余人，并在重庆、张家界、湘西土家族苗族自治州等地主持完成了20余项土家族吊脚楼的设计和施工项目，除少量住宅外，多为风景区旅游和餐饮相关项目。孙国龙，土家族吊脚楼营造技艺县级代表性传承人，1964年出生，为彭善尧营造团队的掌墨师。

❷ 皇经台经多次维修，最近一次大修于2012年12月完工，由中国文化遗产研究院设计，福建泉州刺桐古建筑有限公司施工。摆手堂是一座由别处拆来的老料重新搭建起来的建筑，由来自永顺县王村的施工队伍于近年修成。文昌阁也经历了多次拆建。20世纪五六十年代，关帝庙大殿被拆毁，文昌阁也迁往衙署区彭氏宗祠，作为摆手堂使用。2013年申请世界文化遗产期间，相关部门将文昌阁迁回原址，与大殿遗址一同组成了现在的关帝庙遗址区。

匠学薪传——中国营造学社诞辰90周年纪念文集

图1　永顺县土司曲苑土王祠
（杨健 摄）

图2　老司城摆手堂
（陈斯亮 摄）

图3　老司城文昌阁
（郭毅 摄）

图4　老司城皇经台
（陈斯亮 摄）

永顺县土王祠与老司城摆手堂、文昌阁和皇经台相比，尽管功能不同，但形制相同，均为土家族木构楼阁式建筑，因此将这四座建筑进行比较。除少数构件（如阑额）以外，本文将尽量采用当地匠人使用的术语，以体现木构技术的地方性。

二、大木构架特征

1. 棋柱的运用

土王祠可分为主体、围廊和门廊三个部分（图5）。主体开间16.8尺，进深11.4尺（彭善尧师傅用的是市尺，即3尺合1米），设四根通高两层的金柱，柱高15尺，上覆歇山屋顶。主体结构四周，是一圈宽4尺的围廊，在金柱与檐柱间设披厦。正面入口处设门廊。

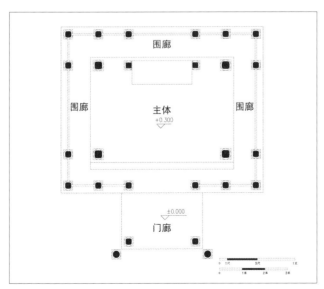

图5　永顺县土王祠一层平面图
（杨健 绘）

❶ "披厦"的本义是指"坡屋面"。参见：张十庆.《营造法式》厦两头与宋代歇山做法[M]//王贵祥,贺从容.中国建筑史论汇刊：第拾辑.北京：清华大学出版社,2014：188-201.本文取其单坡（"披"）、庇护（"厦"）之意,以命名四面围廊的单坡屋顶及其结构。

❷ 限于篇幅,本文只对主体和披厦部分进行分析。门廊的做法与主体、披厦的做法是相似的。

主体通高两层,设歇山顶及单坡披厦❶,其上又设两重歇山顶,故共有四层屋顶,玲珑剔透,清秀华美。前面的门廊高两层,两个方向的歇山顶十字交叠,颇为精巧（图6）。❷ 披厦四周嵌固木壁板,开门窗。三重歇山顶四面透空,且不能登临。

在前后两对金柱之间,各架设两根硕大的斗枋,其位置和作用相当于官式建筑中的阑额。在前后阑额（斗枋）上,复又架设三根截面近似正方形的过枋（图7）,每根过枋上搁置两根棋柱,三根过枋共计搁置六根棋柱（图8）。这三根过枋直接架设在前后两根阑额（斗枋）上,没有榫接关系;而六根棋柱也直接搁置在这三根过枋之上,而非开槽骑跨于其上,只在棋柱的柱脚用穿枋和斗枋拉结连系,以形成整体。

图6 施工中的永顺县土王祠
（杨健 摄）

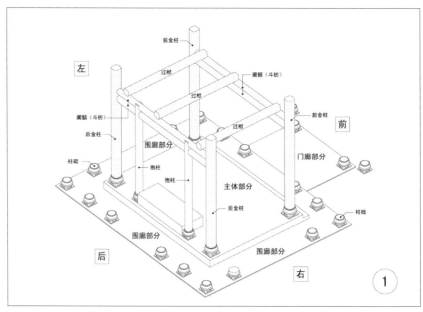

图7 永顺县土王祠结构分解图之一
（杨天润 杨健 绘）

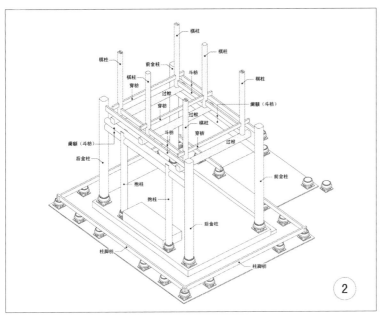

图8　永顺县土王祠结构分解图之二
（杨天润 杨健 绘）

这六根棋柱向上延伸，高出主体的第一层歇山顶，成为第二层歇山顶的结构柱。主体的第一层歇山顶，其檩子由左、中、右三排梁架支撑（图9，图10）。中间的一榀梁架居中布置，中部用来搁置棋柱的过栿只得略微向左挪动一点，以免两套结构在此发生冲突（图11）。

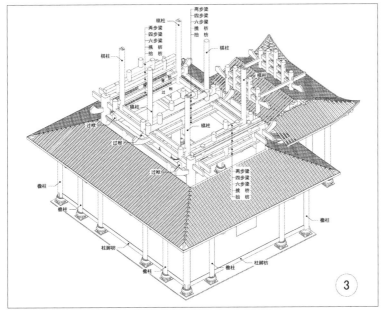

图9　永顺县土王祠结构分解图之三
（杨天润 杨健 绘）

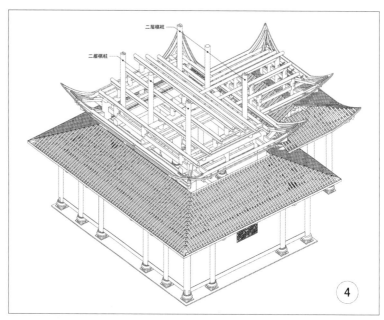

图 10　永顺县土王祠结构分解图之四
（杨天润 杨健 绘）

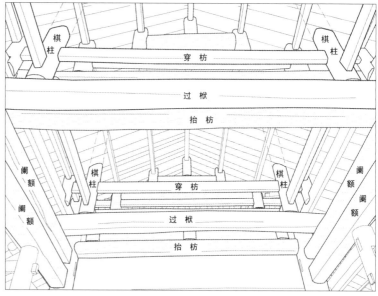

图 11　过栿、穿枋、棋柱（前）与梁架（后）
（杨健 绘）

　　主体的第二层歇山顶，由上述六根棋柱支撑。这六根棋柱形成三排梁架（图 12），共同承托第二层歇山顶的檩条（图 13）。与四根金柱相比，中间一排共计两根棋柱在进深方向有所收进（收进 1.1 尺），左右两排共计四根棋柱在面宽和进深方向皆有所收进（进深方向收进 1.1 尺，面宽方向收进 2 尺）（参见图 8）。屋顶的层层收进，即以此实现。

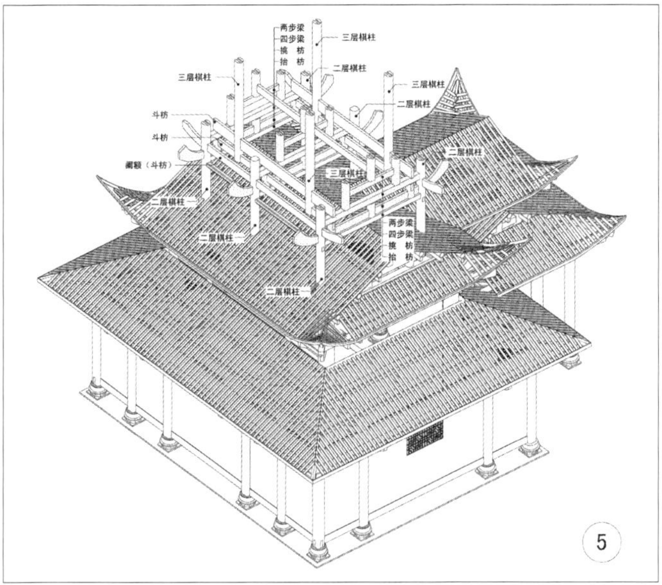

图 12　永顺县土王祠结构分解图之五

（杨天润 杨健 绘）

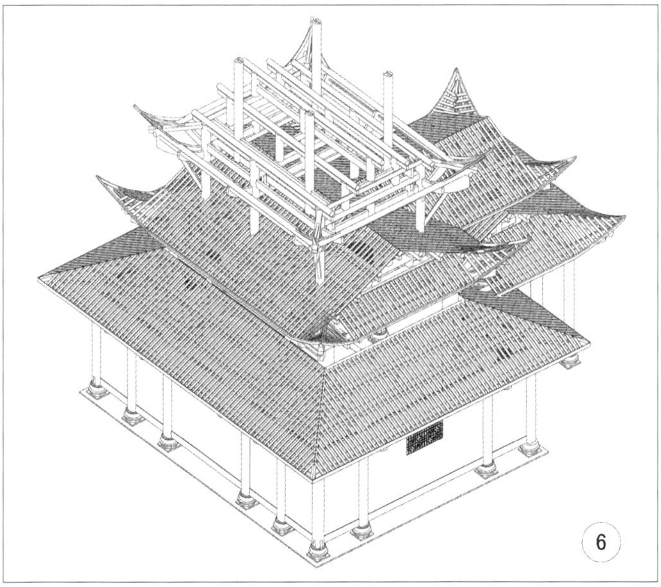

图 13　永顺县土王祠结构分解图之六

（杨天润 杨健 绘）

在主体第二层歇山顶的两组棋柱（每组三根）之间设阑额（斗枋），前后共计两根斗枋。在这两根斗枋退进 1 尺处，于三排梁架的四步梁和挑枋的上皮分位，前后各设置两根斗枋，共计四根斗枋。在这四根斗枋上各骑跨一根棋柱，共计四根棋柱（参见图 12，图 13）。

主体的第三层歇山顶，由上述四根棋柱支撑。这四根棋柱形成两排槅架（图 14），用于承托第三层歇山顶的檩条（图 15）。

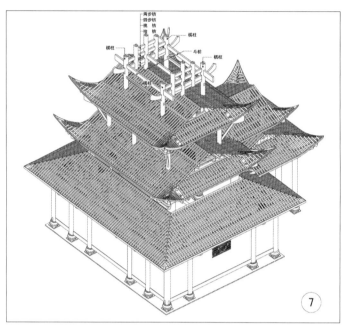

图 14　永顺县土王祠结构分解图之七
（杨天润 杨健 绘）

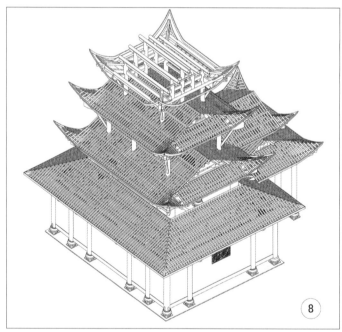

图 15　永顺县土王祠结构分解图之八
（杨天润 杨健 绘）

　　如此重复采用棋柱，以实现楼层结构在垂直方向的叠加与水平方向的收进，实在是深得棋柱之奥秘。

　　与此不同的是，老司城摆手堂、文昌阁和皇经台实现楼层结构在垂直方向的叠加与水平方向的收进，均只使用了一次棋柱（图16～图18）。

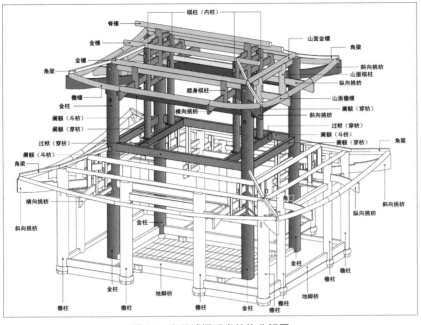

图 16　老司城摆手堂结构分解图

（虢啸东 杨健 绘）

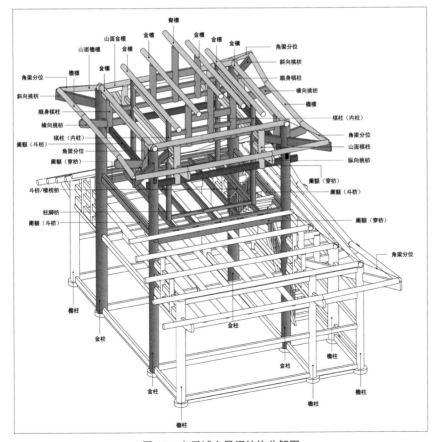

图 17　老司城文昌阁结构分解图

（尹政 杨健 绘）

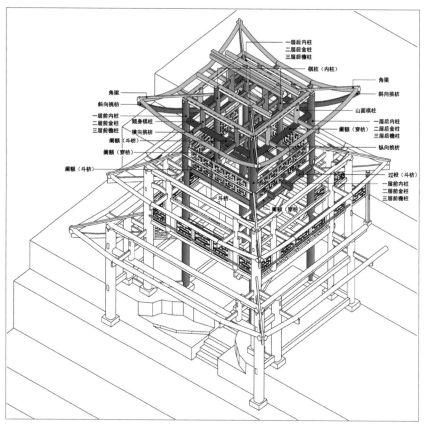

图 18 老司城皇经台结构分解图
（杨天润 杨健 绘）

土王祠不可登临，这是它能够如此重复使用棋柱的主要原因。另一个原因，则与其歇山顶的做法有关。

2. 梁架与榀架

在老司城摆手堂、文昌阁和皇经阁中，通常用两排"榀架"（由柱子、棋柱和穿枋组成的横向构架）来形成歇山顶的屋架（参见图16~图18）。

土王祠的歇山屋顶，也是通过柱子、棋柱、穿枋和斗枋相互穿插拉结的方式来实现的。不过，土王祠第一层歇山顶和第二层歇山顶的空间形态，却是抬梁式的。这是土家族殿堂式建筑常用的一种空间处理方法，但将其用于楼阁式建筑中却极为罕见（老司城摆手堂、文昌阁和皇经阁均无此做法）。

具体而言，主体的第一层歇山顶有左、中、右三榀梁架。即在山面的每两根金柱间设一排梁架，以此形成左、右两榀梁架；在前后两根阑额（斗枋）居中的位置，紧靠着架设棋柱的过栿，另设一根抬枋，由此架设中间的一榀梁架（图19，图20）。每榀梁架均有五层，自上而下依次是两步梁、四步梁、六步梁、挑枋和抬枋。六步梁下为挑枋，挑枋两头伸出，以承托

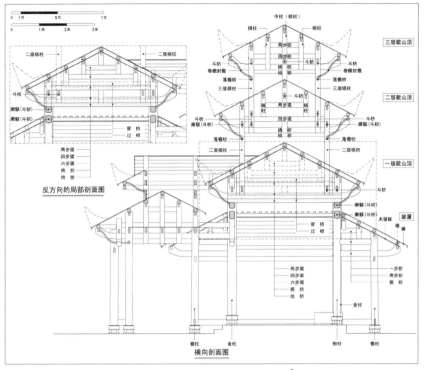

图 19　老司城皇经台横向剖面图 ❶
（杨健 杨天润 绘）

❶　左上角为反方向的局部剖面图。其中，梁架在前，棋柱和穿枋在后。

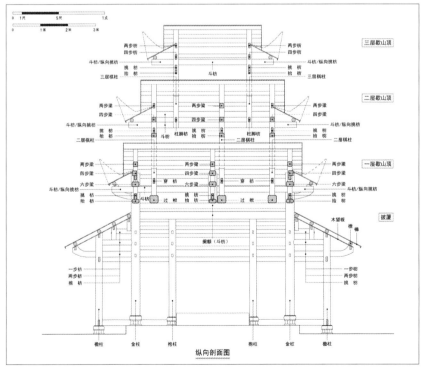

图 20　老司城皇经台纵向剖面图
（杨健 杨天润 绘）

87

土家族楼阁式建筑的传承与创新：永顺县土司曲苑土王祠大木构架特征研究

❶ 目前较为通行的观点，是将穿斗式、井干式和抬梁式归结为中国传统建筑的三种结构类型。因此，有以下表述："在中国长江中下游各省，保留了大量明清时期采用穿斗式构架的民居。这些地区有的需要较大空间的建筑，采取将穿斗式构架与抬梁式构架相结合的办法：在山墙部分使用穿斗式构架，当中的几间用抬梁式构架，彼此配合，相得益彰"。参见：潘谷西. 中国建筑史[M]. 北京：中国建筑工业出版社，2009：4。张十庆先生则认为，穿斗式和井干式是最典型的两种结构类型，分属连架式和层叠式体系。抬梁式不是一种结构类型，而是一种空间形态。抬梁的空间形态既可以用层叠的方式实现，也可以用连架的方式实现。参见：张十庆. 从建构思维看古代建筑结构的类型与演化[J]. 建筑师，2007（2）：168-171。依照老司城祖师殿的实际情况，本文认同张十庆先生的说法。

匠学薪传——中国营造学社诞辰90周年纪念文集

前后檐檩。金柱承托最下一层金檩，屋身内的金檩和脊檩由棋柱承托，显然仍是穿斗式结构；但棋柱均不通到底层挑枋，而呈现出"梁上承短柱、短柱上承梁"的空间形态，以穿斗式结构形成抬梁空间（图21，图24）。❶ 老司城祖师殿木构架的做法与此相同（图22，图23）。

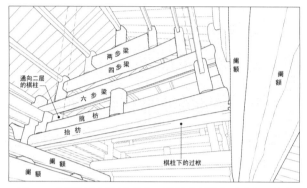

图21　永顺县土王祠主体第一层歇山顶梁架（中间一榀）
（杨健 绘）

图22　老司城祖师殿次间木构架的穿枋与棋柱
（杨健 绘）

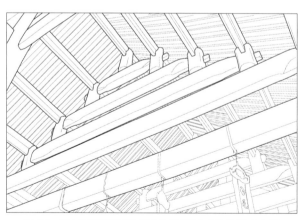

图23　老司城祖师殿明间木构架所形成的抬梁式空间
（杨健 绘）

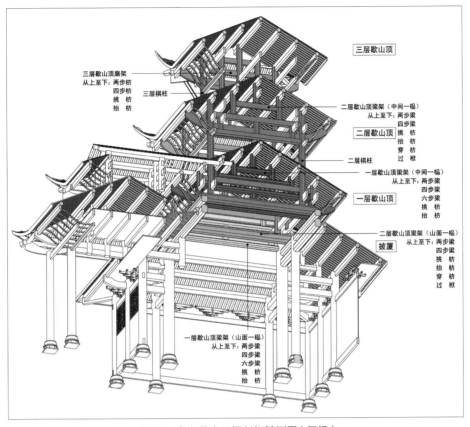

图 24　永顺县土王祠剖切轴测图（仰视）

（杨健 杨天润 绘）

　　第二层歇山顶为两柱三棋做法，即在下层延伸上来的每两根棋柱之间设一排梁架，以此形成左、中、右三榀梁架。每排梁架均有四层，依次是两步梁、四步梁、挑枋和抬枋（参见图12，图19，图24）。

　　第三层歇山顶则为典型的两柱三棋做法，共有两排榀架，每排榀架均有四层，依次是两步枋、四步枋、挑枋和抬枋。其中的棋柱，皆骑跨在挑枋上；中柱通长，直接搁置在第二层歇山顶的脊檩上，为前面诸例所未见（参见图14，图19，图24）。

　　土王祠主体第一层和第二层歇山顶采用的是梁架而不是榀架，这是其不同于摆手堂、文昌阁和皇经台等土家族楼阁式建筑之处。但与同样采用梁架的老司城祖师殿相比，亦有若干区别，主要体现在以下几个方面：第一，土王祠明间和次间的梁架基本相同，而祖师殿次间的木构架是有中柱的，更接近穿斗式构架的做法；第二，土王祠的梁架仍保留了挑枋这一出挑构件，而祖师殿檐檩的出挑是通过斗栱来实现的；第三，在土王祠梁架中的挑枋下设有抬枋，而祖师殿无此抬枋。❶ 这使土王祠的梁架具有了近代木屋架的某些特点，而且能与土家族传统建筑中的构件（挑枋、棋柱）相容，不失为一种恰当的改良方法。

❶　两根挑枋是从左右两头贯入中柱底部槽口，并在中柱处汇合的，所以必须在挑枋下设置"抬枋"，起抬举挑枋的作用。这是彭善尧师傅给出的名称，取其功用（"抬"）和性质（"枋"），准确而传神。

3. 歇山顶的做法

在歇山屋顶的构架方式上，土王祠与其他三座楼阁式建筑有着本质的区别。

老司城摆手堂、文昌阁和皇经阁歇山顶的做法是：以内柱四根、外柱四根形成两圈柱网。在每两根内柱间，横向设穿枋和棋柱，形成两榀榑架，以承托顺身方向的脊檩和金檩。外柱间设横向阑额（穿枋）两根，纵向阑额（斗枋）两根，彼此交圈，起联络作用，以保证结构的稳定性。阑额亦为承重构件，上承棋柱（顺身棋柱四根，山面棋柱四根）。在顺身棋柱或山面棋柱与四根内柱之间，设纵横两向挑枋，用这些挑枋来承托檐檩（顺身檐檩和山面檐檩）。在外柱与内柱之间设斜向挑枋，以此实现檐檩在角部的起翘。最外一层金檩搁置在外柱顶端，彼此交圈。山面披厦深只一椽架，椽子的前端搁置在山面檐檩上，椽子的后尾由山面金檩承托（参见图16~图18）。此为土家族楼阁式建筑常见的做法。

而土王祠的歇山屋顶基本采用土家族民居的做法，即直接用榑架的纵横两向挑枋承托檐檩，摒弃内外两圈柱网。特殊之处在于，其第一层和第二层歇山顶用的是梁架而非榑架。这样做的好处是，减少了柱子，简化了柱网；不足之处是，角部的斜向挑枋只插在一根柱子上，无法很好起到支撑作用（参见图15）。为此，土王祠在角柱和斜向挑枋间增设了斜撑（图25）。

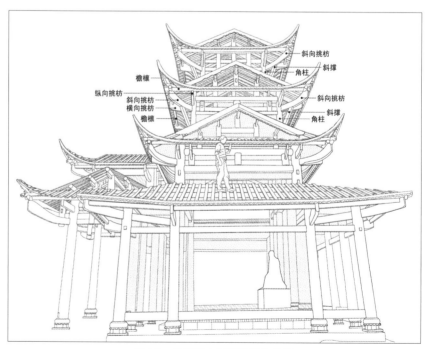

图25　永顺县土王祠檐部的起翘
（杨健绘）

4. 翘角与封檐

土王祠一层披厦处的翘角采用湘西土家族传统木构建筑的做法，主要依靠挑枋来实现，并辅以角柱的"侧脚"（一般侧脚 8 分）（参见图 19，图 20，图 25 ），以及在角部檐檩上所设的三角形"生头木"。

在其他各层屋顶，则有高高的翘角，且从立面来看，各层屋顶的起翘皆从角柱分位开始，故翘曲较为急促，在形态上与一层披厦处的翘角颇为不同。这是因为，彭善尧师傅对湘西土家族传统建筑的翘角进行了改良，借鉴了张家界普光寺翘角的做法，加入了更加复杂的结构（图 26），体现在四个方面：第一，檐檩平直延伸，在斜向挑枋的端部交圈；第二，与其他实例相同，角梁也是一根枋木，其支点分别是檐檩交圈处和角柱的柱头；第三，在角梁的头部，顺着斜向挑枋的方向，再做一根"撑木"；第四，在角梁的左右和后部，分别有三根曲木（称为"歪木"）将撑木扶持住。三根曲木中，有两根从檐檩上皮开始起翘，有一根从角梁上皮开始起翘。这三根曲木，也用来铺钉翘角部分不断抬升的椽子。❶

通过这些措施，就可以加大原来仅靠挑枋实现的翘曲高度。彭善尧师傅认为，这样可以加强檐部的通风，防止木材腐烂。

这种起翘方式，有点类似于苏州地区的"嫩戗发戗"。其老戗即相当于这里的"角梁"，其嫩戗，即相当于这里的"撑木"。只不过，苏式做法中的"扁担木""箴木""菱角木"的支持固定作用，被这里的三根曲木代替了。

而其他三座楼阁式建筑的起翘，是通过挑枋来实现的，即利用斜向挑枋与纵横两向挑枋的高差，来实现檐檩在角部的翘曲。纵横向挑枋与斜向挑枋之间的檐檩，也随之抬升。起翘的开始点，均为金柱或内柱分位，故翘曲较平缓舒展。角梁的断面多为扁方形，且平直伸出檐檩（图 27）。

在永顺地区的土家族民居中，常用木壁板封檐。其做法一般是在落檐枋至挑檐枋之间斜钉木板，檐下外观整洁大方。土王祠正面和背面的出檐，

❶ 这种做法在其他一些土家族地区（如鄂西彭家寨）较为常见。参见：潘伟. 鄂西南土家族大木作建造特征与民间营造技术研究——以宣恩县龙潭河流域传统民居为例[D]. 武汉：华中科技大学，2012：43–44。

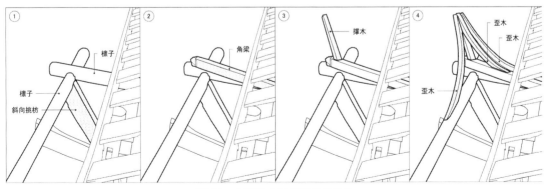

图 26　永顺县土王祠翘角的做法

（杨健 绘）

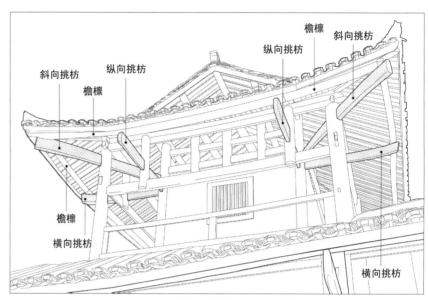

图27 老司城文昌阁第三层翘角的做法
（杨健 绘）

采用的是"卷棚封檐"，其做法是在落檐枋至挑檐枋之间设"S"形的小木肋，里面钉薄木板，过渡自然，外观雅致，是一种比较考究的做法（图28）。而在老司城摆手堂、文昌阁和皇经台中，均无此做法。

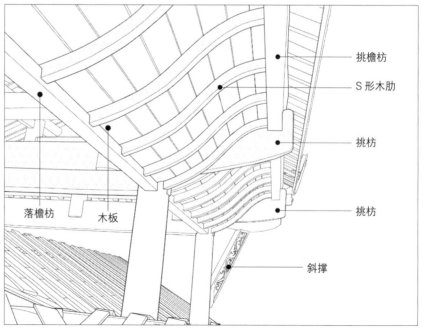

图28 永顺县土王祠的卷棚封檐
（杨健 绘）

5. 构件的定型化

1）柱（参见图5，图19，图20）

在老司城摆手堂、文昌阁和皇经台三座建筑中，摆手堂层数最少，结构最简单，用料最大，各层的层高最高；而皇经台层数最多，结构最复杂，用料最小，各层的层高最低。其中，摆手堂的檐柱截面尺寸有7.5寸×7.5寸、8寸×8寸、11寸×11寸和12寸×12寸四种，金柱尺寸有11寸×11寸和12寸×12寸两种；皇经台的一层檐柱尺寸有7.5寸×7.5寸和9.9寸×9.9寸两种，一层金柱尺寸有7.5寸×7.5寸和9.9寸×9.9寸两种，一层内柱尺寸有7.5寸×7.5寸和8寸×7寸两种（本文所涉及的营造尺皆为市尺，即3尺合1米❶）。这说明，仅就受力而言，7.5寸柱子即可达到三层楼阁式建筑的支撑要求。大于这一尺寸的柱子，均包含视觉效果和结构整体性方面的考虑。通常，金柱的截面尺寸最大；从受力情况和视觉效果考虑，可以加大檐柱的尺寸，但均不得超过金柱的截面尺寸。

土王祠的柱子尺寸也符合上述规律，其特点在于用料很小，并且非常规整。其檐柱采用最小尺寸（7.5寸），金柱稍大（应该与其受力情况有关），也不过9.5寸，并且没有出现同一构件多种尺寸的情况。柱子的高度和截面尺寸与设计思路有关。摆手堂通过加大正面檐柱尺寸的方法来获得稳重有力的形象，并以粗大的用料来加强结构的整体性和稳定性（摆手堂的檐柱多为8寸以上，金柱至少11寸），土王祠则无此考虑，足见其设计不以壮硕为美。

由于土王祠楼层的叠加不依赖通柱，故其金柱高只有15尺，远小于其他三座楼阁式建筑金柱的高度（摆手堂金柱高23.2尺，文昌阁金柱高26.5尺，皇经台金柱高17.8尺、内柱高26.6尺）。

2）棋柱（参见图19，图20）

土家族楼阁式建筑的棋柱一般有三种，一种用于支撑主体部分的上部结构，一种用作榭架的竖向构件，一种用于披厦屋架。土王祠的棋柱也是如此。

摆手堂所有棋柱的截面尺寸均为6.6寸，皇经台的棋柱尺寸有6寸（结构性棋柱和披厦处棋柱）和5寸（榭架中的棋柱和主体屋架山面棋柱）两种，文昌阁棋柱的规格较多，但以6.6寸和6.9寸居多。而土王祠棋柱的截面尺寸多为5寸和5.5寸，用料较小。其中，结构性棋柱与抬枋上的棋柱取5.5寸，显然有受力状况方面的考虑。

3）梁、枋（参见图19，图20）

依其作用和方向，可将土家族民居中的枋材分为穿枋、斗枋和挑枋三种。穿枋为横向构件，主要用于榭架中；斗枋为纵向构件，起拉结榭架的作用；挑枋按朝向分为横向、纵向和斜向三种，前二者承托檐檩，后者除了承托檐檩，还起到令屋角起翘的作用。

❶ 按照同济大学李浈教授研究团队的调查，永顺县高坪乡雨禾村的工匠彭金三师傅认为"旧尺一尺比市尺长两分、不到三分"，换言之，旧尺（营造尺）合34.1厘米–34.4厘米。参见：李浈.官尺·营造尺·乡尺——古代营造实践中用尺制度再探[J].建筑师，2014（5）：92，表2。但就永顺县老城遗址而言，本文根据实物推测得到的营造尺就是市尺，即3尺合1米。

土家族楼阁式建筑的传承与创新：永顺县土司曲苑土王祠大木构架特征研究

❶ 阑额为柱子上端起联络与承重作用的水平构件；高宽比约为 3：2；阑额两端做榫安入柱头卯口。

在土家族楼阁式建筑中，以上分类仍然成立，只是增加了两种受到集中应力的构件。其中的一种构件，所受集中应力为结构性棋柱施加，颇类似于现代建筑中的横梁，当地匠师称其为"过枋"。另一种位于两根外柱之间的水平方向的构件，一般受到棋柱或过枋所施加的集中应力，因其位置、作用、高宽比和构造方式颇类似于中原地区官式建筑中的"阑额"❶，故借用了"阑额"这一术语，并注明其方向（穿枋或斗枋）。

土王祠的阑额、过枋和部分梁架用料颇为粗大，截面的高宽比接近 1：1（如主体一层的阑额、过枋，第一层歇山顶的两步梁和山面梁架中的四步梁），若宽度大于高度（如主体第一层歇山顶的六步梁和抬枋，又如主体第二层歇山顶的抬枋），则出于加强结构整体性和稳定性等方面的考虑。

其榭架中的穿枋、主体部分的斗枋以及纵横两向的柱脚枋和落檐枋，宽度均取 2 寸。这是土家族建筑中枋材常用的尺寸。枋材的高度有 3.5 寸、5 寸、5.5 寸、6 寸四种，但以 6 寸居多，视其受力情况而定。构件的定型化在此也得到了体现。

需要指出的是，在主体部分第二层歇山顶的三排梁架中，两山的梁架（左、右两排梁架），其两步梁宽 2 寸、高 5 寸，四步梁宽 4 寸、高 5.1 寸，挑枋宽 2 寸、高 6 寸，挑枋下的抬枋宽 5 寸、高 4 寸。居中的梁架，只有两步梁的截面稍宽（为 4 寸），其余与山面梁架同。除挑枋下的抬枋外，其余截面皆窄而高，足见其为枋材。故这种梁架，其本质仍是穿斗式构架。

三、结语

与老司城摆手堂、文昌阁和皇经台这些土家族传统建筑相比，彭善尧、孙国龙师傅设计施工的土王祠具有如下几个方面的大木构架特征：

第一，继承了土家族楼阁式建筑关于结构性棋柱的用法，以实现楼层在垂直方向的叠加和水平方向的退进，并将其推向极致。传统的土家族楼阁式建筑一般只用一次棋柱，而土王祠使用了两次，理论上还可以使用更多次。楼层的叠加不依赖通柱，是这一改进的必然结果，以此应对目前木料来源受限、大料长料稀缺的实际情况。

第二，将殿堂、庙宇中采用的抬梁式空间用于土家族楼阁式建筑中，并加以改良，使之能够与穿斗式构架的构件（如挑枋、棋柱）相容。这与彭善尧师傅团队近年来广泛活动于武陵山区，参与了不少古建筑（如张家界田家大院）的修复工作和大型建筑（如张家界土家风情园的九重天世袭堂，高 48 米，九重十二层）的营建工作有关。

第三，将土家族民居中的做法引入土家族楼阁式建筑中。例如，歇山顶摒弃内外两圈柱网的成例，而采用民居中只有一圈柱网的做法。又如，借鉴汉地官式建筑（如普光寺）中翘角的做法，加大了角部的起翘。用"S"

形卷棚封檐，也是一例。彭善尧师傅于 20 世纪 80 年代修建过不少土家族民居，将土家族民居中的做法引入土家族楼阁式建筑中，本是一种技术的移植，对彭师傅而言却是非常自然的事情，是其经历使然。

第四，构件的定型化。体现在土王祠特有的两分法上：对于一般构件（柱、枋、檩、椽等），采用较小的尺寸，与民居建筑相同；对于阑额、过枋、抬枋等梁架构件，则不惜用大料，以改善构件的受力状况，并加强结构的稳定性和整体性。这与彭师傅早年从事土家族民居的营建经历有关，也与目前林业资源匮乏、大料长料不易得到的现实有关。

土王祠在继承了当地木构建筑传统的基础上，在棋柱及梁架的运用、歇山顶和翘角的做法、构件的定型化等方面进行了一系列的改良，是传承与创新的产物。

从更广泛的层面而言，在武陵山区木构营造技术的发展演变过程中，传承与创新是贯穿始终的主题。可以想见，在某些特定的历史时期，若干具有强烈革新意识的工匠能够在大木构架方面进行一定程度的改良，使其作品较能符合当时当地的现实要求，因此具有较强的生命力和较大的适应性，这些改良成为一种新传统，其作品也成为后世传承的对象。这应该是实际存在的现象，只是限于史料的匮乏以及实物的稀少，令人现今很难了解这一演变过程的具体情况罢了。彭善尧、孙国龙师傅营建的土王祠，能够满足当前经济、技术、功能和材料来源方面的要求，具有较强的创新性，正可以为研究南方少数民族地区大木技术的演变机制提供一个鲜活、具体的案例。

参考文献

[1] 张十庆.《营造法式》厦两头与宋代歇山做法 [M]// 王贵祥，贺从容. 中国建筑史论汇刊：第拾辑. 北京：清华大学出版社，2014：188-201.

[2] 张十庆. 从建构思维看古代建筑结构的类型与演化 [J]. 建筑师，2007（2）：168-171.

[3] 潘伟. 鄂西南土家族大木作建造特征与民间营造技术研究：以宣恩县龙潭河流域传统民居为例 [D]. 武汉：华中科技大学，2012.

[4] 李浈. 官尺·营造尺·乡尺——古代营造实践中用尺制度再探 [J]. 建筑师，2014（5）：88-94.

明清时期长江三峡夔巫地区衙署建筑研究[❶]
——以夔州府署，归州州署，奉节、巫山、巴东县署为例

何知一　毛　伟[❷]　何　瑾[❸]

（中机中联工程有限公司）

摘要：衙署建筑在古代建筑中占有极其重要的位置。它是中国古代建筑的主要类型之一，是古代社会城市建筑的主体和核心。它象征着统治阶级的权威，反映了古代社会的宗法礼制和伦理道德观念。长江三峡夔巫地区[❹]东达荆襄、西通川康、北连甘陕、南接湘黔，其间崇山峻岭，长江横贯其中。独特的地理环境孕育了独特的以巴楚文化为特征的三峡文化，对建筑产生了重大影响。由于历史原因，夔巫地区的衙署建筑已经荡然无存。[❺]本文选择这一地区的夔州府署、归州州署和奉节、巫山、巴东县署为例，从方志记载和附图中爬梳出府州县署建筑在平面布局及营建规模等方面的内容，从中寻找出其与其他地区衙署建筑的共性和个性特征，以说明三峡文化对衙署建筑的影响。

关键词：长江三峡，夔巫地区，明清衙署，形制特征，文化内涵

Abstract：Government office buildings（*yashu*）occupy an extremely important position in traditional Chinese architecture, which were a major building type and the heart of the historic city. They symbolized the authority of the ruling class, the patriarchal system of imperial society, and the ancient ethical tradition. This article explores the government architecture in Kuiwu area, the area from the western entrance（Kui Gate）to the second of the Three Gorges（Wu Gorge）, reaching Jingzhou and Xiangyang in the east, Sichuan and Xikang in the west, Gansu and Shaanxi in the north, and Hunan and Guizhou in the south. The Three Gorges region of the Yangtze River basin is framed by high mountains, and interaction between the natural landscape and humans created a unique cultural landscape（Bachu culture）where the sense of place and identity had a significant impact on the architecture. For historical reasons, Kuiwu's government buildings have long disappeared, but the article reconstructs the layout and construction scale of the Kui–prefecture, Guizhou–, Fengjie–, Wushan–, and Badong–county offices through the study of local gazetteers（text and images）. This will identify the common and distinct characteristics of local government buildings and the influence of Three Gorges culture on them.

Keywords：Three Gorges region, Kuiwu area, Ming–Qing *yashu*, typological characteristics, cultural connotations

衙署建筑作为古代社会城市建筑的主体和核心，是中国古代建筑的主要建筑类型之一，在中国古代建筑史上占有极其重要的位置。衙署建筑不仅象征封建社会统治阶级的权力，体现统

匠学薪传——中国营造学社诞辰90周年纪念文集

---

❶ 本论文为 2020 年度重庆市社会科学规划社会组织项目（项目批准号：2020SZ32）

❷ 通讯作者。

❸ 作者单位：成都市都江堰城市经营集团有限公司。

❹ 夔巫地区，指长江三峡中的巴楚文化交汇区域。

❺ 由于三峡工程蓄水，重庆市所辖丰都、云阳、忠县、开州、奉节（古代夔州府所在地）、巫山，湖北省巴东、兴山、秭归（古代归州所在地）等七县城均淹没，县城整体异地搬迁。

治阶级的权威,反映古代社会宗法观念和伦理道德,从另一个角度讲,也反映了中国古代城市规划、建筑设计、建筑技术、建筑艺术以及民俗和地域文化等方面的发展状况。关于地方衙署建筑的研究,学术界已成果累累。但研究区域基本集中在江南、中原和直隶等地区,三峡地区衙署建筑研究尚属空白。因此,本文选择三峡夔巫地区的夔州府❶,重庆奉节县、巫山县、湖北归州❷、巴东县明清时期的府、州、县衙署建筑作为研究对象,意在探讨这一地区衙署建筑❸的平面布局、建筑特征以及文化内涵。

一、历史沿革与衙署概况

三峡地区地处长江上游,是古代中国中原和江南通向西南川、黔、滇、湘及两广等地的主要通道,其战略位置极其重要。秦汉以来历代中央政府均在长江沿岸设置府州县,以加强对这一地区的统治。本文研究的五座府州县署地处长江三峡沿岸巴楚文化核心区域,是三峡地区具有典型性和代表性的署衙建筑(图1)。虽然,这五座衙署建筑现已不复存在,给研究带来了极大的困难,但值得庆幸的是在方志中均辟有专卷记载,且同治五年(1866年)《归州志》、光绪十九年(1893年)《巫山县志》和光绪六年(1880年)《巴东县志》三部方志中附有衙署图,给研究提供了较为翔实的文献图像资料。现根据方志记载及其附图对夔州府,重庆奉节县、巫山县,湖北归州、巴东县明清时期的府州县衙署建筑概况梳理、复原和分析如下。

1. 夔州府

1)历史沿革与府署概况

夔州地处长江三峡之首的瞿塘峡西口,历来为重要军事关隘和征税关口。夔州周时属夔子国。西汉置江关都尉,仍属巴郡。西汉末,公孙述称帝白帝城。东汉置永宁郡。后改称巴东郡、固陵郡、巴东南郡、巴州、信州等。隋改州为巴东郡。唐武德二年(619年)改为夔州;宋置都督府,

图 1 夔州府、归州、奉节、巫山、巴东区位图 ❹

❶ 即奉节县所在地。

❷ 今湖北秭归县。

❸ 本文所指夔州府、归州、奉节县、巫山县、巴东县衙署仅指其行政主官(知府、知州、知县)的官署,不包括佐贰官、驻地武官及其他官吏的官署。

❹ 本文所有图片、照片除注明者外,均为作者自绘、自摄。

后置夔州路；元亦为路，明洪武四年（1371年）改为夔州府。至明正德九年（1514年）共领一州十二县及石砫土司。清仍置夔州府，辖奉节、巫山、巫溪、云阳、开县、万县六县。❶

"（夔州）府古无城环，立木栅。"明"成化十年（1474年）始开筑城池，包砌砖石。周围九百七十五丈，辟门五座。"❷明时"布政分司在前街南，弘治庚申（1500年）郡守杨公奇重修。"❸地处城市中心。夔州府署坐北向南，背山面江。府署居于城市中心，而附郭的奉节县署居于城内西南一隅。这也是封建尊卑礼制在城市规划中的具体反映（图2）。

据明正德八年（1513年）《夔州府志》记载，夔州府署于洪武四年（1371年）由郡守盛南金创建。弘治十三年（1500年）郡守杨奇重建时加建了四周围墙后，府署方才"规制悉备"。❹正德六年（1511年）郡守吴潜对府署进行了全面修葺，但未改变整个建筑格局。修葺后的夔州府署"正堂五间，后堂五间，经历司三间，照磨所三间，戒石亭一座，东西吏房共一十八间，架阁库三间，永安库二间，仪门五间，谯楼五间。知府宅在正堂后。同知宅、抚民通判宅俱在正堂东。通判宅在正堂西。推官宅在仪门左。经历宅、知事宅、检校宅俱在仪门外右。照磨宅在仪门外左。司狱司在谯楼内北。司狱宅在司狱司后。清军馆在谯楼门外右。东吏舍十间。西吏舍五十间"。❺根据以上记载，将明正德六年（1511年）夔州府署❻平面布局复原。府署坐北面南，东西排列东中西三路建筑，中路建筑为府署的主要建筑，东西两侧和仪门外为佐贰官宅和吏舍，监狱设于府署仪门外西南角（图3）。

❶ 文献[1].卷二.沿革.

❷ 文献[3].卷二.城郭.

❸ 文献[3].卷六.公署.

❹ 文献[3].卷六.公署.

❺ 文献[3].卷六.公署.
❻ 以下简称"正德府署"。

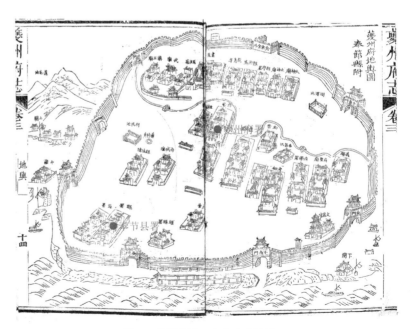

图2　夔州府署、奉节县署位置图
（根据文献[1]附图标注）

入清以后，因府署"年远腐朽"❶。知州恩成于道光四年（1824年）筹银四千五百七十余两进行重修。重修后的府署"大堂五间，大堂前抱厅三间。二堂三间，二堂过厅一间。三堂五间，三堂东西厢房六间。三堂东边接翠轩三间，前厅三间，东边书房五间，厢房六间，小书房三间。三堂西边横云老屋三间，红柚山房四间，三鹤堂三间，住房五间，厢房七间。又住房三间，厢房六间，厨房六间。署内旧有化龙池，今埋。但用竹笕从后山引水入厨供用。三堂后望华亭一座，子云亭一座。一亭一座。大堂前圣谕牌坊一座，官厅三间，差房三间，关税房八间，东西两边十房二十间。二门五间，东西牌坊二座。头门五间，头门外乐楼二座，衙神祠六间，大鼓楼一座，东西栅子二道。川东首郡牌坊一座，照墙一座。"❷根据以上记载，将清道光四年（1824年）夔州府署❸平面布局复原。重修后的府署虽仍为东中西三路建筑，但东西两路建筑因吏舍和佐贰官宅外迁使府署的整体规模缩小，但知州生活、休闲所用房屋增加。中路主要建筑中牌坊等礼制性建筑增加，功能更加完善（图4）。

❶ 文献 [1]. 卷五. 公署

❷ 文献 [1]. 卷五. 公署.

❸ 以下简称"道光府署"。

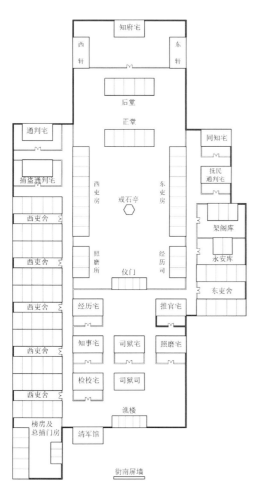

图3　明正德六年（1511年）夔州府署平面图
（根据文献 [3] 记载绘制）

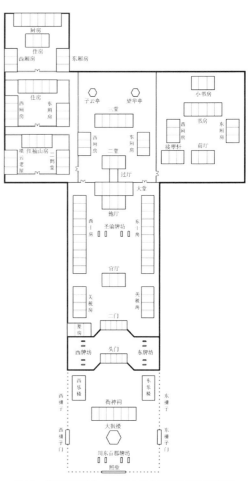

图4　清道光四年（1824年）夔州府署平面图
（根据文献 [1] 记载绘制）

匠学薪传——中国营造学社诞辰90周年纪念文集

2）布局分析

正德六年（1511年）与道光四年（1824年）相距313年，分属明清两朝。在这三百多年间夔州府署发生了巨大变化，其主要表现在❶：

第一，"道光府署"在大堂前后分别加建了抱厅三间、过厅一间。

第二，"道光府署"大堂前无戒石亭记载，而在大堂前至二门间建了圣谕牌坊一座、官厅三间。

第三，"道光府署"大堂前两侧东西吏房为各十间，而"正德府署"为各九间。

第四，"道光府署"二门内东西两侧为关税房各四间，右侧为差房三间；"正德府署"二门（仪门）内两侧为照磨所、经历司。

第五，"道光府署"二门外东西两侧为东、西牌坊；"正德府署"二门（仪门）外为司狱司、推官宅、照磨宅、司狱宅、经历宅、知事宅、检校宅。

第六，"道光府署"头门外东西两侧为东、西乐楼，东、西栅子及栅子门；前为衙神祠、大鼓楼、川东首郡牌坊和街南屏墙。"正德府署"头门（谯楼）前右为清军馆。

第七，"道光府署"二堂与"正德府署"后堂前两侧均无建筑记载。

第八，"道光府署"三堂前为东、西厢房，与"正德府署"知府宅前为东、西轩记载相似。但"道光府署"在三堂（知府宅）后建有子云、望华二亭。

第九，"正德府署"大堂中轴线左侧东路轴线上的东吏舍、永安库、架阁库、抚民通判宅、同知宅，右侧西路轴线上的榜房及总捕门房、西吏舍、捕盗通判宅、通判宅在光绪府志里均无记载。或职官未设，或有职官署宅但已外迁，如"夔州府同知旧署在府署左边，后改作府仓，共二十间，今改归奉节县经管。……经历司衙署一所，在南门十字街。"❷而正德府志载："同知宅……在正堂东。""经历司三间，……经历宅……俱在正堂东。通判宅在正堂西。"❸

第十，"道光府署"在三堂东边建有接翠轩三间、前厅三间、书房五间、小书房三间、东西厢房各三间。西边建有横云老屋三间、三鹤堂三间、红柚山房四间；住房五间、东西厢房共七间；住房三间、东西厢房各三间；厨房六间。这些建筑在正德八年（1513年）《夔州府志》中均无记载。

综上所述，"正德府署"总体布局较为规整，功能较为完备。整个建筑按照东、中、西三路排列。中路建筑的核心为正堂，包括仪门、正堂、后堂、戒石亭和东西吏房。这些房屋是行政主官和辅助官吏们的办公场所。后堂后为知府宅，为行政主官的生活区。仪门前至谯楼为部分佐贰官宅。东、西路布置部分佐贰官宅和吏舍并库房。监捕之房按照传统习惯建在府署仪门外的西南角。❹据明清两朝府志记载，夔州府署自明以降没有迁址的记录。因此，可以认定"道光府署"是在"正德府署"基址上重建而来。但东、西路建筑较"正德府署"规模缩小，用途改变。虽然其核心建筑群（中路建筑群）基本保持了"正德府署"的格局，但增建了诸如牌坊、衙神祠、

❶ 分析均以大堂为基点展开。

❷ 文献[1].卷五.公署.

❸ 文献[3].卷六.公署.

❹ 古代天星相学认为，主管狱事的为昴星，"昴主狱事，典治囚徒也""昴者，天子之耳也，主西方"。按照这个理论，监狱的具体位置就是在州县衙署的西面或西南面。《明史》《清会典》载，衙署"坐北朝南、左文右武、前堂后邸、监狱居南。"

乐楼等礼制性、祭祀性建筑和行政主官的生活用房。整个府署建筑群内再无佐贰官及其他官吏的办公、生活用房,全部为行政主官一人独享。

2. 归州

1)历史沿革与州署概况

归州地处长江三峡东部西陵峡西口的崇山峻岭之中,"州虽僻壤,东通吴会,西接重夔,南达荆郢,北抵襄樊,洵所谓重地之咽喉,长江之锁钥也。"❶

归州商时为归国,西周属夔子国,战国称归乡。汉置秭归县,隋仍称秭归。唐武德二年(619年)置归州,天宝初改巴东郡,乾元初复为归州,宋亦称归州。元至中升归州路,寻复降为州。明洪武九年(1376年)废州,为秭归县,属夷陵州。后复置归州,将秭归县并入,领兴山、巴东。清雍正七年(1729年)改直隶归州,辖长阳、兴山、巴东、恩施,并领十九土司,隶荆州府。雍正十三年(1735年)降为散州,属宜昌府。❷

据《水经注》载,归州州城在江北依山而建。也有传说州城为三国时刘备征吴时所建。"宋端平(1234—1236年)中始移县于江南屈沱,寻徙新滩,又徙白沙、南浦。元末尝徙丹阳城。明嘉靖十四年(1535年)始迁今治,……旧城原在大江之南。嘉靖十四年(1535年)地忽陷裂,城垣倾圮,因迁江北。……康熙二年(1663年)知州曹熙衡修复,四十二年(1703年)知州魏国邻重修。雍正七年(1729年)瞻夔门圮,知州郭良昭修补。嘉庆九年(1804年)知州甘立请帑改修石城。"❸

"(归州)州署在卧牛山下,瞻夔门南。"❹州署始建时间无考。明永乐年间(1403—1424年)州守曾大元重建❺,正统五年(1440年)由州守黄敬再次重建。❻嘉靖四年(1525年)州守郑乔迁州治于江北。❻嘉靖十四年(1535年)和清康熙四年(1665年)进行过重修❼(图5)。

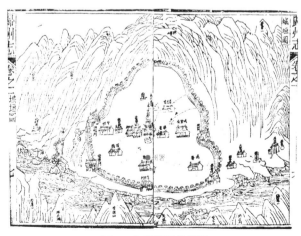

图5 归州州署位置图

(根据文献[4]附图标注)

❶ 文献[10].卷九.艺文志.沈云骏.续修州志碑记.
❷ 文献[4].卷一.地舆志.沿革.
❸ 文献[4].卷二.建置志.城池.
❹ 文献[4].卷二.建置志.官署.
❺ 文献[4].卷十.艺文志.曹忭《重修州治记》.曾大元重修州署具体时间无考。
❻ 文献[5].卷九.艺文志.沈云骏《续修州治碑记》载:"旧署在大江南岸,嘉靖四年,久雨地陷,州守郑乔白诸当道,始迁江北"。此与文献[4]"卷二·建置志·城池"所载不吻合。究竟是嘉靖四年或是十四年迁江北,无法考证。
❼ 文献[4].卷二.建置志.官署.

匠学薪传——中国营造学社诞辰90周年纪念文集

❶ 文献 [4].卷二.建置志.官署.

❷ 以下简称"康熙前州署"。

❸ 文献 [4].卷二.建置志.官署.

❹ 文献 [4].卷二.建置志.官署.

❺ 以下简称"康熙四年州署"。

❻ 文献 [4].卷二.建置志.官署.

❼ 以下简称"康熙六十州署"。

❽ 文献 [4].卷二.建置志.官署.

❾ 以下简称"同治州署"。

❿ 本文所称"记载",包括文字记载和图形记载。

⓫ 为了便于讨论,将其划分为康熙四年(1665年)前、康熙四年、康熙六十年(1721年)、同治五年(1866年)四个时间节点进行比较分析。

据清同治五年(1866年)《归州志》载,康熙四年(1665年)重修之前旧州署"建有大堂、后堂、书房、衙舍、鼓楼、仪门、左迎宾馆、右司狱、左右六房、皂隶班房,并有申明旌善二亭,州判吏目皆居两旁。又有丰积库居堂右。俱为流寇焚坏。"❶因缺少房间数量及具体位置,只能按惯例将其平面布局复原❷(图6)。

"为流寇焚坏"❸后的康熙四年(1665年)"州牧曹熙衡捐修仪门三间、大堂三间、后堂三间、书吏房八间、皂隶班房二间。"❹此次所修州署较为简陋,仅能满足知州基本办公要求。根据以上记载,将康熙四年州牧曹熙衡捐修的归州州署❺平面布局复原(图7)。

"康熙二十八年(1689年)知州陈对扬建修鼓楼。六十年(1721年)知州武国柱重修内署五间,科房八间。"❻根据以上记载,将康熙六十年知州武国柱重修后的归州州署❼平面布局复原(图8)。

"嘉庆四年(1799年)屡被贼焚,至八年(1803年)知州甘立朝始建今署。"❽同治五年(1866年)《归州志》中附有州署图(图9)。根据州志附图将同治五年(1866年)归州州署平面布局复原❾(图10)。

2)布局分析

同治五年(1866年)《归州志》关于州署修建情况记载的时间总跨度为201年❿,其间州署发生了较大变化,主要表现在⓫:

第一,"康熙四年前州署"在很大程度上符合标准衙署建筑规制。中轴线上从前至后依次布置仪门(谯楼)、大堂、后堂、衙舍(知州宅);仪门东西两侧分别为班房、皂隶房。大堂前分别为申明、旌善二亭,大堂前两侧分别为"六房";再两侧左迎宾馆、右司狱司;丰积库在大堂右。后堂

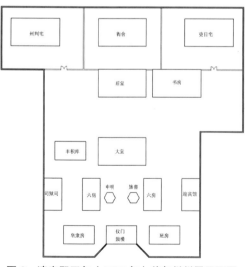

图6 清康熙四年(1665年)前归州州署平面图
(根据文献[4]记载绘制)

图7 清康熙四年(1665年)州牧曹熙衡捐修的归州州署平面图
(根据文献[4]记载绘制)

图8 清康熙六十年(1721年)知州武国柱重修后的归州州署平面图
(根据文献[4]记载绘制)

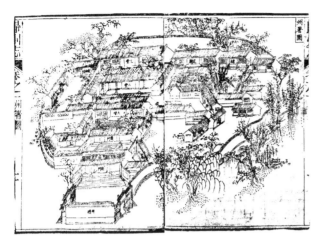

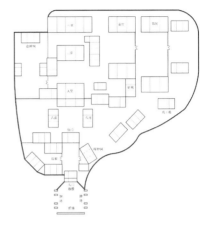

图9　清同治五年（1866年）归州州署图
（文献[4]）

图10　清同治五年（1866年）归州州署平面图
（根据文献[4]附图绘制）

左为书房；衙舍（知州宅）东西两侧分别为吏目宅和州判宅。

第二，"康熙四年州署"虽然符合规制，但极为简陋，仅能满足知州最基本的办公需求。与"康熙前州署"比较没有了迎宾馆、司狱司、丰积库、书房、州判宅、吏目宅等建筑，是外迁另建或另处租用，方志中均无记载而无从考察。

第三，"康熙六十年州署"在原有州署的基础上加建了科房八间、三堂五间。此种布置为典型的衙署建筑布局形式，完全符合《清会典》的规定。

第四，嘉庆四年（1799年）州署"屡被贼焚"，八年（1803年）知州甘立朝开始重修今署。距同治五年（1866年）相隔63年，同治五年（1866年）《归州志》中所附州署图的建筑布置格局是否就是嘉庆八年（1803年）州署的建筑布置格局，或与其相近，或相似，无从而考。但根据木构建筑的特性分析，可以推测在这63年中肯定进行过修缮或修建。嘉庆八年（1803年）知州甘立朝重修的州署州志中无建筑方面的记载，无从分析。现仅以同治五年（1866年）《归州志》所附州署图与相距145年的康熙六十年（1721年）州署比较，其主要变化有：

（1）在仪门前新建两层头门三间并抱厦三间；头门前照壁一座；头门东西两侧东西牌坊，并与头门前八字墙、照壁围合成院。这在此前的州署建筑记载中是没有的。

（2）仪门前西为监房（疑包括司狱司）三幢九间，自成一院。在此之前的州志记载此处均为皂隶、班房二间。门东加建衙神祠（具体间数图中难以分辨），并自围成院。此前未曾有此记载。

（3）仪门后大堂三间、抱厦三间。大堂前为六房各三间，"康熙四年州署"东、西吏房为八间，减少二间。东六房东呈"丁"字形布置房屋二幢（每幢疑为三间，用途、名称不详）。再东药王殿三间。大堂东呈"一"字形排列房屋三幢（每幢疑为三间，用途、名称不详），东端头北向厨房三间，此处与堂东建筑围合成院。大堂西房屋一幢（用途、名称不详）。此前大堂东无任何建筑记载。

（4）大堂后二堂三间，二堂后三堂五间。二堂前东为东厢房，并延至三堂前檐前，为一"丁"字形转角建筑；二堂前西为西厢房并延至二堂后檐。二堂东厢房东房屋三间、三堂东花厅三间，两房间南北向用围墙连接围合成院。厨房东房屋一幢（疑为三间，用途、名称不详）、另东书房三间，用围墙连接围合成院。再东南北排列房屋两幢，仍然用围墙围合成院（名称、用途不详）。此院与花厅、书房院以前未有记载。三堂西房屋三间（图中标注文字模糊，细辨疑为仓神祠），房前东西厢房，独自围合成院，此处疑为仓房。此前无仓房记载。

综上所述，归州州署在同治以前平面布置整齐，符合规制。"康熙四年前州署"虽略简陋，然而不但能满足行政主官办公、生活之用，而且还建有吏目等佐贰官宅、衙役舍房以及迎宾馆、丰积库等。而自康熙六十年（1721年）起所建州署除保留有监狱外，其他官吏、衙役用房均不在其中。同治五年（1866年）州署平面布置，中轴线仪门内建筑基本保持了原有风格，仅在仪门外加建了头门、鼓楼、牌坊及照壁等礼制性建筑。同时，向中轴线两侧扩张，加建了衙神祠、药王殿、仓神祠等祭祀性建筑和行政主官的部分生活用房。且其依山就势，随意性较强，平面布局呈不规则状态。

3. 奉节县

1）历史沿革与县署概况

奉节县附郭于夔州府。春秋时为庸国之鱼邑，属楚。秦为鱼复县，属巴郡。汉为鱼复，治设都尉。汉末徙治白帝，为巴东郡治。蜀汉改永安县。晋仍为鱼复县。西魏改曰人复，属信州。又改曰阳口县。唐贞观中为奉节县，宋、元、明仍旧，清因之。康熙六年（1667年）裁大宁县并归奉节。雍正七年（1729年）复设大宁县，奉节县仍旧。历代建治处凡五，曰奉节，今治；曰鱼复；曰白帝城；曰阳口；曰瞿塘关。❶ 县署居于城内西南一隅（图2）。

奉节县署始建时间无考。据明正德八年（1513年）《夔州府志》载：奉节县署于"正德七年（1512年）知县尚继先重修。正厅五间，幕厅一间，在正厅右。戒石亭一座。东西吏房各六间。仪门五间，谯楼三间。知县宅在正厅左，主簿宅在仪门外左，典史宅在仪门外右。吏舍一十间，申明亭在税课司后。旌善亭与申明亭对，前侵于居人。正德七年郡守吴公潜清出重立。"❷ 根据以上记载，将明正德七年（1512年）奉节县署❸ 平面布局复原（图11）。

清光绪十七年（1891年）《夔州府志》载："（奉节）知县衙署一所，始建于南门正街，坐东向西。雍正三年（1725年），知县粘拱斗改移于南门之西顺城大街，坐北向南，年久废颓。道光四年（1824年），知县万承

❶ 文献 [2]. 卷二 . 沿革 .

❷ 文献 [3]. 卷六 . 公署 .

❸ 以下简称"正德县署"。

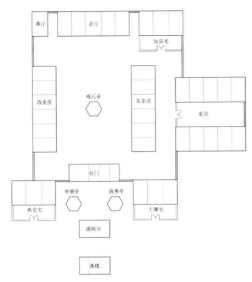

图11 明正德七年（1512年）奉节县署平面图

（根据文献[3]记载绘制）

荫垫项重修。禀请摊捐有案。大堂三间，二堂三间，住宅三间，库房二间，厨房二间，马房二间。二堂两旁厢房四间，书房三间。二堂前穿堂一间。大堂前抱厅三间，八房八间，差房二间。圣谕牌坊一座，仪门三间，大门三间，照墙一道，东西栅子二道。衙神祠三间，抱厅一间。"❶根据以上记载，将道光四年（1824年）奉节县署❷平面布局复原（图12）。

清光绪十九年（1893年）《奉节县志》载："同治九年（1870年）大水泛滥入城，淹至府署川东首郡坊下，城内漂没房屋甚多，（奉节）县署俱被淹没。旋经县令吕辉筹款，重建头门三间，仪门三间，大堂三间，东西科房八间，上谕牌坊一座，粮差房二间，捕快差房二间，大班房一间，马号房二间，柬房一间，二堂三间，门印房三间，签押房三间，东西厢房四间，杂务房一间，穿厅三间，刑席房八间，东书房三间，跟班房二间，茶房一间，厨房三间，账房二间，三堂三间，东西厢房四间，上房三间，监狱一所，内外砖墙并狱神堂共十二间，军流所三间，共修房八十八间，牌坊一座。县令熊汝梅❸添修照墙一座，东西辕门二向。衙神祠三间，乐楼一座，光绪十四年（1888年）县令秦云龙修。"❹根据以上记载，将光绪十四年（1888年）奉节县署❺平面布局复原（图13）。

2）布局分析

从正德七年（1512年）到光绪十四年（1888年）的376年间，自明正德七年（1512年）重建后，入清以来共记载修署五次。雍正三年（1725年）县署由南门正街迁至南门内西顺城大街，但无修建县署的详细记载。道光四年（1824年）知县万承荫垫款修衙，建后摊捐。同治九年（1870年）洪水之后经县令吕辉筹款重修。后经县令熊汝梅添建，至光绪十四年（1888年）县令秦云龙再添修衙神祠和乐楼后形成最后

❶ 文献[1].卷五.公署.

❷ 以下简称"道光县署"。

❸ 据文献[2]"卷二十四·秩官"载：熊汝梅，湖北黄州进士，生卒及任职时间不详。

❹ 文献[2].卷六.公署.

❺ 以下简称"光绪县署"。

图 12　清道光四年（1824 年）奉节县
署平面图
（根据文献 [1] 记载绘制）

图 13　清光绪十四年（1888 年）奉节
县署平面图
（根据文献 [2] 记载绘制）

格局。从明正德七年（1512 年）到清光绪十四年（1888 年），近 400 年间奉节县署发生了以下变化：

第一，正德七年（1512 年）知县尚继先重修县署。重修后的县署正厅五间，正厅东西两侧分别为知县宅和幕厅，正厅前东西吏房各六间，戒石亭在正厅前。仪门五间，门前为申明、旌善二亭，再前为课税司，再前为谯楼三间。仪门前东西两侧为主簿宅和典史宅。整个平面布置规整、功能明确，但正厅、仪门间数僭越规制。

第二，道光四年（1824 年）知县万承荫重修时，县署已于雍正三年（1725 年）由南门内正街迁到南门之西顺城大街。重修后的县署正堂三间并抱厦三间，圣谕牌坊在堂前，堂前东西为东西科房各四间。二堂三间并穿堂一间，堂前东西厢房各二间，堂后书房三间，再后住房三间。住房东库房二间、马房二间、厨房二间。圣谕牌坊前为仪门，门内差房两间。仪门前为大门三间，大门外衙神祠三间并抱厅一间，祠前照壁一座，大门东西两侧为东西栅子。与"正德县署"比较，重修后的县署建筑格局发生了重大变化：没有了主簿宅、典史宅、吏舍、课税司、谯楼、申明亭、旌善亭等房屋，东西吏房由各六间减为各四间；增加了照壁、衙神祠、大门、二堂、二堂穿堂及东西厢房、书房等房屋及东西栅子；正厅（大堂）、仪门由五间变为了三间，纠正了"正德县署"的僭越现象。

第三，同治九年（1870年）县令吕辉因洪灾重建县署格局与"道光县署"基本一致。后县令熊汝梅添修照壁一座，东西辕门二间。光绪十四年（1888年）县令秦云龙添修衙神祠三间，乐楼一座。与"道光县署"比较，重建后的县署格局发生了较大变化：衙神祠前加建了乐楼、牌坊；头门内东西两侧加建了束房、粮差房、大班房、捕快差房及马号房；头门内西加建了监狱、军流所、狱神堂共十二间；取消了大堂抱厦；大堂东西两侧加建了门印房、茶房、账房、签押房、跟班房、杂务房等；西科房西加建了刑席房八间；在二堂前东厢房东添建东书房三间；二堂之后房屋格局变化较大；三堂三间，堂前东西为东西厢房各二间，堂后上房三间，堂后东厨房三间。

综上所述，"正德县署"布置整齐，功能完备，简洁实用，但仅门和正厅，僭越规制。入清以降，迁址新建。平面布局符合规制，宗法礼制、上尊下卑观念增强。移出了佐贰官及衙役吏舍，同时新建了圣谕牌坊等礼制性建筑和衙神祠等祭祀性建筑，"光绪县署"增加了较多为行政主官服务的杂务、跟班、账房等服务性建筑。

4. 巫山县

1）历史沿革与县署概况

巫山县位于长江三峡之一的巫峡西口，为古代中国"盐都"大宁县❶盐业贸易货物中转集散地。县名和治所多有变化。❷其"穷险极远，东楚、北秦、南控土司、西连白帝。远为全蜀咽喉，近为夔门锁钥。东流宁水、南耸巫峰、箜篌屹左、两河如带、四山如城、五方要冲、三峡津隘。"❸

巫山县春秋时为夔子国属地。战国楚置巫郡，昭襄王三十年（公元前277年）改为巫县。两汉因秦旧，仍名巫县。（东）吴永安三年（260年）分置建平郡，治巫县。宋、齐、梁皆因之。隋开皇初，罢郡改县，曰巫山，属巴东郡。唐、五代、宋、元、明属夔州府（路）。康熙九年（1670年），裁去大昌并入巫山县。❹

县城"缘山为墉，周十里一十步，东西北三面皆带旁溪深谷，南面岷江环之。明正德二年（1507年）知县唐书正其方位。东带宁河，南瞰大江，西倚高唐观，北包阳台山。筑修石城，为门四❺，……嘉靖二十九年（1550年），大水城塌。万历元年（1573年），知县赵时凤重修。……后毁于兵燹。乾隆三十二年（1767年），知县朱裴然奉文动帑重修。❻……咸丰十年（1860年）被水淹没鼓裂，报勘劝捐修葺。……光绪十四年（1888年）知县和阆禀请就地劝捐培修。"❼巫山县署在南门内东南角，坐北向南，背山面水（图14）。

明正德八年（1513年）《夔州府志》载："（巫山）县治洪武四年（1371年）建。正厅、后厅、幕厅、仪门、谯楼各三间。戒石亭一座。……医学、申明亭、旌善亭俱在县前。"❽此记载中未见正厅前有东、西吏房（也

❶ 即现重庆市巫溪县。

❷ 战国以来，巫山县或称巫郡、巫县、北井县、建平郡、南陵县、泰昌县、大昌县等名。其治六：巫山（三峡库区蓄水前老县城）、巫县（故城在县东）、大昌（故城在县北二十里）、北井（废县在县北）、南陵（废县在县南大江南岸）、江阴城（在县西六十里）。参见：文献[6].卷二.沿革。

❸ 文献[6].卷三.疆域。

❹ 文献[6].卷二.沿革。

❺ 四城门曰：严秀、巫山、会仙、阳台。参见：文献[6].卷四.城池。

❻ 东曰太清，南曰平江，西曰盛源，北曰世润。参见：文献[4].卷四.城池。

❼ 文献[6].卷四.城池.

❽ 文献[3].卷六.公署.

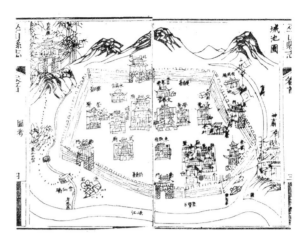

图 14　巫山县署位置图
（根据文献 [6] 附图标注）

匠学薪传——中国营造学社诞辰90周年纪念文集

❶ 以下简称"洪武县署"。

❷ 三层指前后排列三幢的意思。下同。

❸ 文献 [11].
❹ 以下简称"崇祯县署"。

❺ 文献 [6]. 卷五. 公署.

❻ 以下简称"同治县署"。

可能本无），但按制应设，故平面复原时在正厅前加上了东、西吏房❶
（图 15）。

　　清康熙五十四年（1715 年）《巫山县志》载："巫山县治明洪武中建，
成化中重建，崇祯七年（1634 年）流贼破城焚毁，知县沈向重建。大堂
五楹、堂左架阁库、堂右承发房、堂下左赞政厅三楹、东西厢吏皂房各十
楹、堂后二堂三楹、内宅三层各三楹、宅东主簿、典史衙舍各三层❷俱三楹。
堂前月台台前以德化民牌坊一座、坊前仪门三楹、东迎宾馆三层三楹。又
东义仓。大门上即鼓楼、楼东土地祠、楼西狱禁。甲戌之后或废或修，难
以尽载。"❸根据以上记载，将明崇祯七年（1634 年）巫山县署❹平面布
局复原（图 16）。

　　清光绪十九年（1893 年）《巫山县志》载："（巫山）知县衙署一所，
在城内东南。……国朝康熙年间，知县吴思熙、向登元、庄必荣先后补
修。乾隆年间知县桂蓁、朱斐然、段玉裁、修仁重加修葺，规模始备。
嘉庆十四年（1809 年），知县王圻又详请捐修三堂。同治九年（1870 年）
大水淹塌。十年（1871 年）知县武震重建。"❺这里较为详尽地记载了县
署修建历史，但没有记载其建筑布置及房屋间数，不过该志附有公署图
（图 17）。武震修署与该志编纂时间仅相距 22 年，建筑格局应该没有较
大的变化。因此，现根据附图将同治十年（1871 年）巫山县署❻平面布
局复原（图 18）。

　　2）布局分析

　　奉节县的三座县署，其时间总跨度长达 500 年，是本文研究对象中
时间跨度最长的县署。明朝立国之初的洪武时期正是各项律令建设高峰
期，也是执行较为严格的时期。因此，"洪武县署"虽然简陋，仅能满足
知县办公、生活之用，但很规整。而"崇祯县署"营造之时正值明朝末年，

**图 15　明洪武四年（1371 年）
巫山县署平面图**

（根据文献 [3] 记载绘制）

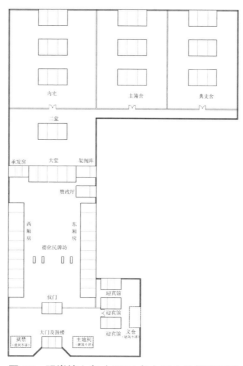

图 16　明崇祯七年（1634 年）巫山县署平面图

（根据文献 [11] 记载绘制）

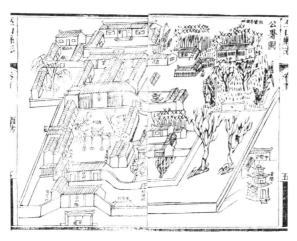

图 17　清同治十年（1871 年）巫山县署图

（资料来源：文献 [6]）

战乱四起、经济萧条、政局动荡，各种律令形同虚设，因此建筑规模较"洪武县署"更大、功能更全。"同治县署"营建时期的情况与"崇祯县署"相似，时值清朝末期，经历了两次鸦片战争，殖民化程度不断加深，经济基础薄弱，政局动荡不稳，各项规制放松、执行不严。因此，三座县署的变化充分反映了"由简到繁、由俭入奢"的过程。其主要表现在：

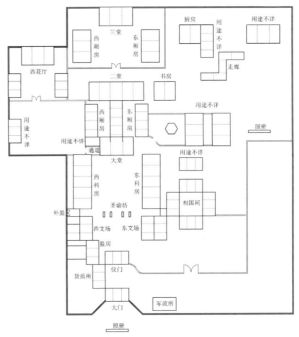

图 18　清同治十年（1871 年）巫山县署平面图

（根据文献 [6] 附图绘制）

❶ 光绪十九年（1893
年）《巫山县志》"卷五·
公署"载："典史署明典
史别鸿嘉捐修，在县署大
门内。"经查康熙、雍正、
光绪三部县志，未查到明
典史别鸿嘉。

第一，明正德八年（1513 年）《夔州府志》对"洪武县署"的记载
较粗略。仅记载了正厅、后厅、幕厅、仪门、谯楼等房屋的间数，而没
有具体位置，更重要的是没有吏房、知县宅等记载。按照律例或惯例是
应当有的。当然也有可能是漏记，或者根本没有。有待考察。

第二，康熙五十四年（1715 年）《巫山县志》记载的"崇祯县署"与
"洪武县署"相距 263 年。建筑规模较扩大，虽略有僭越，但也基本符合
规制。大堂五间（已僭越，规制为三间），堂东为架阁库，堂西为承发房，
堂前东为赞政厅，堂前东西厢为吏皂房各十间。堂后二堂三间，再后内宅
（知县宅）三层各三间共九间。宅东主簿、典史衙舍❶各三层，每层三间，
共十八间。堂前"以德化民坊"一座，坊前仪门三间，门东迎宾馆三层共
九间，又东为义仓（间数不详）。大门上建鼓楼（间数不详），楼东为土地
祠（间数不详），楼西为监狱（间数不详）。

第三，光绪十九年（1893 年）《巫山县志》虽然记载了自康熙以来有
九位知县修署，但没有记载署衙建筑的具体情况。该志记载修署的最后时
间是同治十年（1871 年），与该志编修时间相距 22 年。那么，可以认为
该志中所附公署图应当与同治十年（1871 年）所修县署基本相同。大堂
三间，堂东为一独立院落（围墙上标有名称，字迹模糊不清，无法辨认），
建筑两幢（间数不详）、双层亭一座。堂西为一独立院落，建筑一幢（应
为三间，用途不详）。堂前圣谕牌坊一座，堂前东西两侧为东西厢房（应
为各五间），东西厢房南为东文场（两幢,应为六间）和西文场（应为三间）。

西科房与西文场间为一过厅通往围墙外的外监。东文场东为相国寺（建筑五幢，间数不详），有过厅与东文场北侧相连。再南为仪门三间，门西内监两幢（间数不详），门前西为货质所（间数不详）。仪门南为大门，大门东为军流所，门外照壁一座。大堂与二堂有穿堂相连接（穿堂间数不详），堂东为书房（间数不详），堂西为西花厅院，正厅三间，东西厢房各三间。二堂后为三堂（知县宅）院落，堂三间，东西厢房各三间。堂东为厨房、走廊等辅助建筑及花园，花园内照壁一座。"同治县署"与以前的县署比较，规模扩大，非"治事、宴息、吏攒办事之所"的书房、花园等休闲设施增加，奢侈之风有所显现。

综上所述，巫山县署按规制始建于明代造城运动之时。虽然较为简陋，无佐贰官及其他衙役用房，但也能满足行政主官办公、生活之用。需要特别指出的是，在本文讨论的五所衙署中，巫山"洪武县署"里出现了供幕僚使用的"幕厅"，而在其他四所衙署中是没有的。到崇祯七年（1634年）第三次修署，仍然严格按照规制修建，整个建筑以大堂为核心展开。其功能较"洪武县署"更加完备，增加了主簿、典史等佐贰官用房，并建有"以德化民坊"、土地祠等礼制性、祭祀性建筑。清同治九年（1870年）水灾后重建的县署，其主轴线建筑格局基本保持了明时风格。但大堂前东西科房间数减少，在科房前另建了教育建筑东、西文场。佐贰官等其他官吏、衙役用房如数外迁。在大堂至三堂两侧加建了西花厅等较多数量的休闲、生活用房供行政主官使用。

5. 巴东县

1）历史沿革与县署概况

巴东县位于巫峡东口，长江三峡腹地中心，其地"万山磅礴，大江领瓴而下，一息千里。楚西扼塞巴东为首"❶，不愧为"锁钥荆襄，咽喉巴蜀，北控房陵之腹，南附夜郎之背水。水陆要冲，（长江）上游重地。"❷

巴东县周时属夔子国，后入楚。秦始置郡县，为巫县地，隶南郡。三国初属蜀，后并入吴，隶北荆州。晋隶荆州，俱建平郡。梁置信陵郡。后周废，改县称乐乡县。隋称巴东县，俱隶信州。唐隶山南东道。宋初隶荆湖北路，后改隶夔路。元隶湖广江南湖北道。明隶湖广分巡上荆南道荆州府归州。后改隶彝陵州，寻复旧。清袭明制。嗣分偏沅等处为湖南，隶湖广湖北承宣布政使司分巡上荆南道荆州府。雍正十三年（1735年）改隶宜昌府。❸

"（巴东）县治，依巴山之麓，背山为城，面水为池，前滨江岸，后遭高峰，营建所不能，故向无城郭。"❹陆游在其《入蜀记》中写道："二十一日，……晚泊巴东县，江山雄丽，大胜秭归。但井邑极于萧条，邑中几百余户。自令廨以下，皆茅茨，了无片瓦。"❺从以上记载可以看出，当时的巴东县相当贫瘠，邑中"自令廨以下，皆茅茨，了无片瓦。"县治也因"前

❶ 文献 [7]. 卷二. 舆地志. 形势.
❷ 文献 [7]. 卷二. 舆地志. 形势.

❸ 文献 [7]. 卷二. 舆地志. 沿革.

❹ 文献 [7]. 卷三. 建置志. 城池.

❺ 文献 [8].56.

滨江岸，后遭高峰"等地理环境原因而"营建所不能"，故历来均无城池，县署及其他官署在长江南岸依山而建（图 19）。

光绪六年（1880 年）《巴东县志》载："（巴东）县署南依巴山、北向大江。明洪武初建，正统中重建，屡毁于火。正德间盛果，嘉靖间王鲁、万莘增修。隆庆间火，邹光裕改儒学于寿宁寺，并学地重建。万历间高尚德复学移修。张尚儒以水火频，仍用形家言，多所更置后悉废于寇。国朝康熙初年蒋希古、司世教、陈说以次修建，复废于寇。齐祖望重建。中为拱极堂，旧名节爱厅。康熙四年（1665 年）蒋希古于旧基建草屋三间，废。十九年（1680 年）齐祖望重建，始用砖瓦。以县治坐午向子，易今名。二十一年（1682 年）奉文以圣训清慎勤字匾于额，岁久圮。乾隆五十六年（1791 年）冯振鹭重修，复圮。嘉庆十八年（1813 年）袁泉重建。同治二年（1863 年）吴衡葺之。堂左为存用库，明初建，废后移置堂右。后为退思堂，旧名何陋轩，蒋希古建草屋三间，废。齐祖望重建，易今名，圮。冯振鹭、袁泉重修。又后为知县廨，蒋希古、司世教、陈说以次修建，毁。齐祖望葺之。冯振鹭、袁泉重修。同治二年（1863 年）黄式葺之。廨后旧有连理阁，明张尚儒建，废。又后为土地祠，废后移建拱极堂左。廨右为簿廨，旧在县门外右，明嘉靖间李注迁此。国朝主簿未设，改置驿，复废。簿廨前为尉廨，康熙五年（1666 年）典史孟浩建，七年（1668 年）典史颜彬增修，十九年（1680 年）典史许百华重建，圮。嘉庆十四年（1809 年）典史饶德修复建，同治五年（1866 年）典史张雨田葺之。尉廨右旧有吏舍，明万历三十五年（1607 年）山水冲废。堂两翼为六椽房，前为仪门，蒋希古建，并左右角门，共为瓦屋五间，废。齐祖望重建，圮。冯振鹭葺之。嘉庆三年（1798 年）火，惠廷栋重修。袁泉葺之。道光二十五年（1845 年）复火，延及椽房，黎道均重修。外左为寅宾馆，废。右为土地祠，废。为狱，嘉庆二十二年（1817 年）赵栻重修。中为正门，嘉庆三年（1798 年）火光，二十五年（1820

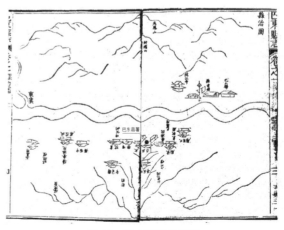

图 19　巴东县署位置图

（根据文献 [7] 标注）

年）复火，黎道均重建。门上为谯楼，即来江楼，废。前为屏墙旧有把秀门，明张尚儒建，废。左旌善亭、右申明亭，明张尚儒重建，废。"❶

❶ 文献[7].卷三.建置志.公署.

2）布局分析

从光绪六年（1880年）《巴东县志》记载可以得知，在明代巴东县署于洪武初建后，经历三次增修，四次重建、迁建。有清一代县署经历一次重建，十五次修缮、单幢重建或单幢迁建。该志虽然详尽地记载了巴东县署单幢建筑营建和修葺过程，但记载较为零乱。通过梳理，可以推定同治五年（1866年）典史张雨田维修尉廨后形成了最后的格局。其为：大堂三间（即拱极堂，旧名节爱厅，旧为草屋，康熙十九年始用瓦），堂东为存用库（间数不详），堂西为连理阁（间数不详）。大堂后为二堂三间（即退思堂，旧名何陋轩），二堂后为知县廨（间数不详），原廨东有簿廨，已废。簿廨前为尉廨（间数不详）。尉廨东原有吏舍（间数不详），明万历三十五年（1607年）被山水冲废。大堂前东西为吏房（间数不详），再前为仪门三间，两侧角门各一间，共五间。仪门外西为寅宾馆（间数不详）。仪门东为土地祠（间数不详）。再东为监狱（间数不详），后废。仪门前中为正门，门上为谯楼（即来江楼，间数不详）。正门前为屏墙，已废。仪门前东西为申明、旌善二亭，已废。按此推定，将同治五年（1866年）巴东县署❷平面布局复原（图20）。

❷ 以下简称"同治县署"。

图20　清同治五年（1866年）巴东县署平面图
（根据文献[7]记载绘制）

光绪六年（1880年）《巴东县志》中附有"县公署图"（图21），该图较为详细地绘制了县署整体建筑情况，并对房屋名称进行了标注，为全面了解县署整体布局和建筑式样提供了依据。据此图，将巴东县署平面布局复原❶（图22）。从此复原图中，可以发现光绪六年（1880年）《巴东县志》附图所绘县署具有以下特点：

❶ 以下简称"光绪县署"。

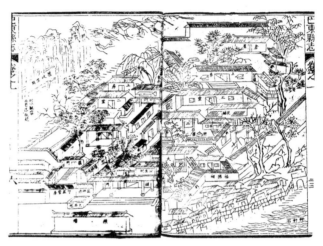

图21　清光绪六年（1880年）巴东县公署图
（文献[7].）

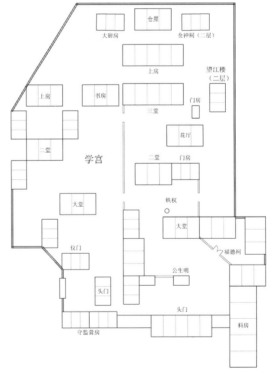

图22　清光绪六年（1880年）巴东县署平面图
（根据图21绘制）

第一，"县署图"照墙、公生明、大堂、二堂、三堂、上房、仓屋等中路建筑未在一条轴线上。照墙、公生明、大堂在一条轴线上，偏东的二堂、三堂、上房、仓屋在一条轴线上，形成中路建筑两条轴线。

第二，中路建筑西侧由北至南为科房、福德祠、花厅、望江楼、仓神祠。呈不规则排列，当然不排除古人绘图透视的不准确性。

第三，从图上观察望江楼为干栏式歇山建筑、仓神祠为两层重檐歇山建筑，建筑等级高于整个县署的其他建筑，也高于本文研究范围内方志中附有衙署图的归州州署和巫山县署的任何建筑。

综上所述，光绪六年（1880年）《巴东县志》较为详细地记载了巴东县署营建、修葺、增建等全过程，按此复原应当是没有异议的。但值得注意的是，按照记载所复原的县署与光绪六年《巴东县志》所附"县公署图"差异较大。《巴东县志》的编修时间是光绪六年（1880年），修志时间距最后一次修廨仅14年，建筑格局不应当有较大的变化。但将复原的"同治县署"平面图与志中所附"县公署图"比较，"县公署图"无论是使用功能或是总体规模、房屋布局或是建筑等级都优于记载，两者之间几乎找不到吻合之处。究为何因，尚需进一步研究。

二、建筑特征

在以农耕经济和农耕文化为主导的古代中国，长江三峡夔巫地区相对于中原和江南地区而言是贫瘠的。城市建设及其标志性建筑——衙署，无法与经济文化发达的中原及江南地区相比较。至清道光年间"夔郡城内民房草屋居多，易招火患。道光三年（1823年），奉节县万承荫捐资将草房拆盖瓦房。知府恩成到任，陆续捐钱一千七百千文，发给奉节县，承领将草屋全行改造瓦屋。"[1] 康熙四年（1665年）巴东知县蒋希古"于旧基建草屋三间[2]，废。十九年（1680年）齐祖望重建，始用瓦。"[3] 由于地理位置、经济发展水平以及地域文化、民俗的差异性，决定了三峡夔巫地区的衙署建筑与其他地区的衙署比较，在具有共同性的同时，也具有其自身的特征。

1. 共同性特征

衙署，为"百官所居"。起源于春秋，推行于战国，定制于秦时。在周代就出现了营城造屋等级制度的雏形，历经隋唐、宋元、明清不断补充、修订，衙署建筑等级制度日趋完善，形成了一套包括衙署建筑营造在内的所有建筑营造必须遵守的规范。与此同时，房屋营造除了遵守朝廷颁布的律例外，还要遵守中国传统的风水思想。因此，各地衙署在一定程度上具有共同性。就三峡夔巫地区的衙署建筑而言，与具有中国古代建筑代表性的中原和江南地区衙署相比，其共同性主要表现在以下几个方面。

❶ 文献[1].卷四.城池志.

❷ 指县署大堂，又名拱极堂、节爱厅。

❸ 文献[7].卷三.建置志.公署.

1）庭院式，多进院

本文讨论的五座衙署都是按照"庭院式，多进院"原则布置。明清夔州府署均由多进院组成（图3，图4）。光绪十四年（1888年）奉节县署中轴线上的建筑多达五进院。这种布置具有实用性、隐秘性、奢侈性、休闲性。严谨的平面布置、繁复交错的庭院、广阔的空间体量，体现了中国封建社会的"官本位"思想和有别于民的原则，以及不同品级官员之间的等级界限。

2）坐北朝南，背山面水

按照中国传统的"三垣"、"四象"风水学原则，本文讨论的五座衙署建筑所在地除巴东县外，夔州（奉节县附郭）、归州、巫山城池均建在长江北岸，其衙署均按"坐北朝南，背山面水"的原则修建。与中原和江南地区衙署一样，中轴线上从南至北依次布置照壁、牌坊、仪门、谯楼、头门、二门、戒石亭、大堂、二堂、三堂等主要建筑，两侧则为东西吏房或厢房等。中轴线院落两边布置其他辅助性用房院落。

3）前署后宅，分区明确

衙署不但是官员办公、处理公务的场所，也是官员及其眷属生活居住的地方。《钦定大清律例》"工律·营造"规定："凡各府、州、县有司官吏不住公廨内官房而住街市民房者，杖八十。"[1] 因此，在建筑上采用前院用于工作、后院用于生活的布置。一般说来，大堂、二堂是官员办公行使权力的地方，包括商议政务、发布政令、主持诉讼、调解纠纷等，后院则用于官员本人及其家眷生活起居，与中国宫殿建筑"前朝后寝"布局完全一致。

4）左尊右卑，崇文薄武

"左为尊，右为卑；重文士，轻武夫"是中国传统儒学思想的具体体现。"天子重英豪，文章教尔曹；万般皆下品，惟有读书高。少小须勤学，文章可立身；满朝朱紫贵，尽是读书人。"[2] 是中国古代文人对读书的感慨，这种思想也反映在衙署建筑的布置上。堂前厢房按中央六部排列，左吏右兵，即左边排列吏、户、礼房；右边排列兵、刑、工房。自堂前向下左、右顺序为：吏、兵二房相对；户、刑二房相对；礼、工二房相对。两边佐贰官院则文官在左，武官在右。

5）遵照风水，辨方正位

以衙署大堂为中心，东南方属巽，是为尊贵，所以寅宾馆常建于大堂东南角。如明崇祯七年（1634年）的巫山县署和康熙四年（1665年）前归州州署的迎宾馆。东方属震，震主"火象"，所以厨房一般建在大堂的东边。如嘉庆八年（1803年）的归州州署，道光四年（1824年），光绪十四年（1888年）的奉节县署，光绪十九年（1893年）的巫山县署的厨房。西南属坤，是为肮脏之地，常建牢狱、捕房等。如明夔州府署、嘉庆八年（1803年）的归州州署、光绪十四年（1888年）的奉节县署、明崇祯七年（1634年）的巫山县署的监狱、捕房等。西北属乾，乾为"土象"，通常修为花园。

匠学薪传——中国营造学社诞辰90周年纪念文集

❶ 文献[12]：662.

❷ 文献[21]：309.

2. 地域性特征

事物间的共性及其个性，反映在衙署建筑上，即表现为在共同遵守规制的前提下，受到其所处的地理环境、民风民俗、民族文化，以及不同的历史发展过程等因素的影响，而产生的有别于共同性的地域特征。三峡地区衙署建筑的地域性特征主要体现在以下几个方面。

1）以行政主官为主，佐贰官等其他官员和属吏的署宅逐步外迁或另建

夔州"正德府署"有同知、通判、知事、照磨、推官、检校、司狱等佐贰官及属吏的署宅，是府署的组成部分之一，共同构成府署建筑群。"道光府署"中无佐贰官及属吏的署宅，府署建筑中只有知府用房以及"六房"。此时"夔州府同知旧署……改作府仓，共二十间。今改归奉节县经营。……经历司衙署一所，在南门十字街。……夔州协衙署一所，在夔州府城内，府署之左。❶……左营都司衙署一所，在夔州府城内南门十字街。"❷从同治五年（1866年）《归州志》中州署的记载可以得知，康熙四年（1665年）以前州判、吏目宅分别建在州署后堂左右，而康熙四年以后至六十年（1721年）所建州署中均未有佐贰官及属吏的署宅。到同治五年（1866年），归州州署几经扩修，房屋数量增加、面积增大，但仍只是知州使用，佐贰官及属吏署宅未在其内（图10）。奉节县署与夔州府署相似。"正德县署"包括典史、主簿、课税署宅等，而"道光县署"尽管房屋大量增加，却仍无佐贰官及属吏的署宅。巫山县也是如此，"崇祯县署"中尚有主簿、典史宅等，而"同治县署"虽然房屋增加了很多，却没有了佐贰官及属吏的署宅。

按照清典章规定，府州县正印官以下应当还有佐贰官、首领官和杂职官。这些属官包括同知、通判、经历、知事、照磨、州同、州判、主簿、县丞、典史等。但是有清一代三峡夔巫地区地方政府的高度集权，导致佐杂官员缺额，府州县行政基本上是行政主官一人负责，形成独特的"一人政府"。而不似中原、江南发达地区官僚吏制执行得相对完善。所以，清中后期三峡夔巫地区方志中对佐杂官署记载较少，有可能根本没有设置部分佐贰官和杂职官。

2）因地制宜，不规则布置

"坐北朝南，背山面水；前署后宅，分区明确；东文西武，左右对称；中路为主，两侧相辅"是衙署建筑平面布置的基本规则。特别是中原、江南地区遵循这一原则较为严格。然而三峡夔巫地区山高谷深，几乎没有较为开阔的平坦之地供营城建房之用。因此，受地理环境的影响和制约，建筑在平面布置上没有条件严格遵循这些规则，只能依山就势、因地制宜布置。从方志中附有公署图的归州州署图以及巫山、巴东县署图中可以看出，其平面前低后高，呈非对称布置。这种不规则布置也是三峡夔巫地区衙署建筑有别于其他地区衙署建筑的地域性特征之一。

❶ 从光绪十七年（1891年）《夔州府志》附图看协衙署、监捕通判衙署虽在府署之左右，但与府署完全分离，而非同一建筑群，见图2。

❷ 文献[1]，卷五，公署。

3）建筑等级较低，建筑装饰简陋

方志中所附的归州州署和巫山、巴东县署图中，共绘有建筑96幢（不含连廊2处），其中归州州署29幢，巫山县署35幢，巴东县署32幢。归州州署头门为楼房，巴东县署内望江楼、仓神祠为双层重檐歇山建筑。其余均为建筑等级低下的硬山建筑。特别是巫山县署更为简单，35幢建筑中装饰有正脊的只有12幢，这说明建筑装饰较为简陋。从结构上分析，也符合三峡夔巫地区的建筑习惯，两山采用砖石山墙，明次间用木结构。除大门、大堂等主要建筑前后檐使用木结构外，大部分为砖石墙体瓦屋面建筑。从图中分析，全木结构建筑只有巴东县署内望江楼、仓神祠两幢。以巫山县署为例，35幢建筑中部分使用木结构的只有头门、仪门、大堂、二堂、相国寺前后殿及厨房东侧用途不详的建筑共8幢，其余均为砖石结构。

4）向休闲、奢侈方面发展

夔州"正德府署"均为办公和住宅用房，用途较为单一。而"道光府署"大堂建有抱厅；大堂与二堂间建有过厅；三堂东边院落为专供休闲读书之所，以接翠轩连接前厅，进前厅左右为厢房，前厅后为书房五间，再后为小书房三间。三堂西侧为标准的三进式三合院。一进院为休闲用的红柚山房、横云老屋、三鹤堂；二进院为住房和东西厢房；三进院为厨房等生活用房（参见图10）。《归州志》载，"同治州署"二堂左右两侧均为供知州生活、休闲、读书用房。康熙四年（1665年）蒋希古于旧基建巴东县署大堂仍为草屋三间，而到光绪年间则建有两层歇山的望江楼、花厅等休闲建筑。但自明洪武二十六年（1393年）定制官员营造房屋不许再用歇山转角重檐重栱及绘藻井图案。有清一代仍袭明制。这说明清中后期官员在修建衙署时已经僭越规制，开始向休闲、奢侈方面发展。

3.地域性特征的成因

由于三峡夔巫地区地处西南崇山峻岭之中，受复杂地形、经济落后和原始巴楚文化等因素的影响，形成了有别于中原、江南广大地区衙署建筑的地域性个性特征，其成因主要受以下三个方面的影响。

1）自然环境的制约

衙署营建不但要遵守朝廷颁布的营建规制，而且还要受到传统风水理论的影响。同时，也受到地形、地势的制约。我国传统的"天人合一"观讲究的就是因地制宜、顺应自然。三峡夔巫地区山高坡陡，不可能有较为宽敞的平坦之地供营建之用。虽然在营建衙署时也遵守朝廷规制和传统，但是受自然环境的制约，建筑密集、狭促，不像北方和中原地区那样规整对称，也不能完全按东、中、西三路排列，而只能根据需要在依山就势的前提下呈不规则平面布置。如归州州署（参见图9,图10）从照壁到三堂、花厅的垂直标高差是相当大的，且东侧建筑布置极不规整，随意性较大。

2）地域文化的影响。

北方与南方、东部与西部包括衙署在内的所有建筑，在风格、结构、装饰上的差异很大。究其成因，既与其所处的地理位置、气候、环境、资源（建筑材料）有关，也与当地的人文历史、风俗习惯、审美情趣有关。从目前收集到的归州、巫山、巴东官署图上分析，由大堂前院进入二堂后院均通过大堂穿行，而北方官署则大多是通过大堂两侧的耳房进入。再如，北方官署一般采用抬梁式结构，而三峡地区则采用砖木结合穿斗式木结构；中原地区的南阳知府大堂、二堂、三堂、大门、仪门、寅恭门以及一些配房、厢房上使用了斗栱或花式斗栱❶，而三峡夔巫地区建筑一般不使用斗栱，而是采用撑弓的方式来加强承接屋面负荷。❷

3）历史演变的结果。

我国封建社会是一个等级制度极其森严的社会。建筑等级制度的出现至迟可以追溯到周代，唐代时已经趋于健全，至清末延续了两千多年。唐《营缮令》中对各级官员房舍建筑规模、装饰等做了规定，尔后又不断加以修订完善。宋虽袭唐制，但颁布了我国历史上第一部建筑术书《营造法式》。有明一代以正统汉民族自居，强调和推行儒家礼制，礼仪典章的制定达到了相对完善的地步。洪武时期完成了包括建筑在内的基本典章制度，为《大明会典》的修纂打下了基础。明代王朝制定出了一套详细、严密，甚至近似于苛刻、严厉的建筑等级制度。历代王朝的建筑规制不但对衙署建筑产生重大的影响，而且还具有强制性，不可僭越。

另外，历代官员的思想对衙署的营建、改造和修缮也产生重大影响。方志中对官署修建记载较少，特别是《夔州府志》《奉节县志》和《巫山县志》关于衙署建筑的营造和修葺仅有一两次记载。《归州志》记载自明以来关于衙署的修建10次，其中明、清各5次，明确记载重修（建）3次，"虽曰续修，无异于始创"❸一次。《巴东县志》对自明以来衙署的修建记载较为详细，共26次，其中有5次为典史主持修建尉廨，其余21次均为知县修衙。康熙朝以后的记载更为详细，修建时间主要集中在康熙、嘉庆、同治三朝的200余年间，其他时间的修建记载较少甚至没有记载，衙署地址搬迁次数也较多。据同治五年（1866年）《归州志》记载，归州州署至少搬迁有8次之多。这些官员的每次修缮有可能将个人的喜好、自己家乡的建筑风格等或多或少地引入衙署建筑的修建之中，这些都影响衙署的建筑风格。另外值得注意的一点是，四川境内的夔州府、奉节县和巫山县衙署均建有牌坊，而归州、巴东衙署没有修建牌坊的记载。

三、文化内涵

衙署是古代官吏处理公务、诉讼判案和生活居家的主要场所，也是显示封建社会统治阶级和统治者权力的标志。即所谓的"治事之所"、"宴息

❶ 参见：姚柯楠.论中国古代衙署建筑的文化内涵[J].古建园林技术，2004（2）：40。

❷ 撑弓不在朝廷规制明文禁止的使用范围之内。

❸ 文献[5].卷九.艺文志.沈云骏.续修州治碑记.

之所"、"吏攒办事之所"。在等级森严的皇权社会里"明非政不治，政非官不举，官非署不立"❶。古代衙署制度经过2000多年的发展，至清代已经体现出制度化、标准化和规范化特征。但是由于我国地域广大，南北、东西文化及风俗存在差异，不同地域的衙署建筑，其平面布置、建筑形态等方面的细微变化，渗透出不同的文化内涵。就三峡夔巫地区衙署而言，其文化特征主要表现在以下五个方面。

1. 儒家礼制的束缚

礼制制度是儒家文化价值取向的体现，儒家思想希望通过礼制建立一个理想的社会秩序。"夫礼者，所以章疑别微，以为民仿者也。故贵贱有等，衣服有别，朝廷有位，则民有所让。"❷"礼"，也包括了建筑之礼，即建筑等级制度。儒家传统礼制历来被统治阶级利用，为政治服务。因此，建筑等级制度实质上也是政治制度之一。

长期以来对人们思想产生重大影响的《周易》和《周礼》是被儒家奉为圣典的"六经"的重要内容。《周易·系辞传》曰："上古穴居而野处，后世圣人易之以宫室，上栋下宇，以待风雨，盖取诸大壮。"❸《周易·象传》曰："雷在天上，大壮，君子非礼弗履。"❹建筑不仅要遵守自身的规律，还要体现"君子非礼弗履"的礼制要求。儒家认为：礼，就是上下、尊卑有别。"礼"的基本观念体现在建筑上就是"上栋下宇"的形象。礼制制度反映在建筑上就是建筑的等级制度。"(大夫)家……不台门，言有称也。"❺荀子曰："为之宫室台榭，使足以避燥湿养德，辨轻重而已，不求其外。"❻要求人们使用与自己身份相适应的建筑。

礼制制度造就了建筑等级制度，成为中国古代建筑体系中的重要组成部分，贯穿整个古代建筑发展与演变的全过程。作为国家基层政权的府、州、县，其衙署的营建必须符合儒家礼制与皇家颁布的建筑等级规制的要求。否则，将受到"律例"的惩处。

2. 宗法伦理的体现

建筑起源于其功用性，即用以御寒暑、避风雨、防侵害。随着私有制和统治阶级的产生，建筑的政治性开始显现。历代皇宫陵寝的设计和营造就充分体现了统治阶级和统治者的权威，是建筑政治性的最集中表现。《钦定大清会典》规定"各省文武官皆设衙署，其制：治事之所为大堂、二堂。外为大门、仪门，大门之外为辕门；宴息之所为内室、为群室，吏攒办事之所为科房，大者规制具备，官小者依次而减，佐贰官复视正印为减。"❼以大堂、二堂、三堂中轴线建筑为主体，以大堂为中心，其他建筑围绕大堂建在两侧。中央大堂、两侧辅助、左文右武、前衙后宅、井井有条、尊卑有别、严谨统一、威严肃穆。这一布局手法，不单是中国传统儒家伦理道德理念、宗教礼教制度和封建官本位思想在建筑上的集中反映，而且还以

❶ 文献 [13]. 创设志. 内乡县治.

❷ 文献 [14]. 卷五十一. 坊记: 1403.

120

匠学薪传——中国营造学社诞辰90周年纪念文集

❸ 文献 [15]: 403.
❹ 文献 [15]: 198.

❺ 文献 [14]: 720.

❻ 文献 [16]: 122.

❼ 文献 [17]. 卷四十五. 工部.

律例的形式固定下来，上升到了法律的层面。更进一步将"溥天之下，莫非王土。率土之滨，莫非王臣"❶的政治伦理观表达得淋漓尽致。就本文讨论的府州县署而言，在平面布置上基本遵守了宗法伦理思想。不但以大堂为中心，其他建筑围绕其间，在清及清中后期还增建了衙神祠、牌坊、乐楼等礼制性、祭祀性建筑，使宗法伦理思想在衙署建筑中得到更加充分的体现。

❶ 文献 [18]. 卷十三 . 谷风之什 . 北山 .

3. 僭越规制的结果

虽然明清两代均袭旧制，制定了严格的衙署建筑等级制度，但在具体执行过程中并非如预期般严格。"乱世"、"礼崩乐坏"之时和远离政治权力中心的边远地区，在一定程度上失去了控制，部分官吏无论出于什么目的，总之有违反衙署建筑规制的事例出现。这就是人们常说的"僭越"。

僭越的直接后果就是造成建筑等级制度逐步松懈。明初制定的建筑等级制度较唐宋更为严格，违制处理也很严厉。但是在具体执行过程中却很难完全贯彻实施，最终导致制度的放宽。明洪武年（1368 年）《大明令·礼令》规定："三至五品，厅堂五间七架。"❷到明洪武二十九年（1396 年）颁行的《稽古定制》将三品至五品厅堂放宽到七间，门仍为三间。六至九品仍为厅堂三间、正门一间。❸对于僭越者，"有官者杖一百，罢职不叙；无官者，笞五十，坐罪家长，工匠并笞五十。"❹虽然规制比唐宋时还要宽松，但仍有僭越现象发生。如夔州"正德府署"谯楼、仪门均为五间（参见图 3），而规制仅限三间。奉节"正德县署"正厅、仪门均为五间（参见图 11），而规制仅限各三间、一间。巫山"崇祯县署"大堂为五间（参见图 16），而规制仅限三间。

乾隆五年（1740 年）颁布的《钦定大清律例》规定："三品至五品：厅房五间七架，……正门三间三架……。六品至九品：厅房三间七架，……正门一间三架……。""房舍、车马、衣服等物，贵贱各有等第。上可以兼下，下不可以僭上。"❺"凡官民房舍、车服、器物之类，各有等第。若违式僭用，有官者，杖一百，罢职不叙；……若僭用违禁龙凤纹者，官民各杖一百，徒三年；官罢职不叙，工匠杖一百。违禁之物并入官。"❻虽有如此之严的违制惩处，但在三峡夔巫地区仍有僭越现象发生。例如，夔州"道光府署"头门、二门均为五间（参见图 4），而规制仅限三间；巫山"同治县署"大门、仪门为三间，二堂为五间；巴东"光绪县署"头门、三堂均为五间（参见图 22）。而规制仅限厅房三间，门一间。这说明由明至清在夔巫地区衙署建筑僭越规制已是普遍现象。

❷ 文献 [19]: 173.

❸ 文献 [19]: 181.

❹ 文献 [20]: 94.

❺ 文献 [12]: 290.

❻ 献 [12]: 288.

4. 官不修衙的影响

官员任职期间回避制度和任期较短是"官不修衙"的主要成因。地方官员异地为官的"回避制度"始于东汉时期，到明代形成了职官制度的重要内容。其主要有籍贯、亲属、听讼三大回避，而籍贯回避是任命地方官员的基本条件之一。明洪武年间制定了南北更调之制，以后官制渐定，除学官外不得官本省，但亦不限南北。清代打破了按行政区划回避的做法，改以五百里为限。即便是在外省做官，与原籍、寄籍在五百里以内者均需回避。一个官员到异地任职短则几个月，多则三五年，离任即走，从心理上容易产生劳神费力大修衙署而离任后让别人享受的想法，因此皆抱有得过且过的思想。以夔州府和奉节县为例，据光绪十七年（1891年）《夔州府志》载，至编纂府志时止，有清一代247年间可查知府68人，没有一人是四川人，平均每人任职期限只有3.6年。据光绪十九年（1893年）《奉节县志》载，至编纂县志时止，有清一代249年间可查知县84人，载有籍贯的82人中没有一人是四川人，平均每人任职期限只有2.9年。另外，花费公款修衙有贪图享受、奢侈浪费之嫌，为保所谓的清廉，不如不修。

5. 地域文化的融合

三峡夔巫地区下达荆襄，上通川康，北连甘陕，南接湘黔。其间崇山峻岭，长江横流，河流密布。独特的地理环境，造就了独特的地域文化和民族习俗。原始古老的巫巴文化、浪漫不屈的楚文化、悠久神秘的西蜀文化、深厚古朴的华夏文化、杂糅并收的土苗文化在这里汇集。加之长江横穿而过，成为明清时全国各地向四川大移民的主要通道，来自各个地方多民族的文化因子相互渗透、融合，形成了具有特色的三峡文化，并对这一地区的建筑产生了重大影响。

追求中和、平易、阴柔、朦胧、浪漫之美是三峡夔巫地区建筑的主要特征。建筑平面布置舒展自然，虽然也有合院式建筑的特征，但不刻意追求绝对对称和围合成完全封闭的四合院落，采用功用第一、随意自由的布局方式。平面上的横向延展、纵横结合，正是三峡文化在思想上与大地相亲、与"地道"相通理念的完全释放。以使用功能为核心，也即以人为核心，使"天、地、人"三大要素在感性与理性中得到了融合。巫山"同治县署"（参见图18）、归州"同治州署"（参见图10）、巴东"光绪县署"（参见图22）等衙署，除治事之所的大堂、二堂外，其余建筑，特别是花园、书房、花厅等辅助休闲性建筑，不讲求对称、工整，依山就势布置，正是三峡地域文化思想在衙署建筑中的具体体现。

四、结语

长江三峡夔巫地区地处巴楚文化交汇区域的深山峡谷之中，长江水道横穿其间，府州县建置历史悠久，地理位置重要，历来为军事关隘和通商要道。虽然其衙署建筑始建时间已无考，但现存方志记载多建于明代造城运动时期，明清两代均有不同程度的重建、迁建和修葺。其建筑在具有中国古代传统署衙共性的同时，又具有其自身的特征，突出表现为在遵循礼制宗法的前提下，平面布局依山就势、随性自然。虽然在一定程度上也追求奢侈、享乐，僭越规制时有发生，但从整体来看，署衙建筑密集、狭促、装饰简陋。建筑式样虽没有北方官式建筑的雄伟壮丽和江南建筑的清雅秀丽，却充分体现了峡江巴楚文化的精髓，使"天、地、人"及感性与理性得到了充分的融合，是中国古代建筑史上别具一格的瑰宝。

参考文献

[1] 光绪十七年（1891 年）《夔州府志》（木刻本）.

[2] 光绪十九年（1893 年）《奉节县志》（木刻本）.

[3] 天一阁藏明正德八年（1513 年）《夔州府志》（木刻本）.

[4] 同治五年（1866 年）《归州志》（木刻本）.

[5] 光绪六年（1880 年）《归州志》（木刻本）.

[6] 光绪十九年（1893 年）《巫山县志》（木刻本）.

[7] 光绪六年（1880 年）《巴东县志》（木刻本）.

[8] 陆游. 丛书集成·入蜀记 [M]. 上海：商务印书馆，1936.

[9] 谢璇. 初探南宋后期以重庆为中心的山地城池防御体系 [J]. 重庆建筑大学学报，2007（2）：31-33.

[10] 亢亮，亢羽. 风水与建筑.[M]. 天津：百花文艺出版社，1999.

[11] 康熙五十四年（1715 年）《巫山县志》（木刻本）.

[12] 张荣铮，等. 大清律例.[M]. 北京：天津古籍出版社，1993.

[13] 明嘉靖《邓州志》（木刻本）.

[14] 李学勤. 十三经注疏·礼记正义：上 [M]. 北京：北京大学出版社，1999.

[15] 黄寿祺，张善文. 周易译注 [M]. 上海：上海古籍出版社，2007.

[16] 梁启雄. 荀子简释 [M]. 北京：中华书局，1983.

[17] 托津. 清嘉庆《钦定大清会典》（木刻本）.

[18] 李学勤. 十三经注疏·毛诗正义：上 [M]. 北京：北京大学出版社，1999.

[19] 刘雨婷. 中国历代建筑典章制度：下册 [M] 上海：同济大学出版社，2010.

[20] 怀效锋. 大明律 [M]. 北京：法律出版社，1998.

[21] 李宗为. 千家诗 神童诗 续神童诗 [M] 上海：上海古籍出版社，1996.

建筑史学史

"建筑史"写作的两种面相

——重思林徽因 20 世纪 30 年代的中国建筑史学论述

宋祎凡

（清华大学人文学院）

摘要：本文在从文学创作层面分析林徽因主体逻辑多重构造的基础上，首先通过对其分别发表于 1932 年与 1935 年的两篇《平郊建筑杂录》进行版本与内容的比较，厘清其在 20 世纪 30年代 "建筑史" 写作中的两种不同面相，即对 "建筑意" 与 "结构理性" 的不同侧重，继而细读由其执笔的《晋汾古建筑预查纪略》，以此发现其对这两者的分配权衡。其次，本文对这两种写作面相的内涵、成因及其间存在的分歧加以具体讨论——个中分歧呈现出林徽因个人丰富的精神世界与单向度的中国建筑史学理论体系之间悖论式的断裂特征，从而不仅未能使其对西方"文明等级论" 话语霸权下的建筑史叙述做出更为彻底的反抗，亦使 "建筑意" 所暗含的书写 "中国建筑史"、构建中国建筑理论体系的内在潜能随之消解。

关键词：林徽因，《平郊建筑杂录》，建筑意，结构理性

Abstract: After analyzing Lin Huiyin's personal writing style, this article compares the 1932 and 1935 versions of her article *Pingjiao jianzhu zalu* (Miscellaneous notes on architecture in suburban Beijing), in which she placed a different emphasis on artistic conception and structural rationalism. However, in *Jin Fen gujianzhu yucha jilüe* (A record of the preliminary investigation of old architecture in the Upper Fen River valley), Lin Huiyin stroke a balance between these two positions. This article explores the connotations of the two positions and the reasons underlying their differences, which will reveal a discrepancy between Lin's spiritual belief system and her often misunderstood conceptual model that seemingly simplifies Chinese architectural history. The past misconception of Lin's thoughts not only weakened her argument to elevate China in the "hierarchy of civilization" to a level equal with the West; it also diminished her effort to highlight the distinctiveness of Chinese architectural history.

Keywords: Lin Huiyin, *Pinjiao jianzhu zalu*, artistic conception of architecture, structural rationalism

作为建筑学者的林徽因，自 1932 年 3 月发表《论中国建筑之几个特征》后，直至 1937 年7 月卢沟桥事变爆发，先后随梁思成与其他中国营造学社（简称 "营造学社"）成员前往除北平以外的河北、山西、浙江、山东、河南、陕西等地开展古建筑考察工作。然而与其在这一时期发表的大量文学作品，以及在北方文坛的种种活跃表现相比，作为 "主要事业" 的建筑研究虽然在林徽因的生活中占据了相当程度的分量，且同其文学创作存在着直接而深刻的内在联系，却显然不及前者耀眼夺目，其中一部分原因或许和建筑研究工作自身的集体性特征以及林徽因

本人时常侧身幕后的实际情况有关。❶ 由此带来的另一个结果，便是在林徽因相对有限的研究成果中，除了独立署名的寥寥几篇文章，余者"实指不出彼此分工区域"。❷ 这就造成了后来的研究者通常无法清晰地将林徽因在建筑学术写作方面的贡献单独择取并加以讨论，或者只是简单指出其"所写的学术报告独具一格"，"像是充满了诗情画意的散文作品"❸，乃至"若干章节、片段，无异于游记或抒情小品，十足的美文"❹；或者与梁思成担任执笔的"典型学院式建筑史论文"混为一谈，一并归为"民族主义知识分子鼓吹性的议论文"。❺ 此外，尽管于 1932 年的《平郊建筑杂录》中首次出现的"建筑意"概念在近些年来愈加受到建筑与文学不同领域学者的重视，但能综合专业的建筑学理论与林徽因特殊的精神构造来展开具体分析的研究并不多见。❻ 有鉴于此，本文将在笔者此前对林徽因主体逻辑的多重构造进行分析的基础上❼，首先尝试从文本层面厘清其在 20 世纪 30 年代"建筑史"写作中的不同面相，进而对其间存在的分歧、内涵及成因加以具体讨论，最终呈现出林徽因个人丰富的精神世界与单向度的中国建筑史学理论体系之间悖论式的断裂特征。

一、版本与内容：两篇《平郊建筑杂录》

顾名思义，《平郊建筑杂录》是对"北平四郊近二三百年间建筑遗物"进行实地考察后不拘一格的多样化集录（Miscellaneous Notes）。按照最初的写作设想，《平郊建筑杂录》似乎要作为一个系列文章陆续刊布❽；然而对志在"将中国建筑的源流变化悉数考察无疑"的梁林夫妇而言❾，研究的脚步显然不能只裹足于"平郊"一带——于是，在 1932 年 12 月发表首篇《平郊建筑杂录》后：

一年来，我们在内地各处跑了些路，反倒和北平生疏了许多，近郊虽近，在我们心里却像远了一些，许多地方竟未再去图影实测。于是一年半前所关怀的平郊胜迹，那许多美丽的塔影，

---

❶ 在梁思成 1933 年考察应县木塔的通信中，曾提及林徽因的先行离去使得继续留下来工作的营造学社成员"大感工作不灵，大家都用愉快的意思回忆和你各处同作的顺畅，悔惜你走得太早"，但同时又由于"家里放下许久实在不放心，事情是绝对没有办法"。借由此条及其他类似的叙述，既得以认识到林徽因在营造学社专业研究工作中的重要性，也能够看出来自家庭的牵绊与责任是如何限制了其在事业上的成就。参见：林徽因. 闲谈关于古代建筑的一点消息（附梁思成君通信四则）[M] // 梁从诫. 林徽因集·建筑 美术. 北京：人民文学出版社，2014：29.

❷ 梁思成. 清式营造则例·序 [M] // 梁思成全集：第六卷. 北京：中国建筑工业出版社，2001：6.

❸ 梁从诫. 建筑家的眼睛 诗人的心灵 [M] // 林徽因. 林徽因诗集. 北京：人民文学出版社，1985：代序 3.

❹ 陈学勇. 莲灯诗梦林徽因 [M]. 北京：人民文学出版社，2017：176.

❺ 夏铸九. 营造学社—梁思成建筑史论述构造之理论分析 [J]. 台湾社会研究季刊，1990，3（1）：15-20.

❻ 王宇的研究将林徽因的"建筑意"思想及其所体现的"场所精神"指向了"女性主义的建筑学理念"，即认为林徽因是"将女性别经验、主体意识带入建筑学这个被充分男性化的现代知识场域中"；但问题在于，林徽因复杂的精神构造显然不能只以"女性主义"的单一视角概而论之。参见：王宇. 讲述林徽因的意义：妇女与中国现代性个案研究 [J]. 学术月刊，2015，47（6）：127-130.

❼ 在此前有关林徽因的研究中，笔者通过细读其在 20 世纪 30 年代前后留下的文学作品及书信，发现其主体人格与精神世界始终存在着难以克服的"两难困境"以及"他者性"、"流动性"、"中间性"等矛盾复杂的多重构造。种种持续的悖论与纠结的思绪，造就了林徽因自身独特的主体性逻辑，而这些逻辑又会对其在同一时期进行的建筑史研究及写作产生怎样具体的影响，以及呈现何种不同的表现，正是本文接下来所要展开讨论的。

❽ 在原文第三节后的末尾，曾标注有"（未完）"，因而可以推断在此之后曾有计划发表更多内容。参见：梁思成，林徽因. 平郊建筑杂录 [J]. 中国营造学社汇刊，1932，3（4）：98-110.

❾ 林徽因. 论中国建筑之几个特征 [M] // 梁从诫. 林徽因集·建筑 美术. 北京：人民文学出版社，2014：14.

128 匠学薪传——中国营造学社诞辰90周年纪念文集

城角，小楼，残碣全都淡淡的，委曲的在角落里初稿中尽睡着下去。❶

不难看出，这段文字晓畅细腻、形象生动，与此前的《平郊建筑杂录》存在一脉相承之处——包含上述文字的《由天宁寺谈到建筑年代之鉴别问题》（以下简称《鉴别问题》），不久之后又"略加删改"，作为《平郊建筑杂录》的第四部分转载在《中国营造学社汇刊》第五卷第四期。❷这样一来，就内容和版本而言，能够分别看到两篇《平郊建筑杂录》与两个版本的《由天宁寺谈到建筑年代之鉴别问题》——前两者主题相同，后两者内容相近，极易让后世的编纂者与研究者忽略其中的重要差别。❸

《鉴别问题》一文所涉及的"北平广安门外天宁寺塔的研究"，原计划列入《杂录》的后续文章中进行介绍，但由于梁思成和林徽因在1932年以后的考察重点已由北平及其近郊扩展至河北、山西等广大华北地区，便一直以未经详细勘测的初稿状态沉睡于角落之中。而最终推动这篇文章问世的，则是《大公报》上一篇题为《天宁寺写生记》的文章❹，仅"据一般人的传说及康熙乾隆的碑记"，便武断地将之确认为"隋朝古塔"与"唐人作风"——这就让向来性直口快、苛刻较真的林徽因大感不爽、如受针刺，重现此前面对话剧《软体动物》布景问题所产生的激烈反应❺，"心里起了类似良心上责任问题"，"决意不待细测全塔，先将对天宁寺简略的考证及鉴定，提早写出"。就此看来，《鉴别问题》的写作有其特定的辩论性需要，故在提供"对于鉴别建筑年代方法程序的意见"之余，夹带不少略显偏激的情绪性话语，从而同严正的学院式写作与雅致的散文式写作皆有相悖之处。待到数月后重新作为《杂录》的续篇转载于《中国营造学社汇刊》，对原文所进行的"略加删改"便多数体现为对此前一些失之偏颇的言论予以修正：如在文章的开篇部分删去了针对《天宁寺写生记》的直接批评，在文献考证的结论部分将"塔的真实历史在文献上实无可考"修改为"……在文献上可以说并无把握"，在分析塔的雕刻部分将"若在天宁寺塔上看出犍陀罗作风来岂不是'白昼见鬼'了？"修改为"而天宁寺塔上更是绝没有犍陀罗风味的"，在文章的结尾部分删去了"在民国二十四年以后一个老百姓美术家说句话都得负得起责任的"后面一句"除非我们根本放弃做现代国家的国民的权利"……❻这些细节表述上的删改虽然不至于对文章内容的整体面貌产生影响，却也能够为作者本人"喜好和人辩论"❼即主体构成的"他者性"之确认特征带来进一步的印证，因此其文本上的具体差别并不应该被轻易忽视。

❶ 林徽因，梁思成．由天宁寺谈到建筑年代之鉴别问题[N].大公报·艺术周刊，1935-03-23（11）．

❷ 林徽因，梁思成．平郊建筑杂录（续三卷四期）[J].中国营造学社汇刊，1935，5（4）：137-151．

❸ 在清华大学建筑学院编纂的《梁思成全集》中，直接将《中国营造学社汇刊》版的《由天宁寺谈到建筑年代之鉴别问题》即《平郊建筑杂录（续三卷四期）》接续在首篇《平郊建筑杂录》之后；在梁从诫编纂的《林徽因文集》与《林徽因集》中，仅将《平郊建筑杂录（续三卷四期）》的开篇部分单独列出。为方便叙述，本文接下来将1932年的《平郊建筑杂录》简称《杂录》，将《由天宁寺谈到建筑年代之鉴别问题》简称《鉴别问题》，将以此为底本删改转载的《平郊建筑杂录（续三卷四期）》简称《杂录·续》。

❹ 刘凌沧．天宁寺写生记——隋朝古塔至今巍然矗立 浮雕精妙绝为唐人作风[N].大公报·本市附刊，1935-03-11（15）．

❺ 1931年8月，针对"北平小剧院"排演的讽刺喜剧《软体动物》所存在的舞台设计问题，林徽因先后撰写《讨论〈软体动物〉设计和幕后困难问题》以及《希望不因〈软体动物〉的公演引出硬体的笔墨官司》两篇文章，直言不讳地做出批评与回应。参见：赵国忠．因《软体动物》公演而引发的笔战——兼谈新发现的一篇林徽因集外文[J].博览群书，2010（6）：44-49。

❻ 本段文字皆引自《由天宁寺谈到建筑年代之鉴别问题》与《平郊建筑杂录（续三卷四期）》两篇文章。另外值得一提的是，在《由天宁寺谈到建筑年代之鉴别问题》一文发表后，《天宁寺写生记》的作者刘凌沧又在《大公报·本市附刊》版面发表《再谈天宁寺》一文进行具体回应，内中特别对梁、林二人在行文上的"任情讽刺"提出不满，认为这"未免有失学者态度"，由此或许也在一定程度上促成了他们对《杂录·续》的删改修订。详见：刘凌沧．再谈天宁寺——读《由天宁寺谈到建筑年代之鉴别问题》后答林徽因梁思成两君[N].大公报·本市附刊，1935-03-29（15）。

❼ 渭西（李健吾）．林徽因[M]//柯灵．作家笔会．上海：春秋杂志社，1945：31．

「建筑史」写作的两种面相——重思林徽因20世纪30年代的中国建筑史学论述

相较于《鉴别问题》与《杂录·续》的版本之别，相距二年有余的两篇《平郊建筑杂录》在写作面相上的显著变化则包含着更加重要的意义——尽管两者在行文特色与思想志趣上呈现出某些一以贯之的表征，即"以带有深情之语句，肯定的口气，鼓舞读者之感情"❶，间或夹杂一些"奔放的文学语言，乃至嬉笑怒骂的杂文笔法"❷，从而传递出对本民族艺术传统与建筑遗存所怀有的深厚文化情结与忧患意识；但为《杂录》的开篇所提出并在前三节体现为核心特质的"建筑意"审美体验式书写，到了作为第四节的"鉴别问题"中则近于消散，转为"以实物比较方法，用科学考据态度"规范化、系统性论证天宁寺塔建造年代的"学院式建筑史论文"。❸直至文章末尾，作者才提到"要向天宁寺塔赔罪"：

> 因为辩证它的建造年代，我们竟不及提到塔之现状，其美丽处，如其隆重的权衡，淳和的色斑，及其他细部上许多意外的美点，不过无论如何天宁寺塔也绝不会因其建造时代之被证实，而减损其本身任何的价值的。❹

从文本上看，《杂录》的前三部分，即"卧佛寺的平面"、"法海寺门与原先的居庸关"、"杏子口的三个石佛龛"虽然也有对建筑本身的专业考察与知识介绍，但却始终"意在言先"，以"诗人的心灵"引领"建筑家的眼睛"，"以人本精神烛照工程技术"❺，以传统人文思想统摄现代科学态度，通过观察视线与主体意识的双重流动为读者带来"历史和人情的凝聚"❻、知性收获与审美体验的综合——对此不妨称之为"智识性建筑抒情散文"；而作为《杂录·续》的《鉴别问题》一文，为了达成"断定天宁寺塔绝对不是隋宏业寺的原塔"这一明确目的，展现"对于鉴别建筑年代方法程序"的科学意见❼，就必须做到"物先于情"，使主观的审美体验让位于客观的具体论证，令"建筑家的眼睛"闪现出学院派知识分子的专业主义精神，通过对"文献材料及实物作风两方面"进行考证与调查的"二重证据法"，"向着塔的本身要证据"❽，最终呈现为"以建筑物的物质性的实物存在为描述重点"的"典型学院式建筑史论文"。❾这样两种"同源异流"的"建筑史"写作面相，分别显示出两种不同形式的民族主义情怀与两种不同视域的"建筑家的眼睛"，又分别代表着中国传统建筑艺术"人为万物之灵的人本意识"与"明晰的理性精神"❿，以及林徽因"诚实"创作观下"涵养人之神思"的"不用之用"与同"人类普遍观念之一致"的"观念之诚"。⓫

❶ 夏铸九. 营造学社—梁思成建筑史论述构造之理论分析 [J]. 台湾社会研究季刊, 1990, 3 (1): 16.
❷ 梁从诫. 倏忽人间四月天——回忆我的母亲林徽因 [M] // 刘小沁. 窗子内外忆徽因. 北京: 人民文学出版社, 2001: 91.
❸ 夏铸九. 营造学社—梁思成建筑史论述构造之理论分析 [J]. 台湾社会研究季刊, 1990, 3 (1): 18.
❹ 林徽因, 梁思成. 由天宁寺谈到建筑年代之鉴别问题 [N]. 大公报·艺术周刊, 1935-03-23 (11).
❺ 陈学勇. 莲灯诗梦林徽因 [M]. 北京: 人民文学出版社, 2017: 135.
❻ 梁从诫. 倏忽人间四月天——回忆我的母亲林徽因 [M] // 刘小沁. 窗子内外忆徽因. 北京: 人民文学出版社, 2001: 91.
❼ 林徽因, 梁思成. 由天宁寺谈到建筑年代之鉴别问题 [N]. 大公报·艺术周刊, 1935-03-23 (11).
❽ 同上.
❾ 夏铸九. 营造学社—梁思成建筑史论述构造之理论分析 [J]. 台湾社会研究季刊, 1990, 3 (1): 18-19.
❿ 张京辑录. 林徽因 1931 年在协和小礼堂的演讲 [J]. 出版参考, 2004 (23): 4.
⓫ "不用之用"与"观念之诚"原为鲁迅在《摩罗诗力说》一文中提到的两种相悖而对立的文章观念，以此来突出拜伦等"摩罗诗人""超脱古范，直抒所信"的写作姿态，以及"立意在反抗"的精神形象；但在林徽因的认识里，既存在着反对当时的"普罗文学"意识形态先行的"不用之用"，又存在着强调情感和人性之普遍意义的"观念之诚"，其主体思维的"中间性"分裂及由此带来的反抗性弱化可见一斑。参见: 鲁迅. 摩罗诗力说 [M] // 鲁迅. 鲁迅全集: 第一卷. 北京: 人民文学出版社, 2005: 73-75。

二、神思与理性:"建筑史"写作的偏离与坚守

在林徽因 20 世纪 30 年代的"建筑史"写作中,还包含着上述两种面相的综合性呈现,便是与文艺性作品《山西通信》《窗子以外》诞生于同一次"晋汾之游"的《晋汾古建筑预查纪略》。❶ 就整体风格而言,这篇文章承续了当时营造学社—梁思成古代建筑调查报告的主要特点,即"结合了当时白话文与古文的双重影响",通过"夹议夹叙的写作"、"偏重文章形式及具体元素,以达成文气上的效果"❷;亦即兼具梁启超"平易畅达……条理明晰,笔锋常带情感"的"新文体"文风❸,与桐城派"义理、考据、词章,三者不可偏废"的古文主张。❹ 但从具体内容上看,这篇报告又体现着鲜明的"建筑考察游记"风味与在林徽因文学创作中常见的"流动性"特质,散文化笔法强烈且不时流出颇富"建筑意"审美体验的"神来之笔"——这在记述汾阳市小相村的灵岩寺一节中得到了淋漓的展露:

> 灵岩寺在山坡上,远在村后,一塔秀挺,楼阁巍然,殿瓦琉璃,辉映闪烁夕阳中,望去易知为明清物,但景物婉丽可人,不容过路人弃置不睬。

> 进门只见瓦烁土丘,满目荒凉,中间天王殿遗址,隆起如冢,气象皇堂。道中所见砖塔及重楼,尚落后甚远,更进又一土丘,当为原来前殿——中间露天趺坐两铁佛,中挟一无像大莲座;斜阳一瞥,奇趣动人,行人倦旅,至此几顿生妙悟,进入新境。再后当为正殿址,背景里楼塔愈迫近,更有铁佛三尊,趺坐静如前,东首一尊且低头前伛,现悯恻垂注之情。此时远山晚晴,天空如宇,两址反不殿而殿,严肃丽都,不藉梁栋丹青,朝拜者亦更沉默虔敬,不由自主了。

> 砖塔之后,有砖砌小城,由旁面小门入方城内,别有天地,楼阁廊舍,尚极完整,但阒无人声,院内荒芜,野草丛生,幽静如梦;与"城"以外的堂皇残址,露坐铁佛,风味迥殊。

> ……夕阳落寞,淡影随人转移,处处是诗情画趣,一时记忆几不及于建筑结构形状。❺

上述文字在写作上"采长短句,重音节"且"喜用四字短句,对仗工整",因而极具"骈古文风"的古雅悠长韵味❻;但其浑厚魅力的根本所在,则源于作者利用一种近乎"抽象的抒情"之方式,"从纷然断裂的对象中,'抽'其'象','抒'其'情'"❼,面对满目荒凉的"一片瓦砾之场"所升腾出的"成美术与历史地理之和"、"一种特殊的性灵的融会,神志的感触"❽——"当物质性的'物'与情感性质的'情'产生互动,文学的创造力于焉爆发"❾,所

❶ 林徽因,梁思成.晋汾古建筑预查纪略 [J].中国营造学社汇刊,1935,5(3):12–67.笔者按:这次"晋汾之游"发生于 1934 年夏天,是梁林夫妇接受费氏夫妇的邀请所进行的一次消夏式的"联合考察".费慰梅在她的著作中曾有对此行的具体介绍,并指出"徽因是《汇刊》关于这次野外考察的报告的起草者".详见:(美)费慰梅.梁思成与林徽因——一对探索中国建筑史的伴侣 [M].曲莹璞,关超,等,译.北京:中国文联出版社,1997:88–101.

❷ 夏铸九.营造学社—梁思成建筑史论述构造之理论分析 [J].台湾社会研究季刊,1990,3(1):17–18.

❸ 梁启超.清代学术概论 [M].上海:上海古籍出版社,1998:85–86.

❹ 曾国藩.欧阳生文集序 [M]//曾国藩.曾国藩诗文集.王沣华,校点.上海:上海古籍出版社,2013:286.

❺ 林徽因,梁思成.晋汾古建筑预查纪略 [M]//梁从诫.林徽因集·建筑 美术.北京:人民文学出版社,2014:137–138.

❻ 夏铸九.营造学社—梁思成建筑史论述构造之理论分析 [J].台湾社会研究季刊,1990,3(1):18.

❼ (美)王德威."抒情传统"之发明 [M]//王德威.史诗时代的抒情声音:二十世纪中期的中国知识分子与艺术家.北京:生活·读书·新知三联书店,2019:46.

❽ 梁思成,林徽因.平郊建筑杂录 [M]//梁从诫.林徽因集·建筑 美术.北京:人民文学出版社,2014:15.

❾ (美)王德威."抒情传统"之发明 [M]//王德威.史诗时代的抒情声音:二十世纪中期的中国知识分子与艺术家.北京:生活·读书·新知三联书店,2019:48.

谓建筑遗址的"不殿而殿",正如文章的"不用之用",无不发散出强烈的"神思"色彩:

> 古人云:"形在江海之上,心存魏阙之下。"神思之谓也。文之思也,其神远矣。故寂然凝虑,思接千载;悄焉动容,视通万里;吟咏之间,吐纳珠玉之声;眉睫之前,卷舒风云之色;其思理之致乎!故思理为妙,神与物游。神居胸臆,而志气统其关键;物沿耳目,而辞令管其枢机。……❶

当作者的"神思"不断游移扩展,最终便会不可避免地由狭义上的"建筑意"回归于广义上的"诗情画意","一时记忆几不及于建筑结构形状",此时文章本身也早已脱出"建筑调查报告"的范畴而转入"建筑考察游记"的形制了。

总览《晋汾古建筑预查纪略》全文,林徽因这种重于主观体悟、耽于神与物游的流动意识,仅当面对建筑遗存本身不具有太高的历史价值、在构造特征上乏善可陈时才会获得着重显现(如灵岩寺)。❷ 而在面对历史较久、保存完好、结构上存在特殊之处的建筑实物时,文章就又会回归严谨理性的专业考察报告。例如,在对赵城县广胜寺上下两院及明应王殿的长篇记录中,不再为"建筑意"的精神展开乃至"诗情画意"的浮想联翩提供大量笔墨,基本限于"历史考证、结构分析与制度鉴别"这几种规范类型的客观书写❸,并获得"明应王殿的壁画,和上下寺的梁架"这些美术史和建筑史上"绝端重要的史料"发现。❹ 从这两种写作面相的具体分配上,能够清楚看出其应用情境与角色权衡的孰轻孰重——就营造学社—梁思成古代建筑调查报告的一般要求而言,诸如灵岩寺这种"仅存山门券洞"、"望去易知为明清物",因而对于构建"中国建筑史"的意义近乎于无的案例,本无过多展开的可能,而林徽因却能由此升华出"不殿而殿"的大段精彩叙述,这既是其为"中国建筑史"的书写所带来的特殊贡献,亦是对以结构理性主义原则为主导的建筑史写作范式的偏离;但在文学创作中一向重视情感体验甚于客观经验的林徽因❺,当进入作为"建筑学者"的主要事业后,又始终能够从根本上回归与坚守结构理性框架下的建筑评判标准,将"建筑意"式的审美体验与神思妙想收敛至旁枝末节之中,从而凸显出中国建筑的"结构之美与现代意义"。❻

通过由"建筑意"到"结构理性"的转变与权衡,可以看到林徽因在建筑学的写作中表现出同自己的文学创作截然相反的偏重和取向。如何理解这两种"建筑史"写作面相的不同意义,又如何认识林徽因对这两者的分配权衡,不仅可以促成我们进一步发现"文学—建筑"在林徽因主体构造下"互生与分裂"的双重悖论式意义,也能够在此种意义上揭示出"中国建筑史"在20世纪30年代构建之初所存在的"忽视中国建筑的多样性以及社会历史因素的复杂性"局限。❼

❶ 刘勰. 文心雕龙·神思 [M]. 王志彬, 译注. 北京: 中华书局, 2012: 320.

❷ 除此之外, 林徽因也会对某些"滑稽绝伦的建筑独例"报以辛辣直接的嘲讽, 如霍县的县政府大堂。

❸ 夏铸九. 营造学社—梁思成建筑史论述构造之理论分析 [J]. 台湾社会研究季刊, 1990, 3 (1): 18.

❹ 林徽因, 梁思成. 晋汾古建筑预查纪略 [M] // 梁从诫. 林徽因集·建筑 美术. 北京: 人民文学出版社, 2014: 154.

❺ 在林徽因看来, "一个生活丰富者不在客观的见过若干事物, 而在能主观的激发很复杂, 很不同的情感, 和能够同情于人性的许多方面的人。"参见: 林徽因.《文艺丛刊小说选》题记 [M] // 梁从诫. 林徽因集·诗歌 散文. 北京: 人民文学出版社, 2014: 143.

❻ 赖德霖. 中国近代思想史与建筑史学史 [M]. 北京: 中国建筑工业出版社, 2016: 19.

❼ 赖德霖. 中国近代思想史与建筑史学史 [M]. 北京: 中国建筑工业出版社, 2016: 42.

三、"建筑意"：从"精神的现象学"迈向"建筑的现象学"

面对中国营造学社致力于对中国古代建筑"依科学之眼光,做有系统之研究"❶的一众人物,建筑学者赖德霖将位列其中的林徽因形容为搭建"中国建筑史这座学术殿堂"的"彩绘师",但却将其所"点染的彩画"仅仅限定为"结构之美与现代意义",而忽略了"建筑意"这一主观审美方面的贡献。❷囿于营造学社—梁思成植根"结构理性主义"的建筑学术主张,近年来建筑学者对"建筑意"问题的关注明显不及现代文学研究者,遑论将之与"结构理性"加以联系探讨;而后者又囿于学科局限,鲜有将这一命题还原至专业的建筑学语境下进行综合分析——这就导致"建筑意"概念持续以一种"模棱两可"的混沌形象呈现,无法厘清文学与建筑在其中究竟扮演着怎样的角色。接下来,笔者将从这两种学科体系出发,分别梳理这一概念的具体内涵,进而发掘其内在的共同指向。

1. 艺术·个性·灵感

"'抽象的抒情'的运作,需要某种特殊的艺术鉴赏力。……唯有抒情主体能游走重重历史缝隙之中,唤起不同时空的知音与之共鸣。"❸林徽因之所以能够在对建筑的考察过程中产生"建筑意"的审美主张,很大程度上源于其自身能够创造出"意"的思想源泉——艺术史学者李军就曾注意到,"她的心智模式是现象学式的,强调主体先天的框架结构在见证世界与世界之真时具有构成作用"。❹这可以从以下几个方面获得证实:首先,林徽因对中国语言与艺术的理解具有显著的现象学特点,在她看来,"我们特殊的语言实际上由三部分组成:修辞,诗,只有一部分才是直接的了当的言语!"而艺术则是同诗、语言等"文学和文化传统"多位一体的"情感和审美情趣"——"正是这种内涵丰富的'语言——诗——艺术的综合'造就了我们",❺由此也造就了其在面对具体的建筑语言时能够延展出诗与艺术的修辞性意蕴。其次,由于林徽因的文学创作充溢着大量"个人的生命体验"与"对生命本体的思考",❻其"对'人'的理解比一般人更深入精神层面",以致"一向重视'人'和建筑物的关系","总是认真细致地考虑各种建筑物中人的方便和审美需求"❼,这种"人本主义"与"个性主义"的现象学思维一方面体现在她的建筑设计以及对民居住宅的关注之中❽,另一方面也就体现为擅长对建筑加以主观审美式的体验。❾

❶ 朱启钤. 中国营造学社缘起 [J]. 中国营造学社汇刊, 1930, 1 (1): 1.

❷ 赖德霖. 中国近代思想史与建筑史学史 [M]. 北京:中国建筑工业出版社, 2016: 19.

❸ （美）王德威. "抒情传统"之发明 [M] // 王德威. 史诗时代的抒情声音:二十世纪中期的中国知识分子与艺术家. 北京:生活·读书·新知三联书店, 2019: 45.

❹ 李军. 古典主义、结构理性主义与诗性的逻辑——林徽因、梁思成早期建筑设计与思想的再检讨 [M] // 王贵祥, 贺从容. 中国建筑史论汇刊. 北京:中国建筑工业出版社, 2012: 416.

❺ 林徽因. 致费慰梅、费正清（1948 年 11 月 8 日至 12 月 8 日）[M] // 梁从诫. 林徽因集·小说 戏剧 翻译 书信. 北京:人民文学出版社, 2014: 256.

❻ 李蓉. 林徽因诗歌哲学意蕴解读 [J]. 福建论坛（人文社会科学版）, 2004 (6): 84–87.

❼ 梁再冰. 我的妈妈林徽因 [M] // 清华大学建筑学院. 建筑师林徽因. 北京:清华大学出版社, 2004: 70.

❽ 赵辰. 中国建筑学术的先行者林徽因 [M] // 赵辰. "立面"的误会:建筑·理论·历史. 北京:生活·读书·新知三联书店, 2007: 58–68。

❾ 除了在建筑的调查报告中体现"建筑意"以外,林徽因在她的文学创作中也倾注了大量的建筑意象,这一点已被不少现代文学研究者所注意, 如:汤赟赟. 文学的"建造"——试论林徽因的文学创作 [J]. 湛江师范学院学报, 2009 (2): 82–85。

❶ 梁思成，林徽因．平郊建筑杂录 [M] // 梁从诫．林徽因集·建筑 美术．北京：人民文学出版社，2014：15-16.

❷ 参见：林徽因．究竟怎么一回事 [M] // 梁从诫．林徽因集·诗歌 散文．北京：人民文学出版社，2014：144-147.

❸ 吴良镛．发扬光大中国营造学社所开创的中国建筑研究事业 [J]．建筑学报，1990（12）：22.

❹ 吴良镛．梁思成全集·前言 [M] // 梁思成．梁思成全集：第一卷．北京：中国建筑工业出版社，2001：前言 19.

❺ （挪）诺伯舒兹．场所精神．迈向建筑现象学 [M]．施植明，译．武汉：华中科技大学出版社，2010：3，208.

❻ （挪）诺伯舒兹．场所精神．迈向建筑现象学 [M]．施植明，译．武汉：华中科技大学出版社，2010：3.

❼ 胡映东．场所精神的回归 [J]．山西建筑，2007，33（18）：26-27.

❽ 侯幼彬．建筑意象与建筑意境——对梁思成、林徽因先生"建筑意"概念的阐释 [M] // 高亦兰．梁思成学术思想研究论文集．北京：中国建筑工业出版社，1996：106-110.

最后，作为构成"意"的核心要素，无论是"性灵的融会，神志的感触"还是"那时锐感"❶，无不反映出林徽因主体意识的"流动性"特征，即在"灵感的来临"之际"抓紧一种一时闪动的力量"——这种"'工'之绝无能为"与"不以文而妙"的现象学模式❷，无疑同"神与物游""不殿而殿"的"建筑意"生成机制高度契合。

2. 场所精神与建筑意蕴

如果说以林徽因自身具有普遍性特征的"现象学"心智模式来理解"建筑意"的概念尚且无法完全覆盖其中的"建筑学"命题，那么建筑学者对此概念的专业化解读显然具有不可忽视的意义。吴良镛先生早在1990年讨论中国建筑研究"第一代的先驱者"所做出的开创性贡献时，就已意识到"建筑意"背后所潜藏的专业理论价值，即"可以看作是几十年后诺伯·舒尔兹提出的'场所精神'的滥觞"❸；在2001年为《梁思成全集》撰写的"前言"中，吴良镛先生又提出了处于"建筑意"与"场所精神"之间的"场所意境"这一过渡概念❹，由此进一步提示我们可以将建筑学中的"场所"（place）概念作为理解"建筑意"的入口。挪威建筑学家诺伯格－舒尔茨（Christian Norberg–Schulz，又译"诺伯舒兹"）的"场所精神"（genius loci）理论诞生于20世纪70年代，与林徽因"建筑意"彰显的"前现代"审美意识不同，"场所精神"针对的是在现代主义大行其道之后"建筑失去了本身所应具有的'意义'而沦为'效用'、抽象的层次"问题，因而"企图以现象学'回归物本身'的方法探索复杂'意义'之间的关系"，亦即"探究建筑精神上的含义而非实用上的层面"，"重返一个以定性的、现象的认识"为根本的"存在的向度"❺。舒尔茨的这一主张在思想上受到了海德格尔哲学中"定居"（dwelling）概念的启发，认为"人要定居下来，他必须在环境中能辨认方向（orientation）并与环境认同（identification）……必须能体验环境是充满意义的"——于是，"生活发生的空间是场所"，"建筑意味着场所精神的形象化"，以"赋予人一个'存在的立足点'"、实现人的"定居"❻。通过以上介绍能够看出，"场所精神"所包含的"建筑现象学"意涵，同在林徽因现象学的心智模式下诞生的"建筑意"观点，无不"与人们的存在及其意义紧密地联系在一起"，意图将"抽象的物化空间转化为有情感的人化空间"❼，以主体创造意义并使之再服务于主体。

在吴良镛先生将"建筑意"与作为西方后现代建筑学理论的"场所精神"进行联系之后，侯幼彬教授又"参考文艺领域的研究文献，结合建筑的审美特点"，将"建筑意"分解为"建筑意象"与"建筑意境"两个基本概念加以阐释❽其中前者所包含的"主体性"与"多义性"，以及后者所体现的"朦胧性、宽泛性、不确定性"和"必须透过'以实生虚'，具备'象外之象'、'景外之景'"等意蕴特征，再次印证了林徽因从主体精神到建筑思想上高度统一的现象学特质：

建筑师的意境构思，就是要把作品创造成优化的"召唤结构"，提供诱发力很强的"意义空白"，激发人们在鉴赏中像探索谜底一样地发挥创造性的艺术想象，从中获得最高的审美感受和深层感悟。❶

"一切建筑意象都必然渗透着主体这样那样的审美情趣"❷，在提供"意义空白"、创造"召唤结构"的目标下，对建筑的主观审美将不必受到客观价值的支配——正如林徽因在《鉴别问题》的末尾所讲，天宁寺塔的美丽之处"绝不会因其建造时代之被证实，而减损其本身任何的价值"。❸这样一来，"建筑意"思想在无意间已同近半个世纪以后的"场所精神"理论一道，分别从"前现代"与"后现代"的"现象学"角度产生了对现代主义的结构理性原则瓦解的效果。

四、"结构理性"：史学话语构造的主体性逻辑

尽管后世学者对林徽因提出的"建筑意"概念"未有进一步的后续研究"而感到可惜❹，但殊不知这正是其主动做出选择后的结果——这种选择甚至是以背弃自身原有的主体性逻辑为代价的。当身处中国古代建筑的研究事业，本来重视情感体验丰富性的林徽因不仅抑制了富含主体意识"流动性"的"建筑意"审美体验，同时还回避了在其精神世界中始终存在的"两难困境"与主体思维的"中间性"分裂特质：从她执笔的论辩色彩强烈的建筑学论文与考察报告中，表现出对中国建筑合乎结构原则的坚定信念与线性历史发展主义的艺术进化论思想。

譬如在《云冈石窟中所表现的北魏建筑》一文中，林徽因与营造学社同仁面对石窟雕刻中表现甚多的种种"非中国"元素，依然从"洞中石刻上所表现的北魏建筑物及建筑部分"中提炼出"大部分为中国固有的方式""且使外来物同化于中国"的实例，同时论证这些实例"确是明显表示其应用架构原则的"——"所以可以证明，在结构根本原则及形式上，中国建筑二千年来保持其独立性，不曾被外来影响所动摇。所谓受印度希腊影响者，实仅限于装饰雕刻两方面的。"❺试想，若非预先秉持坚定的中国文化独立性与结构理性主义信念，仍像面对"窗子内外"的两个世界一样徘徊于中国与非中国、结构与装饰的两难困境之下，林徽因又如何能够做出上述决绝的结论？又如在对中国建筑发展演变过程的探究中，林徽因借鉴了18世纪德国艺术史家约翰·约阿希姆·温克尔曼（Johann Joachim Winckelmann）的艺术史分期和变化理论❻，认为"大凡一派美术都分有创造，试验，成熟，抄袭，繁衍，堕落诸期，建筑也是一样。……堕落之后，

❶ 侯幼彬.建筑意象与建筑意境——对梁思成、林徽因先生"建筑意"概念的阐释 [M] // 高亦兰.梁思成学术思想研究论文集.北京：中国建筑工业出版社，1996：109.

❷ 侯幼彬.建筑意象与建筑意境——对梁思成、林徽因先生"建筑意"概念的阐释 [M] // 高亦兰.梁思成学术思想研究论文集.北京：中国建筑工业出版社，1996：107.

❸ 林徽因，梁思成.由天宁寺谈到建筑年代之鉴别问题 [N].大公报·艺术周刊，1935-03-23（11）.

❹ 吴良镛.梁思成全集·前言 [M] // 梁思成全集：第一卷.北京：中国建筑工业出版社，2001：前言19.

❺ 梁思成，林徽因，刘敦桢.云冈石窟中所表现的北魏建筑 [J].中国营造学社汇刊，1934，4（3/4）：171-217.笔者按：在该期《中国营造学社汇刊》的中文目录页中，林徽因被列为此文的第一作者.

❻（德）温克尔曼.论希腊人的艺术 [M] // 温克尔曼.论古代艺术.邵大箴，译.北京：中国人民大学出版社，1989：200-228.温克尔曼将希腊艺术从发展到衰落划分为起源、发展、变化、衰亡四个阶段和旧式、宏大、美丽、模仿者四种风格，建筑学者赵辰、赖德霖、朱涛在各自的文章中都曾注意到林徽因对温克尔曼艺术史观点的借鉴.参见：赵辰."立面"的误会：建筑·理论·历史 [M].北京：生活·读书·新知三联书店，2007：51-52；赖德霖.中国近代思想史与建筑史学史 [M].北京：中国建筑工业出版社，2016：55；朱涛.梁思成与他的时代 [M].桂林：广西师范大学出版社，2014：6，25.

❶ 林徽因. 论中国建筑之几个特征 [M] // 梁从诫. 林徽因集·建筑 美术. 北京: 人民文学出版社, 2014: 5. 另外在梁启超的《清代学术概论》中, 也曾参照佛家"生、住、异、灭"的四相流转说将"时代思潮"划分为"启蒙、全盛、蜕分、衰落"四期; 衰落之后, "于是入于第二思潮之启蒙期"——这种发展循环的分期观念很难不对梁思成、林徽因的中国建筑史研究产生影响. 参见: 梁启超. 清代学术概论 [M]. 上海: 上海古籍出版社, 1998: 1–3.

❷ 林徽因.《清式营造则例》·第一章 绪论 [M] // 梁从诫. 林徽因集·建筑 美术. 北京: 人民文学出版社, 2014: 91.

❸ 李蓉. 林徽因诗歌哲学意蕴解读 [J]. 福建论坛（人文社会科学版）, 2004（6）: 87.

❹ 赖德霖. 中国近代思想史与建筑史学史 [M]. 北京: 中国建筑工业出版社, 2016: 48.

❺ 林徽因. 致胡适（1932年1月1日）[M] // 梁从诫. 林徽因集·小说 戏剧 翻译 书信. 北京: 人民文学出版社, 2014: 151.

❻ 林徽因. 论中国建筑之几个特征 [M] // 梁从诫. 林徽因集·建筑 美术. 北京: 人民文学出版社, 2014: 3, 14.

❼ 费冬梅. 林徽因"太太客厅"考论 [J]. 社会科学论坛, 2015（9）: 91.

❽ 林徽因. 唐缶小瓮 [N]. 大公报廿五年国庆特刊, 1936–10–10（63）. 另可参见: 耿璐, 杨新宇. 中国现代女诗人三题——林徽因、宋清如、霍薇 [J]. 现代中文学刊, 2014（1）: 67–68.

继起的新样便是第二潮流的革命元勋。"❶ 在此基础上, 经过对建筑遗物与营造术书在结构理性框架下的初步考察与解析, 林徽因又得出以唐至宋初这一时期作为中国建筑"生气勃勃, 一日千里"的成熟期, 此后则逐渐"趋向退化"的观点。❷ 以上这种线性进化、发展循环的目的论历史观, 同她在诗歌中所表达的"不息的变幻"的时空流动意识（《"谁爱这不息的变幻"》）与"前面没有终点, 历史是片累赘"的中间性分裂意识（《前后》）等"主观主义的史学观"❸ 不可不谓南辕北辙、割席分坐——"时间的距离"与"山河的年岁"（《无题》）在建筑史的论述体系里再不复难以化解的惆怅与羁绊, 而被悉数妥帖地安排进历史目的论的观念框架之中。

理解林徽因何以在建筑研究中割舍了自身心性品格与精神世界的多重构造, 除了需要放在现代中国文化思想的历史脉络中进行深入考察, 回归其主体逻辑的悖论式特质亦是不能被忽略的重要视角。如果说针对"中国建筑史"的两种写作面相无不体现出林徽因"在捍卫民族文化方面所做的努力", 那么"结构理性"框架下的建筑史书写则更能彰显"中国建筑史家与西方及日本建筑史家在建筑史方法论方面的对话"❹——这也正是为塑造了林徽因主体性逻辑重要底色的"他者性"所要求的。正如在致胡适的信件中谈到的, 由于担心自己"从此平庸处世, 做妻生仔的过一世", 天性好强的林徽因对自己"不是能用功慢慢修炼"的"兴奋 type accomplish things by sudden inspiration and master stroke"（"兴奋型, 通过突发的灵感与巧妙的举动来做事"——笔者译）显然并不满意。❺ 于是在更为其所看重的建筑研究事业中, 林徽因从一开始的《论中国建筑之几个特征》便充分表现出"扬长避短"的自觉意识, 利用富于"灵感"的机敏天赋融汇多方材料、发表独到议论, 以结构理性主义的原则将"非历史"的中国建筑植入"历史的"西方建筑理论框架, 从而获得了双重的"他者性"确认: 既是对自身以建筑师与建筑学者的身份进入世界性与现代性建筑学术话语体系的确认, 又是使中国建筑在"不脱其原始面目, 保存其固有主要结构部分, 及布置规模"的同时"适巧和现代'洋灰铁筋架'或'钢架'建筑同一道理"的确认❻——这同其在"京派沙龙"中将"女作家主导男性舆论的旗帜"❼ 矗立在男性知识分子对"文化领导权"的垄断局面之上几乎是如出一辙。此后, 林徽因还在其他建筑文章中持续展现与"他者"进行论辩和对话的姿态, 特别是为日本建筑学者引以为傲的奈良法隆寺与唐招提寺, 屡次作为中国南北朝、隋唐时期建筑的"被影响者"而提及。这种在建筑史写作中出现的"他者性"确认需求转而又影响到林徽因的文学创作, 如在一首题为《唐缶小瓮》的诗歌中, 原刊题名前曾有"富于希腊趣味的"小题, 而诗歌正文也在流动的主体意识中将"唐缶小瓮"所展现的"盛唐的色泽"同"希腊当年的微笑"加以关联, 从而使这一中华文化巅峰时期的工艺品在以"言必称希腊"为标志的西方文化艺术史中获得进一步的"确认"。❽

当主体构成的"他者性"意识被高度突出，不仅抑制了林徽因主体性逻辑中的其他特质，也削弱了她"摩罗诗人"般的精神气质在面对西方中心论与文明等级论时发出的"抗拒破坏挑战之声"。❶ 如前所述，"建筑意"与"结构理性"这两种建筑史的写作面相分别投射出《摩罗诗力说》中"涵养人之神思"的"不用之用"与同"人类普遍观念之一致"的"观念之诚"这两种互为对立的"文章之职"，而林徽因为打消西方学者"浮躁轻率的结论"，选择在保留中国建筑自身独立个性的基础上赋予其普遍主义的结构理性主义内涵，这就使"中国建筑"由一个"自在的主体"转变成"自为的主体"，使"中国建筑史"呈现为一种目的论式的线性历史发展模式。然而鉴于"逻各斯中心主义"强大的文明论话语霸权，"自身的'自为'存在'倒反是自身丧失'"，"自我要发展真正的、完全的自由，分裂就是必要的"❷——当"中国建筑"作为一个"自为的主体"在"结构理性"的框架下以统一而完整的面目呈现，不仅取消了其"多样性以及社会历史因素的复杂性"可能，也让林徽因对西方话语的驳斥限定在一种不彻底的协商式姿态，即谋求"他者性"的确认并不能使自己完全摆脱"他者"的身份与地位❸；与此同时，这还意味着林徽因的主体性逻辑在其"文学—建筑"的跨界生产中再次发生分裂，而作为主体精神与建筑思想高度统一的现象学概念，"建筑意"所暗含的书写"中国建筑史"、构建中国建筑理论体系的内在潜能亦随之消解。

❶ 参见：鲁迅. 摩罗诗力说 [M] // 鲁迅. 鲁迅全集：第一卷. 北京：人民文学出版社，2005：75.

❷ （美）特里林. 诚与真 [M]. 刘佳林，译. 南京：江苏教育出版社，2006：39，46. 另，有关"中国建筑史"的诞生与西方文明等级论在近代"权力—知识"话语谱系下的复杂关系，尚需放在对梁思成与中国近现代建筑史学史的具体研究中予以进一步讨论。

❸ 事实上，此前已有研究者注意到身为女性作家的林徽因在其文学创作中体现出的"性别协商"姿态——"既要与现存的写作惯例合作，又要与这种惯例中存在的性别决定论作对抗"；而这种"既合作又批判"的协商式姿态，又在她和梁思成作为地区性文化问题的建筑史研究中得到近似的呈现. 参见：（美）史书美. 现代的诱惑：书写半殖民地中国的现代主义（1917-1937）[M]. 何恬，译. 南京：江苏人民出版社，2007：230-237。

中国营造学社与中国早期博物馆建设

刘守柔

（复旦大学文物与博物馆学系）

摘要： 20世纪上半叶，中国营造学社对中国建筑遗产保护事业的发展起到了重要作用。这一时期正是中国早期博物馆的发展时期，从我国文博事业发展的角度观察，"有形与无形的文化遗产"在整体文化背景之下相互影响，出现了对二者共同进行收藏、保护、研究等理念。就博物馆建设而言，藏品类型不断丰富，建筑遗产及其技艺传承被纳入收藏范畴。尽管关于建筑遗产的展示以文献与图像材料为多，但也从一个角度反映了中国早期博物馆展览的内容与形式。

关键词： 中国营造学社，中国早期博物馆，文化遗产，建筑遗产

Abstract: In the first half of the twentieth century, the Society for Research in Chinese Architecture（Zhongguo Yingzao Xueshe）played an important role in the search for ways to protect China's architectural heritage. China's first museums were also established at that time. Early museum practice encompassed the collection, preservation, and research of both tangible and intangible cultural heritage, as well as the organization of related public programs. By looking at case studies, the article explores different museum collections that include objects related to China's architectural heritage. Additionally, a discussion of exhibitions where exhibits were textual（literature collections）also helps to understand the different types of museums, exhibitions, and audiences that existed at the beginning of Chinese museology.

Keywords: Zhongguo Yingzao Xueshe, China's early museum history, cultural heritage, architectural heritage

文化遗产保护观念的发展与实践是一个持续性的过程。我国现代意义的文物保护工作开始时间可回溯至20世纪20至30年代，彼时随着社会发展衍生出文物的科学保护与展示传播等公益性工作。[1] 中国营造学社（以下简称"学社"）开创性地进行了建筑文化遗产的学术研究，对古建筑保护起到重要作用。这一历史时期，也正是中国早期博物馆的发展时期。可移动文物与不可移动文物之间，存在着整体文化背景之下的相互影响。

中国营造学社成员的身影交织出诸多可供探讨的线索。从古物陈列所、交通博物馆等博物馆的筹建到中国博物馆协会的成立，其间学社相关人员起到的作用，体现了他们的文化遗产保护思想，也反映了相应时期的中国博物馆理念。

关于各博物馆筹建的具体过程，多处已有记述，而本文希望能通过这些实例来探讨如下两个方面的内容：其一，建筑遗产如何与博物馆的收藏、展示产生关联，以及从中反映出的20世纪上半叶中国博物馆的收藏理念和关于文化遗产的价值观；其二，中国早期展览的内容与形式，着重讨论中国营造学社如何结合实物以文献展览的形式展示建筑文化遗产。

---

❶ 单霁翔. 从"文物保护"走向"文化遗产保护"[M]. 天津：天津大学出版社，2008.

一、建筑遗产与博物馆的收藏

1. 建筑遗产进入现代保护与收藏领域

博物馆的收藏表明了历史文化的延续，由此"产生了民族文化的自觉，搜集实物，考证过往"❶。中国传统的收藏鉴赏对象主要为书画、碑帖、陶瓷器、青铜器等古代艺术品，即通常所说的"可移动文物"。随着社会的发展，博物馆成为这些传统类型文物保存与展示的场所，而建筑文化遗产如何与博物馆建立关联这一问题，可以从博物馆收藏保护对象与价值判断的角度进行探讨，建立关联的过程也反映出同时期博物馆的发展情形。

关于文物价值的理解，一般包括历史价值、艺术价值和科学价值，还有社会所赋予的经济价值和文化象征意义价值。❷ 20 世纪上半叶，中国社会对建筑遗产价值的理解已包括艺术价值与历史意义等方面。1916 年，《保存古物暂行办法》将建筑史迹与历代金石、陶瓷等传统收藏对象并列，体现了对其价值的认知，且文中表明古迹古物"流传至为繁赜，文艺所关尤可宝贵"，"既为美术所留遗，且供历史之研究"。❸ 1928 年，《保护艺术品办法》提出要调查与登记的各类艺术品为："(甲) 有艺术价值之建筑物。(乙) 雕镌书画塑像磁玉印铸及含有艺术性质之古物。(丙) 其他"。且需"由国民政府专设陈列所或博物馆，保障公有之古今各项艺术品，以供观览"❹，亦将建筑遗产与陶瓷、书画等文物同列于"古代艺术品"的范围之中。1935 年，《暂定古物之范围及种类草案》列举"建筑"类文物包括城廓、关塞、宫殿、衙署、学校、宅第、园林、寺塔、祠庙、陵墓、桥梁、堤闸及一切遗址等，并在"草案说明书"中说明"历史、艺术、科学"标准：古物之时代久远者；古物之数量寡少者；古物本身有科学、历史、艺术价值者。❺ 这些从不同价值角度对建筑遗产的理解，与朱启钤对中国之营造"在历史上，在美术上，皆有历劫不磨之价值"❻ 的认识是一致的。

建筑古迹留下了历史的印记，建筑历史文化以其一定的物质表现形式呈现于博物馆的收藏之中，尤以其"艺术价值"被列入博物馆的"艺术"或者"美术"类收藏。20 世纪 30 至 40 年代，地方综合性博物馆"艺术"部类的藏品大致归类为：建筑（多为模型与照片）、雕塑、书画、织绣、陶工、金工、石工、玉工、玻璃、木工附竹工、漆工、纸工等，各种工业标本也多在艺术部类收集。❼"工艺"部类亦注重历史、艺术、科学等方面的藏品信息，"有显示工业之发展历史者，有包含艺术之价值者，有表明科学方法之制造者"❽，与建筑领域也有一定的关联性，且拓宽藏品的时间范围，不止于"时代久远者"，体现了对社会发展的记录。

1925 年，朱启钤设立"营造学会"，1930 年成立"中国营造学社"，在中国的建筑艺术、营造技艺与其他艺术形式之间搭建了沟通的桥梁。《中国营造学社开会演词》表明：不仅包括"凡属实质的艺术"，"一切考工之事"；"一切无形之思想背景"亦皆"旁搜远绍"。"染织、髹漆、铸冶、塼埴"

❶ 梁思成. 为什么研究中国建筑 [M]// 中国营造学社汇刊：第七卷 第一期. 北京：国际文化出版公司，1997.

❷《文物学概论》编写组. 文物学概论（彩图版）[M]. 北京：高等教育出版社，2019.

❸ 保存古物暂行办法（1916 年 10 月）[M]// 中国第二历史档案馆. 中华民国史档案资料汇编：第三辑（文化）. 南京：江苏古籍出版社，1991.

❹ 保护艺术品办法（1928 年 12 月 27 日）[M]// 中国第二历史档案馆. 中华民国史档案资料汇编：第五辑第一编 教育（二）. 南京：江苏古籍出版社，1994.

❺ 中央古物保管委员会检送《暂定古物范围及种类草案》致行政院呈 [M]// 中国第二历史档案馆. 中华民国史档案资料汇编：第五辑第一编 文化（二）. 南京：江苏古籍出版社，1994.

❻ 本社纪事 [M]// 中国营造学社汇刊：第二卷 第三册. 北京：国际文化出版公司，1997.

❼ 曾昭燏，李济. 博物馆 [M]. 南京：正中书局，1947.

❽ 曾昭燏，李济. 博物馆 [M]. 南京：正中书局，1947.

❶ 朱启钤.中国营造学社开会演词 [M]// 中国营造学社汇刊:第一卷 第一册.北京:国际文化出版公司,1997.

❷ 《博物馆学概论》编写组.博物馆学概论 [M].北京:高等教育出版社,2019.

❸ 王世襄.朱桂辛先生所编漆书即将出版 [J].文物参考资料,1957(7):19.

❹ 朱启钤.存素堂入藏图书河渠之部目录 [M]//中国营造学社汇刊:第五卷 第一期.北京:国际文化出版公司,1997.

❺ 叶祖孚.朱启钤与《存素堂账目》[M]// 蠖公纪事——朱启钤先生生平纪实.北京:中国文史出版社,1991.

❻ 社事纪要 [M]// 中国营造学社汇刊:第一卷 第一册.北京:国际文化出版公司,1997.

❼ 朱启钤.中国营造学社开会演词 [M]// 中国营造学社汇刊:第一卷 第一册.北京:国际文化出版公司,1997.

❽ 韩寿萱.中国博物馆的展望 [J].教育杂志,1947,32(6):48-57.

匠学薪传——中国营造学社诞辰90周年纪念文集

等一些本不在传统研究范畴的工艺、技艺亦被赋予文化的意义,并在文化遗产领域内得到相互关联的整体研究。❶

对应当下,文化遗产保护的范围包括可移动与不可移动的物质文化遗产,以及非物质文化遗产。国际博物馆协会(International Council of Museums)2007 年定义博物馆"为教育、研究、欣赏的目的征集、保护、研究、传播并展出人类及人类环境的物质及非物质遗产"❷,与《中国营造学社开会演词》的主旨相比较,有着相似的对"有形与无形的文化遗产"进行收藏、保护、研究的理念。

传统工艺与技艺属于"非物质文化遗产",由"物质文化"拓展而至"非物质文化"的理念,是文化遗产保护意识的延伸。作为"当代古建筑及丝绣两门学术研究的奠基者"❸,朱启钤对工艺技术的关注主要表现在两个方面:其一是对营造技艺的研究,"以宫室之构筑为主,旁及范金合土之艺事"❹;其二是通过对文物的收藏与研究,了解其工艺技艺。通过《存素堂账目》可大致了解其收藏范围,包括铜器、瓷器、漆器、木器、竹器、银器、锦绣、书画碑帖等,且对缂丝绣品和紫檀木器的收藏研究更为着力。❺朱启钤对其收藏加以考证著录,编著了一系列与传统技艺相关的书籍,如《女红传征略》《存素堂丝绣录》《丝绣笔记》《清内府藏缂丝书画录》等,具有重要的工艺美术研究参考价值。又因漆艺与营造技艺有着密切关系,髹漆起到保护材料与装饰的作用,朱启钤以历代文本记载及文物材料为基础辑录《漆书》,并以日本大村西崖藏本再刻明代《髹饰录》。对于工艺技艺的传承者,朱启钤曾辑录《哲匠录》,记载营造工匠事迹,以及叠山、锻冶、陶瓷、髹饰、雕塑、仪象、攻具、机巧、攻玉石、攻木、刻竹、细书画异画、女红等匠师的材料。❻中国营造学社通过对建筑文化遗产的研究联系不同艺术与技艺,彰显"全部文化之关系"。❼

对建筑遗产相关实物的收藏与展示,体现了文化遗产认知和保护范围的不断扩大。博物馆的类型与内容日益丰富,收藏与展示的藏品多为建筑构件、图样、图片、模型、工具、古籍文献等,并通过辅助手段阐释展览信息。

美术馆侧重于展示绘画和雕塑作品,尤其是当代的艺术创作,与通常所理解的"博物馆"有所不同。而这一时期,博物馆学家韩寿萱也呼吁美术博物馆扩大收藏范围:"近世美术领域扩大,不惟法书、绘画、铜器、陶瓷应行采集",还应包括"织造、石刻、首饰、板画、家具、建筑等具有美术性者"。❽

通过美术展览可以了解相应的博物馆展览内容与形式。1929 年第一次全国美术展览会和 1935 年第二次全国美术展览会,征集展品均包括建筑图样与模型,工艺美术展品内容亦相近,如铜器、陶瓷器、漆器、织绣等。其中,第二次全国美术展览会展出的建筑图案,如公寓、图书馆等为现代建筑设计作品;模型则取材于古代建筑,如中国营造学社之观音阁模型、北平历史博物馆之金山寺模型、基泰工程司之皇家建筑模型等。传统与现代的建筑设计被视为艺术的重要组成部分。"凡一切文物，无论其年代之远近，性质之如何，苟有美术表现于其上者，固无不可以美术品视之"。❶

同时，有的博物馆建筑自身即是历史建筑，有着研究与保护的需求。据1936年中国博物馆协会编辑出版的《中国博物馆一览》整理归纳，利用历史建筑改建的博物馆有古物陈列所、历史博物馆、故宫博物院、北平研究院博物馆、北京大学研究院文史门陈列室、河南博物馆、苏州美术馆、浙江省立西湖博物馆、广州市立博物馆等，❷建筑本身所蕴含的历史意义与艺术价值，呼应了博物馆保存与展示的物质文化遗产的价值。

2. 展品背后的传统技艺与社会意义

建筑遗产的价值不断得到认识与研究，通过图像、模型等实物形式，建筑遗产成为博物馆展览中的"艺术品"与"历史纪念物"。而建筑技艺等传统工艺技艺，作为非物质文化遗产，随着社会发展得到传承，并以相应的物质载体被博物馆收藏展示。对建筑遗产保护的关注，表现了博物馆的时代性与社会责任。文化遗产保护的社会意义，不仅在于记录过往，也体现于能在当下和今后发挥积极的作用。博物馆不只保存了实物，其保存的物质文化遗产所承载的传统技艺，也能与社会生活相关联，在创造性方面产生影响。

中国营造学社被认为是当时国内唯一一家专门从事古代建筑研究的机构。❸上海建筑界亦于1930年春发起设立"上海建筑协会"，并于1931年成立，此举可视为与1930年北平成立中国营造学社形成"南北呼应"。上海建筑协会思考如何改进、推行东方建筑艺术，正与中国营造学社"研究中国固有之建筑艺术，协助创建将来之新建筑"❹的工作主旨一致。1934年，上海建筑协会还到北平收集古建筑资料，参观故宫等处，并与朱启钤等探讨如何结合我国的宫殿式建筑特点，创作、发展现代化建筑。❺

1936年4月12—19日，上海举办"中国建筑展览会"，正是希望通过公开展览中国古今之建筑模型、图样、材料和工具等，展示中国建筑之演化，由此引起社会对中国传统建筑技艺的更多关注。

该年3月初叶恭绰等人举行了中国建筑展览会的首次发起人会议，会议推举叶恭绰任会长，朱启钤、梁思成、刘敦桢等15人为常务委员，林徽因为陈列组主任。此展览会集合了建筑家、营造业材料商，以及对其有兴趣的团体与个人。其中，中国营造学社参展展品有模型、瓦当、琉璃砖瓦、实测图、参考图、参考书籍、出版书籍、实物摄影等共542件，均为其重要研究成果。其他展品有北平图书馆的大批图籍和圆明园照片、模型，南京中央大学提供的建筑学系师生作品，还有上海市政府及市中心区图书馆、博物馆、体育馆等建筑物模型。展期内还举办了演讲会和座谈会，

❶ 赵叔孺.美术馆之重要 [N].申报，1944-11-20：（2）.

❷ 中国博物馆协会.中国博物馆一览 [M].北京：中国博物馆协会，1936.

❸ 中国营造学社曾在"函请中华教育文化基金董事会继续补助本社经费"中提到"敝社既为研究斯学唯一机关，故国内公私团体凡修理古物计划多惟敝社是托"。参见：本社纪事 [M]// 中国营造学社汇刊：第五卷 第四期.北京：国际文化出版公司，1997.

❹ 中国营造学社概况 [N].申报，1936-4-12：（17-18）.

❺ 建筑协会派代表赴北平参观 谋发展东方固有之艺术 [N].申报，1934-5-12：（12）；建筑协会派员赴平考察下月可归 此行收集各种材料甚丰 [N].申报，1934-6-30：（14）.

❶ 叶恭绰发起中国建筑展览会 [N].申报,1936-3-5;(13);中国建筑展览会正在积极筹备中 [N].申报,1936-3-9;(9);各地踊跃参加中国建筑展览会 [N].申报,1936-4-7;(10);中国建筑展览会昨在市博物馆开幕 [N].申报,1936-4-13;(10);建筑展览会明晨开幕 [N].申报,1936-4-11;(11)。

❷ 林洙.中国营造学社史略 [M].天津:百花文艺出版社,2008.

❸ 总统府顾问叶恭绰致大总统条陈(抄件)[M]//中国第二历史档案馆.中华民国史档案资料汇编:第三辑(文化).南京:江苏古籍出版社,1991.

❹ 叶恭绰.我国今后建筑的作风应如何转变 [N].申报,1936-4-14;(10).

❺ 致远.上海之博物院 [N].申报,1939-1-2;(14-15).

❻ 吴市长宴请著名收藏家为市博物馆征求陈列物品 [N].申报,1936-2-11;(11).

❼ 上海市博物馆今日开放 [N].申报,1937-1-10;(13).

❽ 中央古物保管委员会工作纲要 [M]//中国第二历史档案馆.中华民国史档案资料汇编:第五辑 第一编文化(二).南京:江苏古籍出版社,1994.

如叶恭绰讲建筑作风应如何演变、杨廷宝讲彩画工匠及做法等,梁思成的演讲题目为《中国建筑结构之变迁》。《申报》《大陆报》还为此次展览发行全张纪念刊。❶《申报》"中国建筑展览会特刊"刊登了叶恭绰《发刊词》、上海建筑协会《中国建筑师当前的急务》,以及《中国营造学社概况》等文,集中表达了这样的观点:我国古代已有营造之学,是东方建筑艺术的经典;需汲取建筑遗产精华,兼顾习惯及经济状况,产生新的建筑艺术精神。

叶恭绰是这一展览会的发起人之一,也是当时上海市博物馆董事长、中国营造学社的社员。北洋政府时期的"交通系"相关人员中,叶恭绰与朱启钤关系最为深挚。❷他曾倡议设立国立图书馆,保存公私藏书及旧内阁大库藏物和旧军机处档案,收集散失典籍,呼吁保存古物。❸为发起中国建筑展览会,他所言"一国建筑,乃文化之代表,亦可说是一种结晶,尤其是与民族意识有特殊的关系"❹,与朱启钤《中国营造学社开会演词》论及"吾民族之文化进展,其一部分寄之于建筑"同样表达了要重视建筑与文化意义的关联。

研究古代建筑所体现的文化遗产保护与传承意义也蕴含于中国建筑展览会的举办场地中。上海市博物馆于1937年1月10日正式向公众开放展览,而展览会此前即在这一场馆举办。该博物馆"以艺术历史为主,而历史尤须以上海为中心",至此"上海始有国人市立之博物馆"。❺博物馆征集藏品时"只须求有价值有意义,即片纸只物,亦在征集之列"❻,基本陈列分两大主题,其一"以上海历史为中心",其二"表现我国固有艺术",❼体现了博物馆建设对于守护本地文化传统的作用。

博物馆位于当时上海特别市中心区域,与市图书馆分列市政府办公大楼南面广场之两侧。博物馆与图书馆、市政府大楼都是具有中国古典传统形式的现代建筑,虽是新建筑,却延续了传统建筑的形制,呼应了博物馆的文物收藏。博物馆保存与传承地方文化遗产,与图书馆等设施形成一个地区的公共空间与文化象征,也将文化传统与发展变化中的社会生活相联系。虽然当时博物馆还未正式开馆,但中国建筑展览会在此举办,也体现了文化传承与实践创新的寓意。

20世纪30年代,社会中逐渐兴起的文物保护认识——保存古迹古物,与"历史学术之研讨、艺术工业之改进"均有密切关系。❽如何将博物馆展品的艺术特质、工艺技艺运用于实际的社会生产,延续传统技艺的生命力?这一观念对博物馆的发展历程也产生了影响。

与传统的、展示古代艺术与经典美术的博物馆有所不同,19世纪中后期以来的"工艺美术运动"(Arts and Crafts Movement)试图构建艺术与新技术的桥梁,以展品为设计案例,激发新的创作,并以此理念建设博物馆。例如,1851年英国首届世界博览会的展品,形成了世界上最大的装潢设计和应用艺术博物馆——今日之维多利亚和阿尔伯特博物馆的藏品基础。可以说,这形成了艺术博物馆发展的一种模式。英国南肯辛顿地区还汇聚着其他博物馆和公共文化机构，如自然历史博物馆、皇家科学技术学院、国家设计学校、皇家针线艺术学校等，如此布局的用意在于希望艺术与科学相融合，特别是将艺术应用于设计。❶

而在我国博物馆发展初期，作为中国人独立创办的第一座公共博物馆，南通博物苑于1905年创建。创建伊始，隶属于通州师范学校，首次令博物馆面向公众，通过传播自然科学和艺术文化知识进行社会教育。南通博物苑的创办者张謇还于1914年在南通女子师范学校附设女红传习所，既体现了传承传统技艺的社会责任感，又实践了以艺术与技艺相结合，发展民族产业的理想。朱启钤亦考证研究丝绣作品，1923年所刊印之《存素堂丝绣录》就记录有"沈寿美术绣"，并叙述了"张謇女红传习所缘起"。

中华民国时期"工艺美术"的概念更多地包含了"艺术设计"的含义。❷凝聚着传统技艺的工艺品，不仅充实了博物馆的收藏，也与社会生活产生了关联，体现了对博物馆社会功能的期待，"不仅为留心古器物者之参考，且足供此项工业改良进步之助"❸。相较而言，专题类型的博物馆更体现了藏品与社会发展之间的联系，反映了博物馆的建设理念。

3. 专题博物馆的作用

1936年出版的《中国博物馆一览》统计全国公私博物馆80处，并将博物馆分类为"普通博物馆"和"专门博物馆"。前者包括历史、考古、艺术和自然历史等主题的博物馆；后者"限于专门性质"，亦有十余家。❹这些不同主题与类型的博物馆，也能从不同角度对社会教育和生产生活产生直接或间接的积极作用。

中国营造学社既关注"实质的艺术"，也探讨"一切考工之事"，以期呈现文化遗产保护领域的整体性研究，这一观念体现在朱启钤支持与促进博物馆建设的实践中。在其主导设立的古物陈列所于1914年开放武英殿展室的相近时期，其亦有参与与之相关的博物馆事宜，且从博物馆的类型而言，更突出了"专门性"。

1914年3月，顾维钧等拟组织成立中华博物院，推举了15人为董事，其中就有朱启钤。计划将中华博物院作为私人团体组织的博物馆，与国家设立的博物馆相互补充；设想"广搜各种物品，以资研究"，但不同于政府所筹设的"专为保存有关文化之古籍古物暨古迹"的历史类博物馆。❺

朱启钤于1913年7月任交通总长时签署了筹设交通博物馆令。计划交通博物馆主要分路政、电政、航政、邮政四部分，而其中又以铁路最为重要。根据规划，交通博物馆先建为"铁路门博物馆"。其展品有铁路模型、机车客车模型、铁路灯塔模型、铁路工程用工具和零件、测量仪器、铁路线路图、货运价比较表、营业一览表及客货票等。❻希望能通过此博物馆，让公众"增进铁路上之普通智识"，"悟铁路之重要"；也能让铁路

❶ [美]史蒂芬·康恩.博物馆与美国的智识生活，1876–1926[M].王宇田，译.上海：三联书店，2012.

❷ 田君."美育救国"影响下的民国工艺美术教育[J].装饰，2011（10）：26–31.

❸ 叶慈.琉璃釉之化学分析[M].瞿祖豫，译//中国营造学社汇刊：第三卷 第四期.北京：国际文化出版公司，1997.

❹ 中国博物馆协会.中国博物馆一览[M].北京：中国博物馆协会，1936.

❺ 顾维钧等筹设中华博物院的有关文件[M]//中国第二历史档案馆.中华民国史档案资料汇编：第三辑（文化）.南京：江苏古籍出版社，1991.

❻ 交通博物馆参观记[J].铁路协会会报，1914（26）：143–144.

❶ 交通部筹设交通博物馆有关文件 [M]// 中国第二历史档案馆 . 中华民国史档案资料汇编：第三辑（文化）. 南京：江苏古籍出版社，1991.

❷ 内务部公布古物陈列所章程、保存古物协进会章程令 [M]// 中国第二历史档案馆 . 中华民国史档案资料汇编：第三辑（文化）. 南京：江苏古籍出版社，1991.

❸ 林洙 . 中国营造学社史略 [M]. 天津：百花文艺出版社，2008.

❹ 中国博物馆协会 . 中国博物馆一览 [M]. 北京：中国博物馆协会，1936.

❺ 中国博物馆协会 . 中国博物馆一览 [M]. 北京：中国博物馆协会，1936.

❻ 馥南 . 世界商业博物馆 [J]. 实业学社杂志，1918,1（1）:47-49;[美] 史蒂芬 · 康恩 . 博物馆与美国的智识生活，1876-1926[M]. 王宇田，译 . 上海：三联书店，2012.

❼ 宇苍 . 谈西湖博览会之效用 [J]. 钱业月报，1929，9（6-7）: 19.

匠学薪传——中国营造学社诞辰80周年纪念文集

行业观摩学习；并以陈列铁路用品和材料之所需，促进本国实业发展❶，回应博物馆"资以发明，学术既兴，工业益进"的时代目的。❷朱启钤曾于 1911—1912 年任京浦铁路督办，任交通总长期间还曾考虑过再修筑四条贯通全国的主干线❸，交通博物馆的设立也符合其"实业救国"的思想。

交通博物馆作为专题博物馆、行业博物馆，丰富了早期博物馆的建设。设立交通博物馆之时，中国博物馆多为自然科学博物馆和历史文化博物馆，如成立于 1905 年的南通博物苑兼具自然与人文历史藏品，分设"天产部"、"历史部"和"美术部"；1911 年成立的云南省立博物馆陈列包括历史文物与动植物标本；又如 1914 年 10 月对外开放的古物陈列所等。《中国博物馆一览》归类"收藏资料限于专门性质"的"专门博物馆"，大致还有国剧陈列馆、卫生陈列所、天文陈列馆、矿产陈列馆、国货陈列馆等。❹

国货陈列馆、商业博物馆等类专门博物馆更贴近社会实务，体现了时代特点，通过展示多样的产品让参观者了解不同地区的市场和商品贸易情况，使生产者得以改进自己的产品与经销。国货陈列馆展示工商物品，有的包括建筑类展品，如河北省国货陈列馆。❺商业博物馆自欧美开始发展，如 1873 年的维也纳商业博物馆、始建于 1893 年的费城商业博物馆等。❻1929 年浙江省政府举办西湖博览会，陈列分为革命纪念馆、博物馆、艺术馆、农业馆、教育馆等。其中，艺术馆展出中西绘画、书法、金石、六艺、雕刻、建筑、写真、音乐用器等。商品与艺术品一同展出，在于其"为日用所不可缺者，尽可乘此研究其制造之方法；其有国货之出品不及舶来品者，亦可研究以图改进"❼，意在了解中国特色之工艺技术并促进生产发展。

二、建筑遗产的展示与文献展览

建筑遗产在博物馆的收藏与展示有建筑构件、模型等具体形态，但更多地仍表现为文献、图片等平面形式。

1929 年 3 月下旬，朱启钤在北平中山公园展览图籍、模型等与传统建筑研究相关的物品，引起社会各界对中国古代建筑研究的普遍关注。即是在此次展览之后，周诒春向朱启钤提议并协助其向中华教育基金会申请补助，朱启钤才得以继续其营造学研究计划，成立中国营造学社。

据《中国营造学社汇刊》记载，大致可梳理出中国营造学社曾举办和参加的展览主要有：1931 年，圆明园遗物与文献展览；1932 年，芝加哥博览会、北平学术团体联合展览会、岐阳世家文物展览会；1936 年，（上海）中国建筑展览会；1937 年，（北京）中国建筑展览会等。其中，1932 年参加芝加哥博览会时，原计划以建筑模型参展，因运输不易而只送展了圆明园盛时鸟瞰图片、独乐寺实测图、清《工程做法补图》及《中国营造学社汇刊》等书籍资料。❽

❽ 朱启钤 . 二十一年度上半期工作报告 [M]// 崔勇，杨永生 . 营造论——暨朱启钤纪念文选 . 天津：天津大学出版社，2009.

这些展览主要结合文献材料展示古代建筑历史、艺术与研究成果。博物馆、图书馆和档案馆等机构都会保存文献资料，通常博物馆更关注器物类展品，而图书馆等机构更多地承担了收藏、研究和展示文献资料的工作。然而，文献图像材料也是建筑主题展览的一类主要展品，同样可以反映出博物馆发展的时代特征。

1. 文献展览的内容

中华民国时期的博物馆、图书馆等文化机构多次举办以文献为展示对象或展示材料的展览❶，如1937年上海博物馆与上海通志馆之"上海文献展览会"。同年，在浙江、吴中、上海三地的文献展览影响下，徐州、漳州、建瓯、张家口等地也举办了文献展览会。❷古籍善本、金石拓片、书帖碑刻等本是传统的私人收藏对象，在社会发展过程中，基于现代文物保护的理念，也成为博物馆、图书馆和档案馆的藏品而得到保护与研究。随着时代发展，书籍文本之外，摄影图片、测绘图纸等也成为文献记录的形式。由于共同的收藏内容，文献收藏机构之间形成了相互联系，一些博物馆的重要藏品即为古籍善本；图书馆等文献收藏机构也通过展览、教育活动等形式传播其藏品信息，体现了"由私而公、由藏而开、由搁置而应用、由少数而多数"❸的意义，只是不同机构对藏品的研究和信息阐释的重点有所差别。

时代不同，对"文献"概念的理解也有所不同。《中华人民共和国文物保护法》表述为"历史上各时代重要的文献资料以及具有历史、艺术、科学价值的手稿和图书资料等"❹，大致即为当下对"古籍文献"的理解。而在清末及中华民国时期，"古物"一词的使用较为普遍，通常指见证了历史发展、有艺术和文化等价值的青铜、陶瓷等古代器物，书画、古籍文献等亦包括在内。1916年，内务部施行"古物调查"，"古物调查表说明书"把"古物"分为十二类：建筑类、遗迹类、碑碣类、金石类、陶器类、植物类、文献类、武装类、服饰类、雕刻类、礼器类、杂物类。❺其中，"古代书帖、图画及一切古文玩之属"即归"文献"一类，从中亦可见历代收藏的传统。1937年，上海文献展征集到"历代之典籍书画金石等，蔚为大观"，"为上海空前之盛举"。❻展出时，共有八个陈列室：第一、二、四、六室均展有金石、书画、典籍、碑帖等；第三、五室陈列档案、典籍及各项史料；第七室为乡贤图像、照相、碑帖、名胜照片等图像资料；第八室为教育史料、出版物和课卷等❼，从中可见文献类展品形式的多样性。

各地多次举办"文献展览"，尤以历史文化为主题，以图籍文献材料结合古代器物进行展示，有助于开展学术研究，保护文化遗产。张謇"拟请京师建设帝国博物馆"时即提出，于历史有资可考，正是因为有经籍、图绘、金石这类历史文献和实物遗存。❽又如，1932年中国营造学社展出明代岐阳世家文物，"以李氏先代画像为多，凡四十余幅"，观者可以从

中国营造学社与中国早期博物馆建设

❶ 文献收藏机构的展览通常可划分为两种类型：一种以文献作为展示对象；另一种以文献作为展示材料。参见：周婧景.被忽视的物证——博物馆学视角下的文献收藏机构展览刍议[J].自然科学博物馆研究，2020（2）：31-38.

❷ 周生杰.考文献而爱旧邦——近代文献展览会推进地方文献建设述略[J].图书情报工作，2011（23）：140-144.

❸ 陈友松.图书的改革[N].申报，1927-2-11：（23）.

❹《中华人民共和国文物保护法》（2002年）（2007年修正本）第一章第二条.参见：中国国家文物局，中国博物馆协会.博物馆法规文件选编[M].北京：科学出版社，2010.

❺ 内务部为调查古物列表报部致各省长都统咨（1916年10月）[M]//中国第二历史档案馆.中华民国史档案资料汇编：第三辑（文化）.南京：江苏古籍出版社出版，1991.

❻ 上海文献展览会下月七日晨开幕[N].申报，1937-6-29：（15）.

❼ 周生杰.考文献而爱旧邦——近代文献展览会推进地方文献建设述略[J].图书情报工作，2011（23）：140-144.

❽ 附录：本部一等咨议官张謇拟请京师建设帝国博物馆议[J].学部官报，1907（36）.

❶ 严智怡. 岐阳世家文物展览会参观记 [J]. 广智馆星期报, 1932（广字178号）: 3-5.

❷ 王超. 民国时期的图书馆展览 [J]. 图书馆论坛, 2020（3）: 84-91.

❸ 中国博物馆协会. 中国博物馆一览 [M]. 北京: 中国博物馆协会, 1936.; 刘东, 冯超. 民国时期安徽文物事业发展状况初探 [M]// 湖南省博物馆. 湖南省博物馆馆刊: 第十一辑. 长沙: 岳麓书社, 2015.

❹ 考查寿县史迹 团员昨日返沪 据云须用科学发掘 [N]. 申报, 1936-7-29:（11）.

❺ 组织中国博物馆协会缘起（附）组织大纲（成立大会通过）[J]. 中国博物馆协会会报, 1935（1）: 2-5; 中国博物馆协会会员录 [J]. 中国博物馆协会会报, 1935（1）: 26-35.

❻ 陈列所与社稷坛游览纪 [N]. 申报, 1914-10-16:（6）.

❼ 中华博物院组织缘起 [M]// 中国第二历史档案馆. 中华民国史档案资料汇编: 第三辑（文化）. 南京: 江苏古籍出版社, 1991.

❽ 王方晗. 以石雕为中心的艺术史叙事——伦敦中国艺术国际展览会中的中国古代石雕 [J]. 艺术设计研究, 2015（4）: 94-105; 朱静华. 故宫之为文化的再现: 中国艺术展览与典律的形成 [M]. 徐婉玲, 译// 美术馆: 博物馆展示文化与藏品管理. 上海: 同济大学出版社, 2009.

❾ 李瑞年. 欧美博物馆及美术馆陈列方法之演进 [J]. 中国博物馆协会会报, 1935（2）: 1-17.

匠学薪传——中国营造学社诞辰90周年纪念文集

中了解到人物情态，"得瞻六百年来人物仪容丰采衣冠制度，不啻与之相聚一堂"，"亦考古家至珍至确之材料也"。❶ 其后，天津市立美术馆还借展举办了"岐阳世家文物展览会"。

与图书馆、档案馆等文化机构进行交流合作，一方面是博物馆开展工作的途径之一，另一方面，展览也是图书馆进行公共教育活动的形式。1931—1937年，图书馆的数量逐年增加，这一时期也是图书馆举办展览的高峰期。❷ 这些图书馆举办的展览中，有的不仅包括了书籍、图像、资料等展品，同时还展出与主题相关的古代文物。有的图书馆还设有博物馆性质的部门，如《中国博物馆一览》中所记录的"安徽省立图书馆历史博物部"，分设历史文化室、寿县文化室、图帖室等。1933年，寿县出土楚国青铜器等文物，并于次年交至该馆一批器物。至1936年，图书馆在扩充馆藏的基础上，成立历史博物部，展出文物、图书善本和文献等。❸ 此外，安徽省立图书馆、安徽大学、上海市博物馆、上海市图书馆、北平图书馆、中国营造学社、考古学社等多家机构团体曾组成寿县史迹考察团，并由叶恭绰任团长，进行实地勘查工作，呼吁进行科学考古发掘。❹

2. 建筑文化与技艺的展示——以文献展览为例的观察

1935年4月，中国博物馆协会成立。协会"以研究博物馆学术、发展博物馆事业，并谋博物馆之互助为宗旨"，马衡为会长，袁同礼、朱启钤、叶恭绰等15人为执行委员，中国营造学社为机关会员。协会设专门委员会，其工作内容包括：分工研究博物馆学术及与博物馆相关之各项学术；设计博物馆建筑、陈列或设备上种种改进事项；审查博物馆学书籍及专门论文；举行学术讲演会等。❺ 展览是博物馆的主要功能之一，有助于公众熟悉历史文化纪念物，产生尊重与保护历史文化遗产的情感。陈列展览的发展反映了博物馆的专业化进程。

依据展览主题来看，这一时期的古代历史与艺术主题展览，如古物陈列所的展陈，主要利用了原有的宫室内部格局，按器物类别陈设，"东厢房所陈者均景泰蓝一类，西厢房所陈者则周汉以来铜制鼎甗釜甑之属，正殿之中悬古字画四幅……后殿所陈者则有各种玉器、织锦、绸缎、绣花铺垫……"。❻ 但这一展示形式被批评为"纷若列市，器少说明，不适学术之研究"。❼ 1935年赴伦敦参展"中国艺术国际展览会"的展品先行在上海进行预展，被分为青铜器、瓷器、书画、其他（如织绣、玉器、景泰蓝、珍本古书等）四类，依此分类进行陈列；而在伦敦展览时，亦依据展品质地分类展出，"藏品紧密地集拢在一起"。❽ 这一展示形式使关注点集中于展品本身，但缺少了对展品信息与意义的阐释。

在中国早期博物馆的建设发展过程中，通过对国内外博物馆、美术馆展览的观察，已了解到"各种美术品同时并列，乃一般美术馆所常用之方法"。❾ 但就展示效果而言，对于文献主题的展览来说，传统意义上平面的文献与具体形象的器物相比，文献不如具有丰富的材质、形制、纹饰、功能等信息的器物本体直观，通常观赏性并不强，短时间内的信息传播也较为困难。❶ 而对展示传统建筑文化与技艺的展览而言，图像、图纸等材料尚能够尽可能展现建筑遗产的影像形态，与建筑构件等实物相结合，有助于观众直观理解，文献资料也能进一步提供展品的相关信息。如 1931 年中国营造学社与北平图书馆在中山公园联合举办"圆明园文献遗物展览"，展品有圆明园工程做法、烫样模型、进呈图样、线法图绘以及绘书题咏、中外人士之纪事杂录等。❷ 建筑物模型、平面图、照片及图书文献主要在室内进行陈列，室外主要摆放砖瓦石刻、太湖石等实物展品。❸ 从当时报纸刊登的图片来看，在陈列"琉璃渠村官窑旧存瓦器"等各项实物的展区里摆着两列长桌，桌上放满如小狮子、骑马武士之类形象精致的建筑构件，地上也陈设了一些体量较大的建筑构件，并未用展柜，观众可近距离观赏实物。❹ 虽依照博物馆"任何陈列，需系统化，切忌散漫凌乱或杂入不相关之物"❺ 之标准而言，尚有可改善之处，但这次展览无疑获得了热烈反响，仅 3 月 21 日、22 日两天，"参观者即达数千人"。❻ 朱启钤任职内务部期间，将故宫西南的社稷坛改建为中央公园（1928 年改名为中山公园），供民众游憩绿地。该展览设于公园内，公众可在游览公园时参观展览，亦为社会教育的一种方式。

1932 年，北京十一处文物古迹保存相关机构在团城、怀仁堂、福昌殿、延庆楼、承光殿等处进行联展，参展机构有故宫博物院、古物陈列所、历史博物馆、历史语言研究所、中国营造学社、天文陈列馆、艺术陈列所、北平图书馆、古物保管委员会等。中国营造学社为此次展览提供的特色展品为蓟县独乐寺、宝坻广济寺、北平智化寺的实测图与照片等，均是实地调查的成果，与其他古代艺术珍品，如故宫库存、安阳发掘出土文物、宋刻本、汉木简、唐代绢画、雕塑绘画等一同展出。❼ 实测图与照片能让观众观看到古代建筑的具体形象，产生直观印象，了解"吾民族之文化进展，其一部分寄之于建筑，建筑于吾人最密切，自有建筑，而后有社会组织，而后有声名文物"❽，历代文物与这些建筑物的文献图像资料共同展示了当时文化遗产保存与研究之盛况。

1947 年出版的《博物馆》一书论述了博物馆的历史、建筑、管理，以及收藏、研究、展示、教育等博物馆实务原理与方法，并介绍了国外博物馆的发展，可为国内博物馆管理实践提供参考借鉴。其中，关于展览的阐述表明博物馆陈列不只是分门别类供专家学者所用，还需要引起一般观众的兴趣，如可以"间以图画、模型、配景等物"。❾ 亦将展览置于教育工作的主题下讨论：艺术主题展能使观众产生美感，并应当用科学方法陈列，使人增长知识；工艺方面的展示，要能表明工艺的发展过程，辅以能活动的模型来说明会更好。

展览分基本陈列和临时展览，二者各有其特点：基本陈列即常设展览，

❶ 周婧景.被忽视的"物证"博物馆学视角下的文献收藏机构展览刍议 [J].自然科学博物馆研究，2020（2）：31-38.

❷ 圆明园文献遗物展览会 [J].中华图书馆协会会报，1931（6）5：28-29.

❸ 方堃.朱启钤与国立北平图书馆 [J].图书馆研究与工作，2018（8）：26-30.

❹ 三月二十一日圆明园遗物文献展览会（照片）[J].上海画报，1931（691）：2；文献展览 [J].大亚画报，1931（293）：2.

❺ 曾昭燏，李济.博物馆 [M].南京：正中书局，1947.

❻ 圆明园遗物展览 [N].申报，1931-4-12：图画周刊（3）.

❼ 团城等八处 展览十一机关文物 [N].申报，1932-11-8：（8）；朱启钤.二十一年度上半期工作报告 [M]//崔勇，杨永生.营造论——暨朱启钤纪念文选.天津：天津大学出版社，2019.

❽ 朱启钤.中国营造学社开会演词 [M]//中国营造学社汇刊：第一卷 第一册.北京：国际文化出版公司，1997.

❾ 曾昭燏，李济.博物馆 [M].南京：正中书局，1947.

❶《博物馆学概论》编写组.博物馆学概论 [M].北京:高等教育出版社,2019.

❷ 曾昭燏,李济.博物馆 [M].南京:正中书局,1947.

展览主题与内容通常比较固定;而临时展览一般是短期展出的、小型多样的展览。❶ 中国营造学社所参与的建筑主题展览,多为临时展览,既要满足对古代建筑特点、工艺技术展示的需求,又要基于临时展览的条件进行布展,将主题"限于一小范围内","将某种特殊知识灌输于观众"。❷ 在这种情况下,图像、图纸等文献形式的展品,既有一定的直观性,也便于准备和布展,适于学社所面临的展览局限。虽然作为临时展览,展品形式受到条件限制,然而有关宫殿苑囿、古迹名胜的展览主题颇能吸引观众,通过影像材料展示各地建筑文化遗产和建筑构件精妙之处,辅以相关实物展品,在一定程度上弥补了文献资料居多的展览形式的不足。与当代的展览相比,尽管在多媒体技术发展的支持下,如今的博物馆能运用声光、影像、互动、沉浸式体验等更为多元的展示手段来吸引观众,而建筑模型、构件、图纸、图像、文献等传统的展品材料和表现形式,仍然是展示的基础,表达着基本而具体的展览信息。

三、结语

在我国现代意义上的文物保护事业逐步兴起时期,中国营造学社及其成员的相关工作,体现了可移动文物与不可移动文物保护之间的关联,反映了社会对文化遗产的价值认知、情感理解与保护观念发展的整体背景。

20 世纪上半叶中国早期博物馆的建设,既受到国际博物馆专业领域发展的影响,也延续了物质文化遗产的象征与传承意义。中国营造学社及其成员参与的博物馆建设主题和展览内容,既有学社研究的"实质的艺术",也有与"考工之事"相关的物品。在博物馆这个为公众保存与展示的空间中,藏品的类型日益丰富,体现了不同时代物质文化的代表性与纪念意义。博物馆不仅探讨其本身的历史、艺术与科学价值,对形成"物"的工艺、技艺等,也通过不同形式的实物进行记录、展示与教育传播,发挥着不同层面的社会功能。

中国营造学社的日本社员
——荒木清三

张书铭

（华侨大学建筑学院、福建省城乡建筑遗产保护技术重点实验室）

摘要：本文以荒木清三（1884—1933 年）的执业身份为时间节点，整理其作为建筑师、中国营造学社社员的相关活动和在中国东北的建筑活动，构建了荒木清三的建筑职业年谱。作为一名建筑师，荒木清三推动了中国古建筑样式在东北近代建筑中的流行。他作为中国营造学社社员促成了中日关于中国古建筑研究的合作，并助力了关野贞（1868—1935 年）的第六次和第七次中国古建筑考察。荒木最终在热河的古建筑考察中不幸染病去世。他一生大半时光均在中国度过，献身于他所钟爱的中国古建筑研究，对中国营造学社做出了一定的贡献。

关键词：中国古建筑样式，中国古建筑考察，关野贞

Abstract: This paper aims to write a professional biography of Araki Seizo (1884–1933) that summarizes who he was as an architect, as a member of the Society for Research in Chinese Architecture (Zhongguo Yingzao Xueshe), and as a consultant to the Fengshan Railway Company. Araki was the main protagonist of the traditional Chinese architecture movement in northeastern China. He promoted not only research cooperation between China and Japan; he also assisted the Japanese historian Sekino Tadashi (1868–1935) in conducting his sixth and seventh field trip to China. In the end, Araki spent most of his life in China where he died during the investigation of Jehol. Araki had dedicated his life to Chinese architecture research and made an important contribution to the Society for Research in Chinese Architecture.

Keywords: traditional Chinese architecture style, traditional Chinese architecture field trips, Sekino Tadashi

荒木清三 1884 年生于日本京都 ❶（图 1），1902 年 2 月 8 日毕业于工手学校第二十六期（现工学院大学）。❷ 毕业后就职于日本文部省建筑课，从事学校校舍建设。1906 年 2 月，荒木作为天津大仓洋行工程局建筑师来华。1910 年，他受聘于清廷学部长期居住北京。1912 年中华民国建立后，他被聘为中华民国财政部专属工程师。1914 年，他担任泽山工程局建筑主任，在北京承接了很多建筑设计项目，但因北京时局不稳，大部分项目未能实施。1919 年，他在北京开办工务所，开始独立执业。❸

除了从事建筑设计，荒木清三还是一位建筑史学者，根据小黑越翁 ❹ 的回忆，荒木在工作之余，喜欢和同事参观北京天坛等历史建筑并绘制素描，从此萌生了对中国古建筑的兴趣。❺ 他与朱启

---

❶ 文献 [1]：12.

❷ 文献 [2]：81.

❸ 文献 [3]：22.

❹ 小黑越翁：荒木清三在日本文部省的同事。后调至日本外务省，1908 年加入满铁并在抚顺炭矿任职。

❺ 文献 [4]：25.

❶ 文献 [5]: 8.
❷ 冈大路: 曾先后任满铁抚顺炭矿建筑系主任、满铁建筑课课长、"满洲"建筑协会理事、南满洲工业专门学校校长、伪满洲国国务院建筑局局长。

❸ 文献 [3]: 23.

❹ 文献 [3]: 23.
❺ 奉山铁路: 京奉铁路山海关至沈阳段。1928年6月"北京"改称"北平",遂改称"平奉铁路"。同年12月,"奉天省"改称"辽宁省",1929年4月,该路改称"北宁铁路"。1931年"九·一八"事变后,日本逐渐控制北宁铁路;1933年1月,日军攻占山海关,该铁路更名为"奉山铁路"。

❻ 文献 [3]: 22.
❼ 文献 [3]: 22.
❽ 文献 [4]: 25.

❾ 文献 [6]: 80.

❿ 文献 [6]: 139.
⓫ 文献 [7]: 108.

⓬ 文献 [7]: 100.

匠学薪传——中国营造学社诞辰90周年纪念文集

铃、阚铎等人交往密切。1930年受邀加入中国营造学社(以下简称"营造学社"),成为荣誉社员并担任校理。❶ 在冈大路 ❷ 的回忆中:"荒木清三的日常生活完全脱离了日本人,和中国人的交往和交涉都能自由进行,其性情极为淡泊,而且和人交往直言直行,很健谈。为人热心且有魅力,如见他人遇到苦难,几乎可以忘记自己的寝食,努力帮助共济。"❸ 精通中文的荒木经常斡旋在华的日本侨民事务,很多拜访北京的日本建筑师及学者都曾得到荒木的帮助,包括著名的日本建筑史学家伊东忠太、关野贞,荒木曾陪同他们进行中国古建筑调查。❹ 1931

图1　荒木清三肖像
(文献 [1]: 21.)

年"九·一八"事变后,荒木清三退出营造学社,赴中国东北就任伪满奉山铁路局参议 ❺,并加入"满洲"建筑协会,继续从事中国古建筑的相关研究。❻

一、建筑师荒木清三

1. 前期作品

根据现有资料荒木清三参与设计的建筑项目有8项,前期参与设计的建筑项目均位于北京,包括日本公使馆新馆、京师大学堂分科大学、印刷局、居留民会小学校、满铁北京公所事务所社宅改筑工程等(表1)。❼ 1906年,日本建筑师真水英夫(1868—1938年)设计日本公使馆新馆(图2)时,项目的施工方大仓洋行缺乏建筑技术人员,在小黑越翁的引荐下 ❽,荒木清三担任日本公使馆新馆的制图师。❾ 1909年12月,真水英夫设计京师大学堂分科大学的经科大讲堂、文科大讲堂、事务所等工程项目时,荒木清三担任技手。❿ 荒木早期参与的工程项目大部分为西洋建筑风格,如经科大讲堂和文科大讲堂采用了古典主义的帝王样式(Style Empire)⓫,这种样式19世纪初流行于法国,是古典主义样式的延续,特点是采用罗马的装饰主题。建筑为"一"字式平面,中轴对称,立面呈现三段式划分,设有半圆形拱窗、拱心石、柱式等建筑构件(图3)。⓬

2. 后期作品

1920年借助满铁北京公所事务所社宅改筑工程的契机,荒木获得了满铁的很多委托案,其建筑设计开始转向中国古建筑风格。1921年10月,荒木清三设计了东京平和纪念博览会满蒙馆(图4),满蒙馆外观为一座

图2 北京日本公使馆新馆大门
（文献[8]：935.）

图3 京师大学堂分科大学
（文献[9]：102.）

表1 荒木清三设计的主要工程项目❶   ❶ 文献[3]：22.

时间	项目名称	项目中的角色	风格
1906 年	日本驻华公使馆	制图师	西式
1909—1912 年	京师大学堂分科大学	技手	西式
不详	印刷局	建筑师	不详
不详	北京居留民会小学校	建筑师	不详
1920 年 12 月	满铁北京公所事务所社宅改筑工程	建筑师	不详
1921 年 10 月	东京平和纪念博览会满蒙馆	顾问	仿中国建筑风格
1923—1925 年	奉天满铁公所	顾问	仿中国建筑风格
1928—1929 年	金州城文庙修复	建筑师	中国建筑风格

高大的中国清式楼阁，装饰有精细的斗栱及雕刻纹样，比例协调且样式
考究。❷1923 年，荒木作为顾问，主持奉天满铁公所的设计案。当时奉   ❷ 文献[10]：67
天公所"旧有房舍颇为湫隘，不足以状观瞻，复不敷办公"，满铁拨出
建筑费二十万决定重新修筑。❸项目于 1923 年 9 月起工，1924 年 11 月   ❸ 文献[11]：4.
竣工。❹新公所平面布局为"口"字形，是一座带有内院的回廊式建筑，
采用了中式大屋顶，并铺装琉璃瓦。奉天公所的设计虽然参考了沈阳故
宫的建筑风格，但建筑结构却采用了钢筋混凝土结构，在细节上与明清   ❹ 文献[12]：43.
官式建筑有很多不同。比如主楼采用入母屋式（歇山式）屋顶，入口上
方设有破风，破风的博风板下垂有悬鱼，这在明清官式建筑中很少见，
是日本古代建筑常用的手法。柱头科斗栱融合了霸王拳的样式，显然没
有厘清斗栱的结构关系。因此，奉天满铁公所是利用中国古建筑元素拼
砌而成的近代建筑（图 5）。它也成为东北地区较早采用中国古建筑风格
的近代建筑之一。此外，1928 年，荒木还主持了金州文庙的重修工程，
据《盛京时报》记载："烦北京工务所荒木技师制成模型图样费送来金，
增筑戟门、乡贤祠、神器库、守护所。现包兴城内技术精巧之匠人，孙
傅璋估价四万元改为旧贯，依照图样模型重新建筑。"❺可见荒木清三对   ❺ 文献[13]：4.
中国孔庙建筑形制极为熟稔（图 6）。

图 4 东京平和纪念博览会满蒙馆
（文献 [10]：67.）

图 5 奉天满铁公所
（文献 [14]：78.）

图 6 金州文庙
（文献 [15]：5.）

二、成为中国营造学社社员所做工作

1930 年 7 月《中国营造学社汇刊》创刊号第 1 卷第 1 期刊登了荒木清三为营造学社名誉社员，❶并担任校理。❷尽管他在营造学社的时间只有短短 2 年，却做了很多工作。

1. 促成伊东忠太访华

在荒木清三、阚铎、桥川时雄❸的多方筹措下，促成了伊东忠太访问营造学社。1930 年，伊东忠太和饭田须贺斯、田边泰、松本吉一雄一行四人到达北平❹后，全程由荒木清三陪同，并接洽相关事宜。6 月 18 日，中国营造学社董事会在中山公园宴请伊东一行，伊东忠太在宴会上作了题为"中国建筑之研究"❺的演讲。伊东的到访开启了中日两国关于中国古建筑研究的交流合作。营造学社向伊东忠太索求影印日本内阁文库《园冶》钞本❻，后与朱藏版《园冶》❼、北平图书馆《园冶》残卷补缀成三卷，终成陶本《园冶》（营造学社本）❽，并将陶本《园冶》寄到日本，最终在村田治郎❾的帮助下，完成了陶本《园冶》与内阁本《园冶》的参校❿，使《园冶》得以在 1932 年重刊。荒木清三与伊东忠太频繁通信，促成了中日的学术合作。⓫

2. 协助调查明清皇陵与发现独乐寺

1931 年 5 月 13 日，关野贞开启了第六次中国古建筑调查，考察范围包括清东陵（图 7）、明十三陵、清西陵，荒木清三全程陪同，并与竹岛卓一承担陵墓的实测工作。在考察途中一行人意外发现蓟县独乐寺，关野贞在《美术研究》第八号发表的《蓟县独乐寺》一文中记述"去岁即昭和六年（1931 年）五月二十九日，余与工学士竹岛卓一，在北京侨居的建筑家荒木清三氏东道之下，同摄影师岩田秀则一起驱车前往清东陵。途中经过蓟县城内时，偶然在路的左方隔砖墙看到立着的单层大门。余一瞥之下即知其为古建筑物，遂停车……"⓬，并于 6 月 5 日从东陵返回时测绘

匠学薪传——中国营造学社诞辰90周年纪念文集

❶ 文献 [16]：151.

❷ 校理，古代官名，执掌校勘整理宫廷藏书。唐置集贤殿校理，宋因之，元、明废，清置文渊阁校理，掌注册点验。营造学社因袭清制名称。参见：文献 [17]178.

❸ 桥川时雄（1894–1982 年）：日本福井县人，东方文化事业总委员会勤务、中国营造学社参校。

❹ 1928 年北伐胜利后，"北京"改称"北平"。

❺ 文献 [18]：365–368.

❻ 文献 [19]：2–7.

❼ 朱藏版《园冶》：朱启钤藏版《园冶》。

❽ 陶湘据以影印收录入《喜咏轩丛书本》。

❾ 村田治郎：日本的中国建筑史学者，历任南满洲工业专门学校教授，京都帝国大学大学建筑科主任。

❿ 文献 [18]：365–368.

⓫ 文献 [20]：102.

⓬ 文献 [21].159.

图 7　清东陵景陵隆恩殿照片
（文献 [23]：102.）

图 8　蓟县独乐寺观音阁照片
（文献 [23]：105.）

了独乐寺观音阁（图 8）和山门的建筑平面。6 月 12 日，在荒木清三的引荐下，关野贞拜访了位于宝珠子胡同 7 号的朱启钤宅，向朱启钤、阚铎介绍了自己的发现和疑惑。在第二天，阚铎给出了《顺天府志》中记载独乐寺为辽"统和二年（984 年）重修"的答复。以独乐寺的发现为契机，开启了关野贞关于"辽金时代的建筑研究"主题。❶

❶ 文献 [22]：253.

3. 参编《营造辞汇》

荒木清三在营造学社期间参与了《营造辞汇》的编纂工作。营造学社纪要记载"营造辞汇之编订，为本社主要工作"❷。朱启钤自述"嗣以清工部工程做法。有法无图，复纠集匠工。依例推求，补绘图释，以匡原著不足，中国营造学社之基，于兹成立。"编纂《营造辞汇》是认识古代建筑的第一步，其工作内容为"营造所用名词术语，或一物数名，或名随时异，亟应逐一整比。附以图释纂成营造辞汇"❸。《营造辞汇》由文献部主任阚铎主持编纂，从 1930 年 9 月开始，在每周的星期二、星期六晚 7 点至 9 点组织《营造辞汇》商定会议，"预此项会议者，有阚铎、荒木清三、刘南策、宋麟徵、陈大松，而朱先生（朱启钤）亦多亲自列席"❹。荒木清三在《营造辞汇》的编纂中发挥了重要作用。其一，荒木在历史、考古、样式方面对中国建筑有深入的研究，特别是在中国建筑施工方法上有很深的造诣，他本身又是建筑师，能更好地阐释词条。❺ 其二，荒木有过编纂建筑词典的经历，曾为 1921 年《日华对译建筑及附带工事用语词典》的出版，与"满洲"建筑协会会长小野木孝治针对建筑用语词条的斟酌有 500 多封通信❻，有助于《营造辞汇》的编纂。其三，《营造辞汇》的编纂过程中参考了大量的日文资料，"将日本已出版的《工业大辞典》《工

❷ 文献 [24]：147.

❸ 文献 [25]：1.

❹ 文献 [26]：196.

❺ 文献 [3]：1.

❻ 文献 [27]：73.

匠学薪传——中国营造学社诞辰90周年纪念文集

业字解》《日本建筑辞典》和《英和建筑语汇》之例，提出研究，编成比较表，以供商榷。"❶阚铎还在1931年4月28日赴日本访问术语编纂委员会，搜集日文资料、学习编修方式。❷而荒木清三在转译、理解日文资料上发挥着不可替代的作用。然而1931年"九·一八"事变爆发，阚铎和荒木清三退出营造学社，《营造辞汇》的编纂工作陷入停滞。朱启钤在1933年3月写给上海建筑协会的回函中，惋惜地写道"敝社前亦有编辑《营造辞汇》之举。""故稿凡数易，卒致中辍。"❸

4. 收集清陵图档和样式雷图样

1931年，荒木清三从北平书市购得277件（现存53件）样式雷画样，以及清咸丰帝定陵、清同治帝惠陵、清光绪帝崇陵（图9）、圆明园等工程文档1656件。荒木清三所进行的有关样式雷画样和清陵工程文档的搜集也正是营造学社当时的工作重心，彼时朱启钤正着手样式雷烫样、图档的整理。然而随着"九·一八"事变的爆发，荒木带着这批珍贵史料离开了营造学社。荒木病故后，其子将这批资料（被称为"荒木资料"）捐献给了东京帝国大学东洋文化研究所，造成了中国图档文物的外流。❹

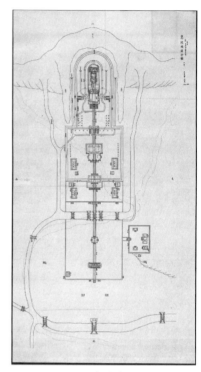

图9 崇陵地形图
（东洋文化研究所藏）

三、荒木清三在东北地区的活动

1. 开启中国古建筑风格的设计实践

1921年10月日本举办东京平和纪念博览会，当时满铁建筑课为设计满蒙馆，需要采用能够代表东北地域建筑风格的样式，便邀请荒木清三担当顾问，对建筑装饰细节进行把控。最终满蒙馆的设计方案采用了模仿北陵阁楼的中国古建筑样式，为此满铁建筑课对奉天北陵进行了测绘，积累了相关的设计经验。❺1922年7月13日吉林东洋医院兴工修筑（图10）❻，由满铁建筑课的小野武雄和大泉一设计❼，医院平面呈"十"字形，屋顶为八角攒尖顶，檐口下布置斗栱，在建筑入口两侧还设有两座华表，比例尺度亦拿捏有度，是中国古建筑风格在近代建筑上的早期实践。❽1923年兴工的奉天满铁公所更是由荒木清三担当顾问。❾由此，荒木清三拉开了中国古建筑风格在东北地区推行的序幕。此后的承德、

❶ 文献[26]: 196.

❷ 文献[28]: 30.

❸ 文献[29]: 24.

❹ 文献[1]: 17.

❺ 文献[3]: 22.

❻ 文献[30]: 55.

❼ 文献[31]: 101.

❽ 文献[32]: 51.

❾ 文献[31]: 126.

图 10　吉林东洋医院
（文献 [32]：51.）

图 11　承德站
（文献 [33]：938.）

图 12　热河金庙
（文献 [34]：7.）

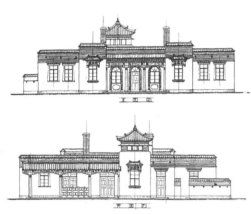

图 13　王府站图纸
（文献 [35]：8.）

图 14　王府阿拉汉庙
（文献 [35]：4.）

叶柏寿、王府❶、牡丹江、金州、佳木斯等车站也都采用了中国古建筑风格，这些建筑参考了地域建筑的样式，基于古建筑的描摹测绘进行设计，如承德站（图 11）以"热河金庙"（图 12）❷为蓝本设计；王府站（图 13）以藏传佛教寺院"阿拉汉庙"（图 14）为蓝本设计。

2. 参与"满洲"建筑协会研究调查委员会

1924 年，脱胎于满铁茶叶会的"满洲"建筑协会组建了研究调查委员会，其中第四委员会着眼于住宅的相关研究。❸第四委员会在同年 6 月 11 日第二回的会议中达成了五项关于住宅研究的协定，其中第三项规定："关于中国人的住宅，请与荒木清三先生进行核对。"❹在 7 月 23 日的委员会会议中，协定研究事项第一条写道"以建筑协会的名义委托北京荒木清三先生提供资料"。❺可见第四委员会的研究是以荒木清三所藏资料为基础。

3. 参与东北地区的古建筑考察活动

荒木清三就任伪满奉山铁路局参议后，参加了关野贞第七次中国调查。1932 年 10 月 14 日，关野贞一行抵达沈阳，荒木清三自沈阳起始终随行，

❶ 王府：现吉林省松原市王府站镇，原属王府努图克，伪满时期长白铁路在此设站。

❷ 热河金庙：普陀宗乘之庙万法归一殿。

❸ 文献 [36]：55.

❹ 文献 [37]：52.

❺ 文献 [38]：49.

匠学薪传——中国营造学社诞辰90周年纪念文集

依次对沈阳、开原、铁岭、辽阳、鞍山等地的中国古建筑遗迹进行考察。28 日，到达义县；30 日，探访北魏万佛堂石窟，并在午后 3 时返回义县探访辽代木构奉国寺（图 15）；31 日，对奉国寺进行摄影和记录；11 月 1 日，离开义县前往早朝寺。❶ 关野贞在《中国古代建筑与艺术》"万佛堂"章节中写道："二三五图、西区石窟平面图即荒木清三先生所做。今于草此文章之际，特向以上诸君表示感谢"❷（表 2）（图 16）。需要注意的是，很多学者认为荒木清三参与了关野贞的第八次中国古建筑考察❸，但荒木清三 1933 年 4 月在承德进行建筑调查时遇到了寒气，导致胸疾复发，而不得不返回沈阳养病。据《荒木清三氏の讣》记载，荒木过去患过胸疾，通过日光疗法恢复了健康，但复发后于 1933 年 7 月 14 日病故于沈阳❹，而关野贞的第八次中国古建筑考察在 1933 年 8 月才开始，时间上并无交集。然而，荒木所做的工作正是为 1933 年 10 月关野贞、竹岛卓一的承德古建筑调查做前期准备。❺

❶ 文献 [39]: 155.

❷ 文献 [39]: 285.

❸ 文献 [40]: Ⅷ.

❹ 文献 [41]: 45.

❺ 文献 [42]: 53.

❻ 文献 [42]: 52–53.

表 2　荒木清三在关野贞的调查中承担的任务❻

	时间	考察地点	承担的任务
关野贞第六次中国古建筑考察	1931 年 5 月 29 日	清东陵、清西陵、明十三陵、独乐寺	向导、翻译、测绘
关野贞第七次中国古建筑考察	1932 年 10 月—11 月	沈阳、辽阳、开原、锦州、义县万佛堂石窟、义县奉国寺、早朝寺	向导、翻译、测绘

四、荒木清三的作用和影响

1. 日本在中国东北地区进行建筑"本土化"的实践者

近代，在华的西方基督教会以教堂建筑的本土化来缓和当地民众的抵触情绪。日本政府也面临着类似的状况，1919 年中国在巴黎和会上的外交失败，引发了"五四运动"，在全国掀起了反帝爱国运动。1921 年中国政府收回了日本控制的胶济铁路；1923 年掀起"收回旅大运动"，撼动了

图 15　义县奉国寺
（文献 [15]：3.）

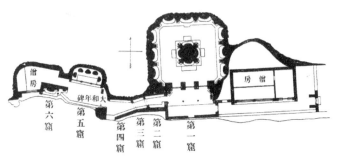

图 16　荒木清三绘制的万佛堂二三五图
（文献 [39]：287.）

日本在华的殖民统治，南满铁道株式会社不得不在政治上展现怀柔姿态，在建筑上表现出"去殖民化"和"本土化"倾向。

然而，因历史发展的阶段、国家之间的文化、立场、语境的不同，各国在建筑"本土化"的展现有所差异。美国建筑师墨菲（Henry Killam Murphy，1877—1954年，也译作"茂飞"）提出"适应性建筑"的概念，即将西方建造技术与中国传统建筑相结合而形成的建筑形式。他提出"可以应用到新建筑中的中国古典建筑的元素，其特征就是飞扬的曲面屋顶、配置的秩序、诚实的结构、华丽的色彩以及完美的比例五大项"❶。而1929年国民政府在制定《首都计划》时，正式提出"中国固有式"建筑的概念，"即指运用西方建筑技术手段，同时又具有中国古代官式建筑的某些特征与视觉效果的中国近代建筑"❷。从东京平和纪念博览会满蒙馆（1921年）、奉天满铁公所（1923年）的设计来看，因中日建筑文化的同源性，荒木清三的"本土化"实践较西方建筑师的"本土化"更为驾轻就熟，少有结构性、认知性的错误，在建筑尺度掌控、构建逻辑、装饰细节的把握上更为准确。与"中国固有形式"相比，受官方的政治影响小，并不拘泥于明清官式建筑样式的约束，平面、立面的设计更为自由，甚至融入了很多日本传统建筑元素，对后来的"满洲式"建筑风格有所影响。

2. 中国古建筑研究的中日桥梁

阚铎评价荒木清三："忆与君共事于中国营造学社时，努力于学术之途，尤以沟通中日两国营造学识，为惟一之使命。"❸正是荒木清三等日籍社员的筹措，促成了伊东忠太的访问，令朱启钤在与日本建筑学者的接触中认识到法式研究的重要性，中国营造学社脱离单一的文献梳理，开启了对中国建筑实物的研究。也正是关野贞、荒木清三1931年6月12日的到访，让朱启钤得知了蓟县观音阁的存在，并派梁思成带队去独乐寺测绘。❹1932年6月在《中国营造学社汇刊》第3卷第2期独乐寺专号上，梁思成发表了《蓟县独乐寺观音阁山门考》："廿年秋（关野贞与朱启钤会晤3个月后），遂有赴蓟计划，行装甫竣。"但因河堤决口而作罢❺，加之"津变爆发"❻，于是拖到了1932年4月。此外，《园冶》的重刊也离不开中日两国学者的共同努力。即便是1931年9月"九·一八"事变以后，日本建筑史界也没有中断向中方寄送资料，如关野贞向营造学社寄赠了《中国建筑》（1932年6月）、义县万佛洞一册、奉国寺照片（1933年）❼，东方文化学院东京研究所向营造学社寄赠了《辽金建筑及其佛像》（1934年）等❽，促进了中国古代建筑史的研究。

3. 协助关野贞进行中国古建筑考察

荒木清三在关野贞的中国古建筑考察中担当了向导、翻译和助手，关

❶ 文献[43]: 1093.

❷ 文献[44]: 247.

❸ 文献[3]: 24

❹ 文献[45]: 27.

❺ 文献[46]: 9.

❻ 1931年11月8日，日本制造"天津事变"。

❼ 文献[47]: 160.

❽ 文献[48]: 135.

野贞曾多次对荒木清三表示感谢。❶ 关于向导的作用，常盘大定 1921 年 9 月至 1922 年 2 月在山东游历时，向导的身体出了问题，常盘在考察日记中写道："不懂中文的我成了哑巴，进退两难。"❷ 迫不得已只能折返北京滞留了 7 天，直到北京的友人丸山推荐了樋口义磨作向导，才重新开始中国之行 ❸，可见荒木清三在考察中的重要性。此外，藏书众多的荒木清三为关野贞的研究提供了很多文献支持，如关野贞撰写《中国文化史迹》时，荒木提供了清陵档案。

4. 助力满铁的中国古建筑研究

荒木清三与满铁的建筑史学者交往密切，对村田治郎、伊藤清照的研究均有助力，他在与"满洲"建筑协会会长小野木孝治进行会晤时，谈及自己在 1932 年 10 月对义县万佛堂石窟、奉国寺等古迹进行的考察，告知对方奉国寺为辽代木构建筑之完整遗迹。小野木喜色满面，随即让南满洲工业专门学校 ❹ 的建筑史教授村田治郎带学生着手实测。❺ 而村田治郎以往的研究局限在南满铁路沿线，是荒木清三扩展了这一范围，也为其他学者研究热河行宫奠定了基础。此后，村田治郎相继到访了义县和承德，发表了《义县奉国寺小记》《热河的建筑》等学术成果。❻

五、结语

客观地看，荒木清三作为曾经日本文部省的技术官僚，所做的工作多是从维护日本的国家利益出发，以至于退出营造学社，至伪满政府任职，使我国珍贵建筑图档、资料流失，造成了负面的影响。而辩证地看，荒木清三是营造学社发展进程的亲历者和参与者，是中、日两国关于中国建筑史研究合作的桥梁，也是中国古建筑风格在近代建筑中流行的推动者，最终他在对中国建筑进行考察的途中染病去世，他对中国建筑的研究和发展所做的工作是值得肯定的。本文对荒木清三的研究也仅是日本学者关于中国建筑研究的问路之石，尚有众多日本学者的研究和工作等待挖掘，借此得以丰富中国建筑研究的全貌。

（致谢：2020 年"纪念中国营造学社成立 90 周年"学术会议征文，承蒙刘畅、王南老师抬爱，陋文恰巧因摘要契合主题而被遴选，实有"捡漏"的幸运。时光斗转，笔者已完成学业步入工作岗位，拙作算是对学生时代的告别。然而，文章限于破碎的史料，荒木清三人物的负面性，修改有难度，给编辑带来额外的工作量，在此致歉。在撰写过程中，陈彤老师在中国古建筑构件名称上进行了斧正，陈建仲老师提供了满铁公所的详细资料，在此一并表示感谢。）

❶ 文献 [39]：285.
❷ 文献 [49]：301.

❸ 文献 [49]：302.

匠学薪传——中国营造学社诞辰90周年纪念文集

❹ 南满洲工业专门学校：位于大连，满铁地方部所属学校

❺ 文献 [27]：73.
❻ 文献 [50]：2.

参考文献

[1] 平勢隆郎、塩沢裕仁 .「支那歷代帝陵の研究」を支えた人々：竹島卓一・荒木清三・岩田秀則 [J]. 法政史學，2013（79）: 8–29.

[2] 鈴木清四郎 . 工手学校一覧—二十五年記念 [M]. 東京: 工手學校，1913.

[3] 冈大路 . 故荒木清三君に對すろ追憶 [J]. 満洲建築協會雜誌，1933，13（8）: 21–24.

[4] 小黒越翁 . 古き思ひ出 [J]. 満洲建築協會雜誌，1933，13（8）: 25–26.

[5] 朱启钤 . 社事纪要 [J]. 中国营造学社汇刊，1930，2（1）: 1–8.

[6] 张复合 . 北京近代建筑史 [M]. 北京: 清华大学出版社，2004.

[7] 徐苏斌 . 近代中国建筑学的诞生 [M]. 天津: 天津大学出版社，2010.

[8] 德米特里·凯塞尔 . 凯瑟尔的中国摄影集 [M]. 纽约: 美国生活杂志 . 约 1940s 至 1956 年 .

[9] 韩扬 . 近代建筑·北京古建筑文化丛书 [M]. 北京: 北京美术摄影出版社，2014.

[10] 大木栄助 . 平和記念東京博覧会写真帖 [M]. 東京: 郁文舎，1922.

[11] 满铁公所新建筑 [N]. 盛京时报，1923–11–04（4）.

[12] 荒木清三 . 奉天满铁公所改筑工事概要 [J]. 满洲建筑协会杂志，1925，5（1）: 43.

[13] 金州乾署长改建孔庙 [N]. 盛京时报，1928–06–17（4）.

[14] 藤河宥二 . 写真集さらば奉天 [M]. 東京: 國書刊行會，1979.

[15] 青山春路 . 亞細亞大觀 12 輯 [M]. 大连: 亞細亞寫真大觀社，1936.

[16] 中国营造学社 . 社事纪要 [J]. 中国营造学社汇刊，1930，1（1）: 151.

[17] 中国营造学社 . 本社职员最近题名 [J]. 中国营造学社汇刊，1930，2: 178.

[18] 赖德霖，伍江，徐苏斌 . 中国近代建筑史: 第 3 卷 民族国家——中国城市建筑的现代化与历史遗产 [M]. 北京: 中国建筑工业出版社，2016.

[19] 桥川时雄 . 园冶·解说 [M]. 东京: 渡边书店，1970.

[20] 徐苏斌 . 日本对中国城市与建筑的研究 [M]. 北京: 中国水利水电出版社，1999.

[21] 贺美芳 . 解读近代日本学者对中国建筑的考察与图像记录 [D]. 天津: 天津大学，2014.

[22] 関野貞 . 薊県獨樂寺—支那現存最古の木造建築と最大の塑像 [M] // 支那の建築と芸術 . 東京: 岩波書店，1938.

[23] 常盘大定，关野贞 . 支那文化史迹·第 12 辑 .[M]. 东京: 法藏馆，1941.

[24] 中国营造学社 . 本社纪要 [J]. 中国营造学社汇刊，1931，2（1）: 174–175.

[25] 朱启钤 . 中国营造学社缘起 [J]. 中国营造学社汇刊，1930，2（1）: 1–6.

[26] 中国营造学社 . 编订中之营造辞汇 [J]. 中国营造学社汇刊，1931，2（3）: 195–196.

[27] 荒木清三. 小野木さんの物故 [J]. 滿洲建築協會雜誌, 1933, 13（2）: 73

[28] 阚铎. 参观日本现代常用建筑术语辞典编纂委员会纪事 [J]. 中国营造学社汇刊, 1931, 2（2）: 30–37.

[29] 中国营造学社. 北平中国营造学社覆本会函 [J]. 建筑月刊, 1933, 1（5）: 24.

[30] 滿洲建築協會. 新築さねた吉林東陽醫院 [J]. 滿洲建築協會雜誌, 1924, 4（1）: 55–56.

[31] 田島勝雄. 滿鐵の建築と技術人 [M]. 東京: 滿鐵建築會, 1976.

[32] 南滿洲鐵道株式會社社長室情報課. 滿洲寫眞帖·昭和2年版 [M]. 大連: 中日文化協會, 1928.

[33] 哈里森·福尔曼. 哈里森. 福尔曼的中国摄影集 [M]. 威斯康星: 威斯康星大学密尔沃基图书馆, 1933.

[34] 青山春路. 亞細亞大觀11辑 [M]. 大連: 亞細亞寫真大觀社, 1936.

[35] 滿洲建築協會. 王府驛平面及立面圖 [J]. 滿洲建築協會雜誌, 1935, 15（4）: 4–8.

[36] 滿洲建築協會. 委員詮衡委員會 [J]. 滿洲建築協會雜誌, 1924, 4（5）: 55–56.

[37] 滿洲建築協會. 第四委員會會報 [J]. 滿洲建築協會雜誌, 1924, 4（7）: 52.

[38] 滿洲建築協會. 第四委員會會報 [J]. 滿洲建築協會雜誌, 1924, 4（8）: 55.

[39] 关野贞. 中国古代建筑与艺术 [M]. 北京: 中国画报出版社, 2017: 285–463.

[40] 赵娟. 鲍希曼与承德地区的寺庙建筑 [M]. 天津: 社科文献出版社, 2019.

[41] 荒木清三. 荒木清三氏の訃 [J]. 滿洲建築協會雜誌, 1933, 13（2）: 73

[42] 徐苏斌. 解读关野贞的中国建筑图像记录中国文化遗产 [J]. 中国文化遗产, 2014. 2: 46–57.

[43] Jeffrey C W.Building in China: Henry K. Murphy's "Adaptive Architecture" [M].HongKong: The Chinese University Press, 2001.

[44] 李海清. 中国建筑现代转型 [M]. 南京: 东南大学出版社, 2004.

[45] 奥富利幸, 包慕萍. 明治时期日本建筑界的中国调查及其研究方法 [M]// 王贵祥, 贺从容. 中国建筑史论汇刊: 第贰辑. 北京: 清华大学出版社, 2014.

[46] 梁思成. 蓟县独乐寺观音阁山门考 [J]. 中国营造学社汇刊, 1932, 3（2）: 7–92.

[47] 中国营造学社. 兹将本社自本年四月一日起至六月底止受赠各界书报表列于左敬表谢悃 [J]. 中国营造学社汇刊, 1933, 4（2）: 160.

[48] 中国营造学社. 兹将本社自本年四月起至六月底止受赠各界书籍胪列于左敬表谢悃 [J]. 中国营造学社汇刊, 1934, 5（2）: 135.

[49] 常盘大定. 中国佛教史迹 [M]. 北京: 中国画报出版社, 2018.

[50] 滿洲建築協會. 滿洲建築雜誌總目錄 [M]. 大連: 滿洲建築協會, 1943.

知己知彼　温故知新

——中国营造学社 90 周年回顾研究与创始人朱启钤的历史贡献

陈　迟

（清华大学中国营造学社纪念馆）

摘要：虽然中国营造学社只存续了 15 年时间（1930—1945 年），但其做出了影响中国建筑学发展的历史贡献。创始人朱启钤提出有别于以往主要研究历史文献的治学方法，开创了理论联系实际的学风，营造学社的田野调查为解读中国古建筑遗产文法奠定了坚实的研究基础。学社对国家和民族的影响不仅限于建筑学研究，更通过研究建立了一套文物遗产的保护体系。在构建中国营造史的同时，朱启钤本着"征集各类资料"的宗旨，通过抢救性收藏样式雷图档并研究出明清建筑的设计方法，为今天的文物保护与修缮工程提供了可靠依据。学社不仅在建筑设计、建筑教育等领域培养了大批人才，并且在文物建筑保护、文物搜集与收藏等方面，也产生了长远的影响。朱启钤先生开阔的眼界、广博的知识、对民族的情感，以及积累的政治文化资源和社会影响，在学社的发展和学术道路中发挥了决定性作用，并使中国建筑在国际学术界取得了独树一帜的地位。

关键词：中国营造学社，朱启钤，文物建筑保护，《营造法式》

Abstract：The Zhongguo Yingzao Xueshe（Society for Research in Chinese Architecture）, though short–lived（lasting only for 15 years from 1930 to 1945）, was significant for the development of Chinese architecture studies in more than one respect. Most importantly, founder Zhu Qiqian put forward a new study method integrating theory and practice. The field survey conducted by the Society accordingly has laid a solid foundation for the interpretation of architectural heritage and the formulating of Chinese heritage law. This law builds on the protection system for cultural heritage established by the Society through the new study method. In addition, and in line with the policy of "collecting all kinds of materials", Zhu gathered data on the "architectural style of the Lei family" and studied the design of Ming and Qing architecture, which has provided a reliable basis for modern monument protection. By the same token, the Society cultivated talents not only in architectural design and education but also in the preservation of buildings and other cultural objects. All of this shows that Zhu as a person—his wide vision, extensive knowledge, and patriotism—in addition to the socio–political influence of the time, played a decisive role in the development of the Society; and moreover, he paved the road to the recognition of Chinese architecture and monument preservation by the international community today.

Keywords：Zhongguo Yingzao Xueshe（Society for Research in Chinese Architecture）, Zhu Qiqian, monument protection, *Yingzao Fashi*

引言

虽然中国营造学社（以下简称"营造学社"或"学社"）只存续了 15 年的时间（1930—1945 年），却做出了影响中国建筑学发展的独特历史贡献。创始人朱启钤特别提出"研求营造学，非通全

❶ 朱启钤.中国营造学社开会演词 [J].中国营造学社汇刊,1930,1(1):4.
❷ 朱启钤.中国营造学社开会演词 [J].中国营造学社汇刊,1930,1(1):4.
❸ 梁思成.为什么研究中国建筑?[J]中国营造学社汇刊,1945,7(1):10-11.

匠学薪传——中国营造学社诞辰90周年纪念文集

部文化史不可,而欲通文化史,非研求实质之营造不可。"❶ 这种有别于以往主要研究历史文献的出发点,开创了理论联系实际的学风。"……研究古建筑非做实物调查测绘不可。"❷ 营造学社成员通过对全国 15 个省市 200 余县的 2000 余家单位进行测绘、摄影,弄清楚了若干"明清建筑中所没有而《营造法式》中却言之凿凿的"❸ 内容。并在此期间,完成了中国建筑的测绘工作,为后期写作《中国建筑史》、完成《营造法式》的注释及解读中国古建筑遗产的文法奠定了坚实的研究基础。同时,营造学社对中国建筑的研究不仅与国际接轨,而且能在国际学术竞赛中达到一线水平,使中国建筑在国际学术界建立了独树一帜的地位。

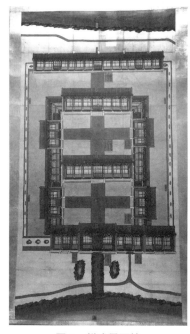

图 1　样式雷图档
(中国营造学社纪念馆)

营造学社对国家和民族的影响不仅限于建筑学的研究,在开展研究的过程中,还建立了一套相关文物遗产的保护体系。营造学社创始人朱启钤在构建中国营造史的同时,本着"征集各类资料"的宗旨,将收集到的样式雷图档留给了国人,为今天研究和认识中国清代建筑及其营建体系,提供了无价之宝(图1)。

通过这批图纸,可以了解清代建筑发展的状况,其中不但包含着对建筑艺术风格的追求,还有建筑技术演变的信息。同时,样式雷图档还透露出当时建筑师的设计方法,为今天的文物保护与修缮工程提供了可靠的依据。

中国营造学社创始人朱启钤先生开阔的眼界、广博的知识、多年积累的政治文化资源和社会影响,都发挥了积极作用。通过学社发展定位及其人格魅力汇集了众多仁人志士、社会精英和各界专家,共同促成包容多个专业领域、充分沟通汇集社会资源和政府支持的专业机构——中国营造学社的成立。学社在发展的过程中不断拓展研究广度和深度,在建筑设计、建筑教育等领域培养了大批人才,并且在文物建筑保护、文物搜集与收藏、建立民族自信等方面,产生了长远而积极的影响。

一、中国营造学社的组织构成

中国营造学社是中国最早的建筑学研究机构,具有较大规模,并在发展的鼎盛时期具备国际影响力。营造学社几次组织结构名单的更新,可体现出其发展轨迹，也充分显示了营造学社为中国建筑研究所奠定的人才基础及扩展的学术交流范围，同时亦预示了学社的研究成果范围和对现实社会的深刻影响。

营造学社组织结构中关于"职员"、"社员"职能的划分，可明确体现出二者工作范围和作用的差异。不同时期的组织结构变化，也体现了学社在不同阶段研究领域、研究成果和研究重点的差异。

1930年，中国营造学社成立伊始，学社的成员大体分为"常务"和"名誉"两个类别。"常务"一职，基本上可以分成以下三类：1）国学家及历史学家，包括朱启钤、阚铎、陶洙、瞿兑之四人；2）技术专家，包括刘南策、宋麟征二人。这二人均具有建筑和土木等专业背景；3）其他，负责学社收掌、会计等。"名誉"一职，分为三类：1）评议；2）校理；3）参校。

在"名誉"类成员构成方面，不同职位编制存在不同的人员性质：

（1）政商名流

即名誉评议成员，包括华南圭、周诒春、郭葆昌等人。这些人的共同特点，要么是当时的政界人士，要么是社会名流，而且几乎都是过去朱启钤从政时期的同僚。这些人曾经在为学社引入人才和争取资金支持方面，起到重要作用。

（2）著名学者专家

即名誉校理成员，包括陈垣、袁同礼、叶翰、荒木清三等人。这些人大都是当时在学术界颇负盛名的学者专家，包括考古学、国学、历史学、金石学、图书馆学等领域，而且部分曾是过去朱启钤从政时期的部属。这些人广泛的社会职务和政商影响，与学社经费的筹措有着紧密的联系。

（3）建筑专业人员

即名誉参校成员，包括梁思成、林徽因、陈植等人。虽名为学社成员，但和名誉评议一样，不参与学社研究的工作。主要的研究工作仍是由常务社员承担。因此，此时学社常务社员的背景，直接影响学社初期的研究成果与工作方向。

1931年7月，在确认梁思成正式加入营造学社之后，学社的组织形式也发生了变化。组织编制从原来的"常务"和"名誉"的称法，改为"职员"和"社员"两类；"职员"又分为"文献"和"法式"两组。1933年5月，中国营造学社在教育部正式备案，从私人学术研究团体正式成为国家认可的公开学术机构。

1934年6月，学社再一次进行改组。此时，中国营造学社处于其发展历史中的巅峰时刻，学社又一次将人员构成改为"理事会"和"职员"，原有的评议、校理、参校等编制，一律简化成学社一般社员登记。学社组织成员的背景伴随着学社的逐渐扩充和发展，充分反映了"多元"、"科学"与"专业"的特点。营造学社的会员来自多个专业领域，有力地促进了相互交流；这些成员几乎都是当时科学界著名的学者，体现出学社的科学性；

具有海外留学经历的建筑师和国内教育界、建筑界最顶尖的人才，更体现了营造学社的专业性。

1938年，经历了抗日战争爆发，迁移至昆明并恢复工作之时，营造学社职员仅余梁思成、刘敦桢等5人；而在1945年抗日战争胜利后，伴随着梁思成带领着仅有的数人去清华大学创办建筑系，学社的工作也宣告结束。

由此可以看出，中国营造学社的发展表现为组织结构的变化，而关键人物的出现和组织结构的发展进一步影响了其发展的方向和学术成果。在梁思成、刘敦桢等建筑界一流人才加盟之前，营造学社的研究成果更多集中在资料搜集和国故整理方面；他们加入之后，才将以科学的方法研究中国建筑发展起来，并取得了具有开拓性的研究成果，获得国内外同行的一致认可，同时也增强了学社同仁和国内学术界的自信和自豪感。人才、资源、学术成果三位一体的有机结合，其融合内核在于创始人朱启钤先生所设定的发展目标和学术研究方法。

二、营造学社的研究转型和资金来源

"言及文化之进展则知，国家界限之观念，不能亘置胸中。岂惟国家即民族界限之观念，固亦早不能存在。吾中华民族者，具博大襟怀之民族。盖自太古以来，早吸收外来民族之文化结晶直至近代而未已也。凡建筑本身及其附丽之物，殆无一处不足见多数殊源之风格，混融变幻以构成之也。"❶ 朱启钤明确了中国建筑的研究需要以国内外多种艺术风格和文化流派的深度研究和广泛交流为基础，并应依据发展定位配置研究资源，这也无形之中对中国建筑研究提出了国际化和高水平的要求。

在中国营造学社第三次内部重组之后，确定了中国建筑研究方法转向实际调查研究。伴随着梁思成和刘敦桢两位国内顶尖建筑学家加盟营造学社，带来了当时国际通行的科学建筑研究方法。而随着学社中国传统建筑研究方法的日趋成熟，科学的田野调研方法、中国传统的文献研究方法、实物建筑的研究和传统工匠工艺访谈相结合这三种方式，为建立中国建筑研究范式奠定了基础。

他们的许多工作是有效而务实的，在起步阶段就非常明确中国建筑研究的价值和方向，并且怀着坚定信念投入饱满的热情开展工作。梁思成在《为什么研究中国建筑？》中，表达了对中国建筑研究和设计的理解："艺术研究可以培养美感，用此驾驭材料，不论是木材、石块、化学混合物或钢铁，都同样的可能创造有特殊富于风格趣味的建筑。世界各国在最新法结构原则下造成所谓'国际式'建筑；但每个国家民族仍有不同的表现。……以我国艺术背景的丰富，当然有更多可以发展的方面。新中国建筑及城市设计不但可能产生，且当有惊人的成绩。"❷

❶ 朱启钤.中国营造学社开会演词 [J].中国营造学社汇刊,1930,1（1）:4.

❷ 梁思成.为什么研究中国建筑?[J] 中国营造学社汇刊,1945,7（1）:10-11.

关于研究经费，从最初的私人捐赠，到后来的中英庚款、中美文化基金、中华教育文化基金会资助等，都是保障学社存在的基础。包括创始人朱启钤及其好友在内的营造学社理事和会员都利用自身的影响力和号召力，为学社的发展做出持续的贡献。无论是牵线搭桥还是争取基金、号召募捐甚至私人捐赠，他们的全身心投入让营造学社从一个凭兴趣爱好发起的私人研究群体，转变为具有国际影响力的重要学术研究机构。

资金的充裕和官方的支持，为营造学社的跨层次发展提供了坚实的物质基础。在此基础上，中国营造学社不仅扩大了研究体系和规模，也促成了专业深化和社会影响的扩大。

三、资金中断与学术研究

由于抗日战争爆发，逃离北平的营造学社学者们辗转到长沙，虽然面临资金几近中断，但最后还是找到少量支撑运营的资金使营造学社能够继续中国建筑的调研和测绘。随着学社的南迁，学社对中国建筑的研究范围也从北转向南，从官式建筑转向地方建筑。研究范围和目标的转移，开拓了研究视野和类型，逐步实现在全国范围内建立中国传统建筑的档案和数据库，这一时期的工作同样为建立真正的中国建筑史奠定了基础。

随着抗日战争的全面爆发，中国营造学社主要研究学者继续向南迁移，经过长沙到达云南昆明。对于中国的建筑研究而言，在生死存亡的历史关头，通过迁移保存了营造学社的人才和研究成果，同时也将学术活动持续到抗日战争胜利。1940年，为躲避日军的轰炸，也因为中央研究院历史语言研究所众多的图书和研究资料迁移，学社又再次随历史语言研究所从云南昆明迁到了四川宜宾李庄，在那里重新分析和梳理了中国营造学社的前期调研成果，建立了中国建筑研究的历史体系。此举具有重大的历史意义和特殊的学术价值，然而整个研究过程都是在巨大的生存压力背景下进行的。一方面是抗日战争进入重要转折时期，举国民众都生活在异常艰难的环境下，营造学社同样缺少资金支持，调研难以大规模开展；另一方面则是由于前期调研资料积累较多，整理、研究工作繁重。不过，营造学社利用此时机进行深入研究和分析，以等待胜利的坚持和苦中作乐的精神不懈努力，期待抗日战争胜利后向社会发布中国建筑的最新学术成果。

抗日战争时期的中国营造学社，一直未曾放弃古建筑的田野调查，甚至在缺衣少食的情况下仍然坚持对中国建筑进行深入研究、持续培养建筑学人才，这既体现了营造学社一如既往对人才的渴望，也为抗日战争胜利之后重建国家及重塑中国的国际影响奠定了坚实基础。

不仅如此，梁思成甚至还通过与费正清等学者书信交流的方式与国际学术界保持联系，以期待战后能够快速回归国际学术界。这种家国情怀在学社成员的文章中得以体现，关于中国建筑研究的思考也从未停歇，梁思成在《为什么研究中国建筑?》一文中更进一步揭示了中国建筑之于国家民族的重要性。

在营造学社筹建之初,清华大学校长周诒春建议营造学社申请中英庚款资金支持,并介绍梁思成与中国营造学社建立联系;1945 年抗日战争胜利之后,清华大学校长梅贻琦与学社创始人朱启钤合作,将中国营造学社并入清华大学,并由中国营造学社法式部主任梁思成在清华大学创办建筑系。营造的历史传承第一次将建筑研究的基因和精神注入了中国的现代大学教育,也让营造学社的研究成果和中华建筑文明的瑰宝,通过清华大学这一教育平台继续发扬光大,实现了从物到人的传承。

"要能提炼旧建筑中所包含的中国质素,我们需增加对旧建筑结构系统及平面部署的认识。构架的纵横承托或联络,常是有机的组织,附带着才是轮廓的钝锐,彩画雕饰,及门窗细项的分配诸点。这些工程上及美术上措施常表现着中国的智慧及美感,值得我们研究。许多平面部署,大的到一城一市,小的到一宅一园,都是我们生活思想的答案,值得我们重新剖视。"❶营造学社的研究成果提升了公众对中国建筑研究的认知。

四、营造学社在 21 世纪

2009 年,在即将迎来中国营造学社创立 80 周年之际,中国营造学社纪念馆在清华大学建筑学院正式挂牌,营造学社的精神信仰将在此延续。纪念馆逐步开放展出有关中国建筑研究学术成果的藏品,并为专业人士提供资料研究、学术交流方面的服务。且与时俱进地以营造学社旧藏为基础,拓展文物建筑保护研究范围,拓宽公众教育和传播的领域,回归营造学社初创时的定位:实现良性的社会影响,强化与社会的联系(图 2)。

图 2　中国营造学社纪念馆牌匾

匠学薪传——中国营造学社诞辰90周年纪念文集

❶ 梁思成. 为什么研究中国建筑?[J] 中国营造学社汇刊,1945,7(1):10-11.

如今中国经济总量已居于世界前列，经济富足的同时伴随着民族文化需求的增加。中国营造学社创始人朱启钤、建筑学家梁思成、刘敦桢等前辈90年前关于中国文物建筑保护与发展的思考、理想和对未来的憧憬，正成为大众的日常所思。"知己知彼，温故知新，已有科学技术的建筑师增加了本国的学识及趣味，他们的创造力量自然会在不自觉中雄厚起来。这便是研究中国建筑的最大意义。"❶

五、展望"中国营造"

"以测量、绘图、摄影各法将各种典型建筑实物作有系统秩序的纪录是必须速做的。因为古物的命运在危险中，调查同破坏力量正好像在竞赛。多多采访实例，一方面可以作学术的研究，一方面也可以促社会保护。研究中还有一步不可少的工作，便是明了传统营造技术上的法则。"❷

梁思成在完成对中国建筑的调研和测绘并建立中国现存建筑遗产分布"数据库"的同时，通过田野调查来发现并帮助理解《营造法式》中唐宋时期建筑的做法，更让他坚定了古建筑调研的重要性。实地调研中发现的五台山佛光寺唐代木构建筑，其独特的建筑造型令建筑学家为之深深吸引。综合分布于各处的信息后，学者们终于宣布这一中国建筑史上的重要发现，成功证明了：中国不仅有唐代木结构建筑遗存，而且能够通过营造学社的众多调研成果，证明中国建筑本身存在严谨有序的建筑演进规律。（"研究实物主要目的则是分析及比较冷静的探讨其工程艺术的价值，与历代作风手法的演变。"❸）在这个存在了近千年的唐代建筑之中，唐代的雕塑、壁画、书法与木构共同构成了这一现存于世的稀世珍品。

佛光寺的发现和研究，不仅见证了中国近千年来宗教的发展，而且成为梁思成所构建的中国建筑史学科中一颗璀璨的珍珠。通过学术成果向国际社会传递中国的发现，不仅证明了中国学者对传统文化研究的重要性，其传播效果也证明了中国建筑艺术对人类的价值和意义，并持续唤起社会民众对本国建筑艺术的兴趣和热情。

结论

在实地调研及挖掘文化遗产价值和意义的过程中，自然会产生保护和修缮古建筑的需求。朱启钤、梁思成、刘敦桢等多位学者，在将西方建筑知识运用于中国建筑的研究实践过程中，怀着向中国和世界展示中国传统建筑价值的宏大理想，进一步提升了政府、知识界、公众对文化遗产的理解和认可，也客观促进了文物建筑保护理念的传播和中国建筑历史体系的建立。他们的研究成果将中国建筑历史、建筑教育、遗产修缮和保护、建筑设计等多个领域整合在一起，造就了现在的中国建筑教育及历史研究的格局。

❶ 梁思成.为什么研究中国建筑?[J]中国营造学社汇刊，1945，7（1）：10-11.

❷ 梁思成.为什么研究中国建筑?[J]中国营造学社汇刊，1945，7（1）：10-11.

❸ 梁思成.为什么研究中国建筑?[J]中国营造学社汇刊，1945，7（1）：10-11.

"知己知彼，温故知新"是对历史延续和传承的客观认识，任何创新和发展都要遵循一定的历史规律和脉络，即从量变到质变。中国营造学社成立 90 年来的发展历程，不仅展示了以中国近代发展历史为背景，波澜壮阔的中外学者学术竞争图景，也展示了中国建筑史一砖一木踏实建构的过程，并最终走出了独特的中国建筑研究的民族道路。然而，道路的发展依然需要一代代的学者，依托于时代发展的大背景持续探索，为了解和传承中国建筑赋予新的意义。

参考文献

[1] 张蓂振.从中国营造学社的组织框架结构看其历史发展 [M]// 朱启钤.营造论：暨朱启钤纪念文选.天津：天津大学出版社，2009.

[2] 梁思成.我们所知道的唐代佛寺和宫殿 [J].中国营造学社汇刊，1932，3（1）：75.

[3] 梁思成.中国建之两部"文法课本" [J].中国营造学社汇刊，1945，7（2）：63-64.

[4] 林徽因.论中国建筑之几个特征 [J].中国营造学社汇刊，1932，3（1）：163.

[5] 王贵祥.中国建筑的史学建构与体系诠释——略论中国营造学社与梁思成的两个重要学术夙愿与贡献 [J].建筑学报，2009（12）：1-6.

[6] 朱海北.中国营造学社简史 [J].建园林技术，1999（4）：10-14.

[7] 王贵祥.《中国营造学社汇刊》的创办、发展及其影响 [J].世界建筑，2016（1）：20-25+127.

[8] 王南.规矩方圆，度像构屋——蓟县独乐寺观音阁、山门及塑像之构图比例探析 [M]// 贾珺.建筑史：40 辑.北京：中国建筑工业出版社，2018：103-125.

[9] 陈薇.《中国营造学社汇刊》的学术轨迹与图景 [J].建筑学报，2010（1）：71-77.

[10] 常清华，沈源.中国营造学社的学术特点和发展历程——以《中国营造学社汇刊》为研究视角 [J].哈尔滨工业大学学报（社会科学版），2011（2）：109-113.

[11] 梁思成.复刊词 [J].中国营造学社汇刊，1934，7（1）：3.

[12] 朱启钤.中国营造学社开会演词 [J].中国营造学社汇刊，1930，1（1）：1-9.

[13] 朱启钤.中国营造学社缘起 [J].中国营造学社汇刊，1930，1（1）：1-6.

[14] 胡志刚.从传统到现代：梁思成与中国营造学社的转型 [J].历史教学（下半月刊），2014（7）：47-51.

[15] 刘周岩.营造学社——在古建筑里发现中国 [J].三联生活周刊，2020（10）：1-33.

建筑文化研究

汉阙结构论

高子期

（西安工程大学艺术考古研究中心）

摘要： 秦汉阙是秦汉建筑中最重要的实物遗存，集中反映了当时社会、政治、经济、文化和审美的面貌。现存实体阙中，有着模拟自真实建筑物的结构和装饰体系，不仅能为研究者提供相关建筑蓝本，对研究秦汉木构建筑的类型、构造技术及用材制度也有一定参考意义。

关键词： 秦汉，阙，结构

Abstract: *Que* are the most important physical remains of Qin–and Han–dynasty architecture, not least because these gate towers reflect the social, political, economic, cultural, and aesthetic issues of their time. As their design replicates the structure and decoration of real–life buildings, the study of existing *que* can not only provide "architectural blueprints" for ancient buildings that have long gone, but also be significant and helpful to understand the construction type, technique, and material of Qin and Han wooden buildings as seen through the lens of such wood–mimicry.

Keywords: Qin and Han dynasties, *Que*, structure

秦汉时期是中国古代建筑进入全面发展和融汇的阶段，也是古代建筑技术第一次汇集性总结的时期。木构建筑技术在继承先秦建筑传统的基础上得到进一步完善和提高，木构梁架和砖石砌体承重结构均出现了质的飞跃，为木构建筑框架体系的确立与完善奠定了坚实的基础。

目前有关唐代以前的建筑研究，多围绕考古发现的城市或宫殿遗址开展。这些遗址保留一定规模的夯土台基、柱础等地面基础结构，通过连缀台基的柱础所形成的柱网面积，虽可推断该建筑物的规模、布局及相应的构筑技术等信息，但这些建筑物的具体立面表现形式、基本构造及装饰手段等信息却无从得知。

所幸还有作为秦汉时期地面建筑实物孑遗之一的部分秦汉遗阙，尤其是在四川、重庆两地的仿木构石阙和崖墓阙中，有模拟自真实建筑物的立柱、开间、梁架、斗栱、橼木、瓦当等，这些不仅能为研究者提供相关建筑蓝本，对研究秦汉木构建筑的用材制度也有一定参考意义。

然而，石阙一来数量有限，二来保存完好者更在少数。幸而同时期的文物遗存中，不仅有着数量众多、面貌各异的非实体阙的形象，其表现形式也远比实体石阙更为丰富，且分布全国各地的汉代建筑明器对阙及阙形建筑有着更为生动形象的立体模型表述。大量的非实体阙遗存为研究秦汉时期的地面建筑提供了丰富翔实的参照标本。

值得注意的是，秦汉实体阙的存在是第一性的，其他大量的文化遗存中阙的图像或模型是第二性的。以第一性为本、为"模特"；以第二性为传摹本，这应当已是共识。尽管如此，阙的传摹本似乎提供了更为丰富的资料，依然值得引起研究者重视。

一、秦汉阙遗存与分布

1. 阙的遗存

现有秦汉阙遗存大致分为两类：地面的实体阙类建筑物；同时期相关文物载体上的非实体阙类建筑平面图像或半立体形象。

1）实体阙

所谓实体阙，是指建筑在地面上的以夯土、石材、木材或砖等材料构筑的木构建筑的真实模仿物。现存于世的实体阙有土、石、砖等不同材质，其中有实用阙，也有墓表、祠堂等象征性阙，均属实体阙之列。这些实体阙与当时的宫城及民居建筑虽有差距，但彼此差异并不大。通过这些实体阙的建筑遗存，能比较直观地了解中国古代建筑的基本构成形式和面貌，也可以通过阙这一类的重要建筑，了解木构建筑技术的发展状况。

2）非实体阙

非实体阙泛指在其他文物载体上相关阙类建筑的平面或立体的图像表达。这些载体，包括汉代画像砖、画像石、石（瓦、漆）棺、石椁、崖墓、青铜镜、青铜牌饰、青铜印章、青铜摇钱树及陶座、陶（瓷）质建筑明器、阙形砌壁以及壁画、帛画、木板刻画。这些载体中阙的形象及其与其他建筑之间的布局，参照了实体阙在地面的建筑形式与其他不同性质和类型的建筑间的布局方式。部分如崖墓及坞壁堡等建筑明器中阙的表达，从实质上说与某些实体阙，尤其是仿木构石质阙的表现形式相似。但从本质来看，崖墓阙与坞壁阙并非是完全通透的立体三维形象，所以此处仍将这一类型的阙形建筑归入非实体阙之列。

2. 阙的分布

1）实体阙的分布

现存秦汉阙建筑实体阙遗存的分布位置划分为关中与甘肃地区，中原地区，齐鲁、皖北、苏北地区，川渝地区及京津地区五个区域（图1）。

（1）关中与甘肃地区

此区最重要的阙遗存，是秦始皇帝陵之阙、秦汉直道阙、汉长安诸城阙与宫阙、西汉诸帝陵阙及东汉诸墓阙等，目前所见均为大型夯土、土坯或土木结构。

（2）中原地区

中原地区主要指河南省，此区至今为止未发现西汉之前的阙。现有东汉洛阳城诸宫城阙、东汉诸帝王之陵阙、祠庙神道阙和墓阙留存等多种形式。其中除东汉洛阳城诸宫城阙及诸帝陵阙为土木结构之外，其他诸阙皆由石材构筑。

（3）齐鲁、皖北、苏北地区

此区包括山东省全境、安徽省北部和江苏省北部地区，也可大致分为

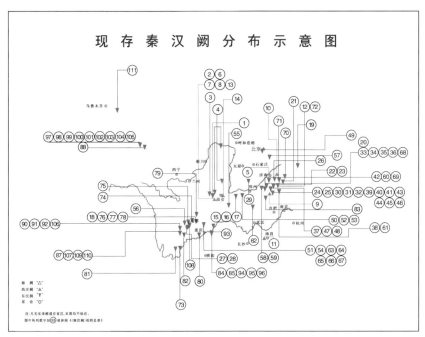

图1 现存秦汉实体阙分布图

(作者自绘)

鲁西南及皖北、苏北（A区）和齐鲁东部（B区）两个亚区。此区遗存大多为石质阙，A区除秦汉时泰山封禅阙，其余为东汉墓阙；B区新发现西汉兰陵疏广阙，其余皆为东汉墓阙。

（4）川渝地区

此区即今四川省和重庆市，可能波及秦岭以南汉中地区，大致可分为成都平原周边（A区）、重庆及四川渠县（B区）和川西南（C区）三个亚区。此区未见西汉阙的遗存，多为东汉时期石质阙。其中，A区阙的属性较丰富，涵盖了城阙、道路阙和墓阙三种类型；B区和C区均为墓阙。

（5）京津地区

此区即今北京及天津地区，目前见于报道的均为石质墓阙。

秦汉实体遗阙所在的五大区域都是当时的政治、经济、交通、文化重心之所在。自东晋时期《华阳国志》❶、北魏时期《水经注》❷至宋代、清代的古阙记录，与现存实体阙密度基本吻合。尽管历经千余年的破坏损毁，现今仍能大体掌握秦汉时期地面实体阙建筑的分布。

2）非实体阙的分布

非实体阙形象伴随其载体，比较集中地分布在山东、江苏、安徽、河南、湖北、陕西、甘肃、四川、重庆等地，这些地方大多是现存地面实体石阙和土坯阙建筑分布的所在地，同时也是两汉时期流行的画像砖石墓和崖墓分布的所在地（图2）。从造型与结构来看，非实体阙装饰风格多样远比实体阙复杂。既有模仿碑石型的阙，也有类似柱、表一类直接在柱端

❶ 晋代常璩（约291—361年）撰。

❷ 北魏郦道元（466年—527年）著。

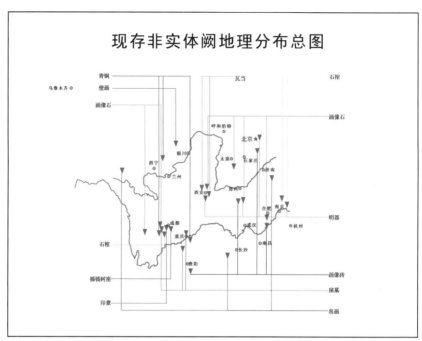

图2　现存秦汉非实体阙分布图
（作者自绘）

承托屋檐，结构较简单且不能登临的地域标志性阙，同时还有土木结合的大型城阙与关塞阙，或土（石）木、纯木结构兼具登高瞭望与标志性功能的宅邸阙、道路阙等，此外还有纯木构类似干栏式建筑的例子。

（1）画像石之阙

可分为四大区域，第一大区即鲁南、苏北、皖北、豫东及冀东南地区。这一区域画像石出现较早、延续时间较长、发展水平较高，也是分布最广、最密集的一个区域。非实体阙分布比较集中的地区，基本等同于地面实体阙建筑集中分布的区域。

第二大分布区以豫南及鄂北为中心，河南省南阳市、平顶山市、郑州市、洛阳市、漯河市、新乡市、鹤壁市、许昌市、安阳市、周口市、商丘市和驻马店市等地区是这一区域集中分布地。

第三大区为陕北、山西地区。

第四大区为四川、重庆、贵州地区，形式为石棺、石函、崖墓等，数量众多而且生活气息浓郁，盛行时间下限约晚至三国蜀汉时期。

画像石是非实体阙出现频率最高的载体之一，见证了非实体阙由肇始、兴盛直至衰落的过程。在画像石中，阙的形象最初简洁质朴，后期则具有了复杂的结构，尤其对木结构建筑着意表达。

（2）画像砖之阙

主要分布于河南、四川两省，山东、安徽、江苏、陕西、山西、甘肃、湖北、重庆、贵州、云南、广西壮族自治区、内蒙古自治区等地只有少量或个别发现。其中关中与甘肃地区遗存既有空心大砖也有实心砖，表现内容依然以重檐单体阙为主，两种砖体上均出现三重檐单体阙；中原地区画像砖不仅出现时间较早，题材丰富，而且品类繁多。

（3）崖墓之阙

带阙崖墓主要集中分布于四川、贵州地区，是级别较高的崖墓。有墓道前置阙与墓内阙之分，前者位于墓门外左右两侧山崖，后者多位于墓室内后室的门侧。墓内阙又分墓葬后室门阙、甬道阙，均为浮雕双阙的形象。墓道门前所置阙的形象基本立体仿真雕凿，与地面实体石阙形式基本一致，也分阙基、阙身、楼部和阙顶，有出檐和进深等。除了斗枋、瓦当等构件外，阙身楼部还会有各种雕饰，往往与墓道连为一体，一般为单体阙，少见有子母阙。

这些阙的形象均保留了木构特征，大部分阙身收分较多，也有不收分的，阙顶多单檐少重檐，基本为面阔一间进深一间的制式，阙身楼部为表现重点。除斗栱及枋木外，还有方格纹、方胜纹、帛带穿璧纹、穿钱纹等象征性的窗花纹带。

（4）明器之阙

现有考古资料显示，带阙明器主要集中分布于陕西、河南、北京、甘肃、江苏等地。东汉末由于局势长期动荡不安，促使房屋设计中的防备意识增强，高大的坞壁堡阙开始流行，阙已经不再独立于主体建筑之外，而是后退至与大门处于同一水平直线上，阙的顶部一般高于大门屋顶和两边院墙（便于瞭望和射击）。其目的是为了加强防守，但仍然保持双阙对峙的传统布局。

坞壁堡阙的实体在考古中并未发现，但在陶质模型明器和画像石、画像砖、壁画中可以看到其形象。一般一院一对阙，设置在大门两侧，有的门内庭院里会设观。此外，还有完全独立于院落的明器阙，常见有重檐子母阙，也有单体阙；至东汉末年又出现附立于魂瓶上部堆塑楼阁之阙。一般情况下，堆塑较多的魂瓶，基本都有对阙的表现，阙往往处于主体描绘对象之中，并以单檐单体为主。

明器中不仅有对实体阙的立体摹写，还有附着在陶灶口两旁平面线刻的阙的形象。一般为单檐单体阙，在陶灶体上以凸起线条表现阙的外形及木构框架结构并体现开间意识。

（5）青铜器之阙

现有文物资料显示，青铜器中阙的形象见于青铜牌饰和印章、铜镜、摇钱树枝叶等，主要分布于四川、重庆、河南、江苏、甘肃等地。其中青铜印章存世量虽较同类材质其他文物多，但出土地点明确的只有四川、江苏两省共四枚。存世带阙形象的青铜镜仅河南新野及安徽阜阳出土的东汉青铜镜两枚。其余出土地明确的为四川绵阳、茂汶出土的青铜摇钱树及重庆巫山和甘肃成县出土的铜牌饰，此类文物存世不多，其出土地处于两汉政治、经济和文化的中心。

（6）壁画、帛画、漆画之阙

在内蒙古自治区和林格尔壁画、湖南长沙马王堆汉墓帛画、山东临沂金雀山汉墓和青海诺木洪汉墓出土帛画中也见有阙的形象。

从分布地域来看，非实体阙与实体阙分布的区域大致重合，但非实体阙的存世数量要远远大于实体阙。就建筑性质而言，实体阙包括了都城门阙、宫阙、道路阙、祠庙阙、陵墓阙、关塞阙六种类型，而存世非实体阙形象更多反映出的是与人们日常生活息息相关的宅邸阙、苑囿阙和道路阙等，以及极具特殊象征意义的代表灵魂升入极乐世界的"天阙"一类。

非实体阙分布在多种文物载体之上，其中大多刻画于器物平面，部分为崖墓前置阙及建筑明器、魂瓶等半立体塑造的阙。另有一种较特殊的附于砖室墓照墙之上的阙形砌壁，这种表现形式，既是立体砖体的组合，同时又具备平面阙形的表达。其中有空心砖的塑造，也有实心砖的垒砌，并保留了双阙两两对立的模式，有单体阙、子母阙及阙形门的表达。早期阙形砌壁中的双阙，建筑结构明晰，基本保持了"阙基—阙身—阙顶"的三段式构成形式，到后期逐渐简化，仅保留阙基和阙身，但始终置放于墓门上方照墙之上，使阙形建筑不离"升天之门"的初衷。

二、阙的类型与构造

1. 实体阙基本类型及构造

秦汉阙建筑实体按建材质地可以分为：①土阙，阙的基础和主体部分用夯土或者土坯，中上部用部分木结构，在阙的脊部、顶部铺设瓦面；②石阙，阙体全为石材构筑；③砖质阙，由实心砖或空心砖砌筑。秦汉阙至今仅见陕西渭南有空心砖质无名阙的残构件，未见完整实体；江苏省有经考古发掘出土的南朝萧玮墓前实心砖砌筑的双阙。鉴于秦汉时期砖石墓的普及和流行，由此可推测当时砖质阙也应有一定的使用程度。因此，按建材质地对秦汉实体阙进行分类，实际目前只有土质阙和石质阙两类。

现存秦汉实体阙在早、中、晚不同时期，其外形轮廓与风格均有所差异，但基本遵循中国古代木构建筑"台基—屋身—屋顶"的三段式构成形式❶，时段的早晚并无本质区别。只是由于地域和气候的原因，这种源自现实生活的建筑形式，呈现出仿木构和砖（土）石构两种不同的风貌。这两种形式的区分，仅限于阙身之间的比较，因为阙顶绝大部分是仿木结构，仅存在屋顶形式和级别上的差异。

1）砖（土）石型

砖（土）石型石阙，以北京、天津、山东、河南及苏皖一带东汉早中期石阙为代表。其中一种为简单的碑石型，阙身未见斗栱、阑额、柱枋等构件，仅在阙顶有木构檐椽模仿，或示意性凿出栌斗形象。阙身略有收分，

匠学薪传——中国营造学社诞辰90周年纪念文集

❶ 台基："中国的建筑，在立体的布局上，显明地分为三个主要部分：（一）台基，（二）墙柱构架，（三）屋顶。无论在国内任何地方，建于任何时代，属于何种作用，规模无论细小或雄伟，莫不全具此三部；……"参见：梁思成. 建筑设计参考图集简说：第一集 [J]. 中国营造学社汇刊，1935，6（2）：80。

图3　山东省泰山阙
（作者自摄）

图4　山东省新泰无名阙
（作者自摄）

图5　山东省曲阜鲁贤村无名阙
（作者自摄）

部分已显现出开间的意识，以山东的泰山阙、新泰无名阙、曲阜鲁贤村无名阙为代表（图3~图5）。

　　另一种以河南的登封三阙为代表，阙基一般由整石构成，阙身和楼部均未见仿木结构的柱、枋、斗栱等结构部件，阙身也无收分，应该是仿土石或砖石结构的建筑形式，此形态的出现与北方地区较凉爽干燥的气候相关，山东嘉祥武氏西阙亦是如此（图6）。此外，甘肃的瓜州踏实墓阙和敦煌祁家湾墓群、南湖墓群的十余处土坯阙遗存，其筑造方法则借鉴砖石结构做法，外形朴素浑厚，与河南诸阙的构造风格一脉相承（图7）。

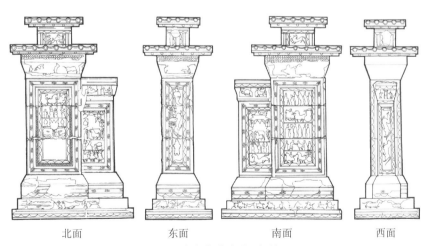

北面　　　　东面　　　　南面　　　　西面

图6　山东省嘉祥武氏西阙线图
（作者摹绘）

图7　甘肃省瓜州踏实大墓陵前子母双阙

（作者自摄）

2）仿木构型

仿木构型石阙主要分布在川渝一带，川渝地区较温暖潮湿的气候直接影响着当地的建筑形式，两地石阙是当地干栏式建筑的模拟，兼具写实和象征的意味。阙基四面刻出蜀柱、斗，基部应是模仿通透的干栏式样；阙身刻出柱身，有的有减柱现象；阙的顶部为四面落水的庑殿式，屋面有一正脊四垂脊，正脊上设脊饰。各垂脊之间铺设瓦面，筒瓦与板瓦扣合，檐下设椽，檐口端部设置瓦当保护椽头等。

这类石阙阙身有明确的开间、较大的体量和进深、复杂的组合结构等，已具备木结构房屋的种种特征，呈现出与北方中原等地石阙迥异的形态，著名的代表有四川的雅安高颐阙、绵阳杨氏阙、渠县诸阙及重庆忠县乌杨无名阙等（图8，图9）。

在阙体的楼部更有阑额、枋木、栌斗及形式多样的斗栱结构。川渝两地石阙在阙身与楼部之间，还有着一层纵横枋木叠置的"井"字形结构，这层"井"字结构一般上承楼部（或介石层）下接阙身，转角处纵横搭接的枋头伸出阙身之外，枋头叠置的断面形成一种简洁醒目的装饰。陈明达认为这种结构很可能是由井干结构发展而来，与西汉初年出现的井干楼有

匠学薪传——中国营造学社诞辰90周年纪念文集

图8　四川省雅安高颐阙西阙线图

（作者摹绘）

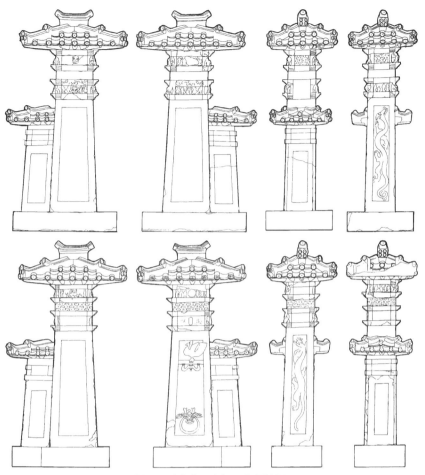

图 9　重庆忠县乌杨无名阙线图
（作者摹绘）

着直接的承继关系。❶ 这种结构应当就是文献中"井干楼"的构成形式，至今在中国的东北、新疆维吾尔自治区、内蒙古自治区及西南地区诸省植被茂盛的地方仍然行用。"井"字结构的使用，使得阙身获得更高的楼部空间，也是当时高层楼阁的真实写照。

　　"井"字结构上承介石层，介石之上一般雕刻有方胜纹、帛带穿璧或帛带穿钱纹样，也有的在此层上平面刻满仙灵神怪。有学者认为介石层是较低矮的阁楼，也有人认为是窗户或者阑干一类的表达，至今未有定论。惟介石之上、顶盖之下的斗状石块是房屋楼阁的象征，基本达成共识。阙身有明确的开间、较大的体量和进深、复杂的结构等，已具备木结构房屋的种种特征，呈现出与北方中原等地石阙迥异的形态，著名的代表有四川的雅安高颐阙、绵阳杨氏阙及渠县诸阙等（图 10）。

2. 非实体阙基本类型及构造

　　现存非实体阙形象大致分为单体阙、子母阙、阙形门三大类别，并在

❶　陈明达.中国古代木结构建筑技术（战国——北宋）[M]北京：文物出版社，1990：38.

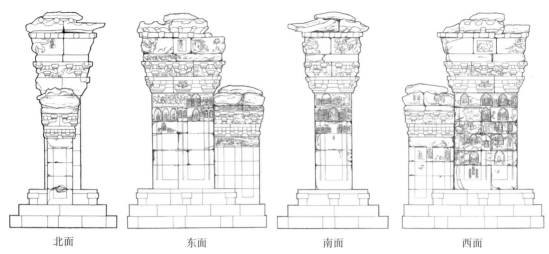

| 北面 | 东面 | 南面 | 西面 |

图10 四川省绵阳杨氏阙西阙线图

(作者摹绘)

此基础上根据阙的建筑结构进一步分为：

1）单体阙

A型——单檐单体阙。独立阙身，有的带收分，有的无收分，阙身立柱上直接承檐，构造较为简单，尚未出现斗栱等承重结构。早期阙的正脊和垂脊均平直，后期出现反宇现象，在脊部及檐口略起翘。

B型——重檐单体阙。是非实体阙中存世数量最多的类型，整体造型仅比A型多出一重屋檐，但阙身建筑结构更为复杂，装饰手法多样，涉及砖、石、青铜等材质，时间跨度从西汉直至东汉末。出现了在画像空心砖上覆彩的装饰手法，另在陕北阙形画像石中，有了红黑彩绘，阙身楼部设平坐回廊，楼内屋檐下有帷幔装饰。山东、苏北早期石阙阙身呈柱状，多为不可登临的标志性建筑。山东微山一带出现建于高台之上的柱廊式重檐双阙，阙身下部中空，类似干栏式建筑外形；山东济宁、嘉祥阙出现人形的承重装饰结构。陕北画像阙中，有阙身柱端承平叠栱，其上为望楼，平刻卧棂，以及楼部设平坐栏杆，可以登临。此类型阙早期正脊和垂脊均平直，檐部线条锋锐，后期出现反宇现象，脊部及檐口起翘，正脊装饰凤鸟或火焰珠纹。阙身及楼部有柿蒂纹、帛带穿璧纹、帛带菱形纹及网格纹等装饰。

C型——多重檐单体阙。多为城阙❶、关塞阙、苑囿阙和墓葬用阙四种属性，其中有附立于高大城墙上的，也有独立于主体建筑之外的。

2）子母阙

子母阙又称二出阙，有别于单体阙高耸孑然独立的外形，在主阙外侧附带高度、宽度和进深尺度都小于主阙的子阙，呈现逐层递减的状态，根据阙身、檐下楼部与阙顶表现形式的不同，可分为：A型——单檐子母阙、B型——重檐子母阙、C型——三重檐子母阙。

❶ 西魏壁画城阙虽非汉代城阙的图形描绘，但它作为今天硕果仅存的早期城阙绘画形象，对古代城阙的研究有着一定的借鉴作用，故在此处例举出来，以供参考。

3）阙形门

双阙之间有门廊相连，根据双阙阙身及门廊建筑结构的不同，可分为四种类型。

3. 结构方式

结合现有实体阙与非实体阙的建筑结构框架来看，阙基至阙顶之间的整体竖向构架大致分三种方式：第一，阙身立柱直接承檐枋及横梁；第二，在柱头上设置斗栱承接檐部；第三，在房屋周边柱上将枋木纵横叠置组成一个"井"字形的整体构架，在此枋木层框架上设平坐加大空间，平坐之上再设楼部或腰檐，并在上方逐层挑出扩大上层使用空间。平坐置于下层屋檐上层叠加的做法，在汉代高层陶楼明器中常可见到。在川渝两地实体阙中出现的"井"字形架构，一般位于屋顶和阙身之间的连接部位，起承上启下的作用。这一结构的使用，加强了房屋立柱的牢固度，在分解来自楼部重荷的同时，使得对高度空间的掌控也变为可能。在重庆忠县丁房阙、佑溪无名阙和乌杨无名阙中出现的重檐重楼现象，即是使用了这种结构层的结果。

4. 斗栱与角神的使用

在遗存至今的实体阙及大量非实体阙建筑图像中，斗栱是其中醒目的构造部件。斗与栱两者经过多重的相互交叠合卯形成斗栱，并逐层向外出挑，形成上大下小的托座。它可以将来自建筑物上部的重量逐步分解和转移，可以减轻横梁所受的压力，并将这种压力通过立柱传递到地面。斗与栱是集实用与装饰于一体的功能性构件，在承托屋顶的同时还可以起到减震的作用。

斗栱自身形象夺目突出，但在汉代并非不可或缺的承重构件，这一时期正处于斗栱的积极探索期，形式多样且尚未形成定制，其中有在柱上直接放置栌斗和两旁插实栢栱的简单做法，也有"一斗二升"、"一斗二升加蜀柱"或"一斗三升"的直栱、曲栱、交手曲栱（或称"鸳鸯联臂栱"）等较复杂的做法。即便同为曲栱，其形式也变化多样，此外还有伸出挑梁形成"单栱出跳"或者"重栱出跳"的形式，各个斗栱间互不相连（图11）。

在早期阙的承重系统中，有利用立柱直接承托檐部的，也有利用斜撑出挑再置栾栱承檐的做法。在小体量的实体阙中，斗栱一般置于柱头或柱头转角处，铺作多用于柱顶、额枋、屋檐或者架构之间，既可以置于柱头上，也可以置于柱间阑额上或者角柱上。因其分布位置的不同，有"柱头铺作"、"补间铺作"、"转角铺作"等不同名称（图12）。至于木结构非常明显的川渝诸阙，枋木在阙身柱间纵横叠置呈"井"字结构，在承托来自上层楼部重量、联系上下各结构的同时，也起到增加房屋使用面积和加强

（a）山东省平邑无名阙斗栱

（b）四川省渠县王家坪无名阙斗栱

（c）四川省渠县赵家村东无名阙斗栱

（d）四川省渠县赵家村西无名阙斗栱

（e）重庆忠县丁房阙斗栱

（f）四川省绵阳杨氏阙斗栱

（g）四川省渠县沈氏阙斗栱

图11　川渝诸阙斗栱图

（作者自摄）

匠学薪传——中国营造学社诞辰90周年纪念文集

（h）四川省渠县蒲家湾无名阙斗栱

（i）四川省夹江杨氏阙斗栱

（j）四川省芦山樊敏阙子阙斗栱

（k）四川省雅安高颐阙斗栱

图 11　川渝诸阙斗栱图（续）
（作者自摄）

（a）四川省渠县沈氏阙鸳鸯联臂曲栱　　（b）四川省芦山县樊敏　　（c）四川省芦山县樊敏阙转角铺作
　　　　　　　　　　　　　　　　　　　　　阙一斗二升曲栱

图 12　斗栱
（作者自摄）

稳定性的作用；而枋头外延伸出的方形断面在视觉上又加强了纵深感，成为很好的装饰物。

　　现存的汉代石阙大部分在阙身正面和背面使用直栱，两侧使用曲栱或交手曲栱，如四川渠县冯焕阙、赵家村东无名阙、赵家村西无名阙等；或四面全用曲栱，如四川夹江杨氏阙、渠县蒲家湾无名阙等；也有正背两面用一直栱二曲栱，侧面两曲栱或直栱，如四川雅安高颐阙、芦山樊敏阙等，形式并不统一，其装饰性大于实用性。

　　东汉石阙上熊和力士等所谓的"角神"，显然是一种木结构建筑中具承托力的关键性部件，其在阙身楼部转角处的运用很可能出于汉代工匠对斗栱功能的认识，并使之以神人或动物形象艺术化地再现。凡阙身楼部有装饰性承重力士形象的石阙，大多出现在东汉晚期，而且主要分布在川渝两地，其上形象有仙人、力士、胡人、子母猴等（图13）。

（a）四川省渠县赵家村西无名阙力士

（b）四川省雅安高颐阙力士

（c）四川省渠县沈氏阙力士　　　　（d）四川省渠县蒲家湾
　　　　　　　　　　　　　　　　　　无名阙力士

图13　川渝诸阙力士图
（作者自摄）

（e）重庆忠县丁房阙力士　　　　　（f）重庆忠县乌杨无名阙力士

图13　川渝诸阙力士图（续）

（作者自摄）

三、实体阙与非实体阙的比较

就目前所掌握的非实体阙资料来看，无论数量、建筑性质或建筑结构形式，非实体阙都远多于实体阙。笔者从现存实体阙资料出发，将其与非实体阙图像资料对比，找出实物资料与图像资料中建筑外形和结构大致相同的阙例，共归纳出五种类型，列举如下（表1）：

第一型：阙身直立无收分、无木构的碑石型单体阙。实体阙以山东的疏广阙、临沂无名阙、莒县孙熹阙、沂南砖埠镇无名阙、江苏徐州带穿无名阙为代表；非实体阙以湖南长沙马王堆帛画双阙、青海都兰柴达木帛画双阙为代表。

表1　实体阙与非实体阙的对比

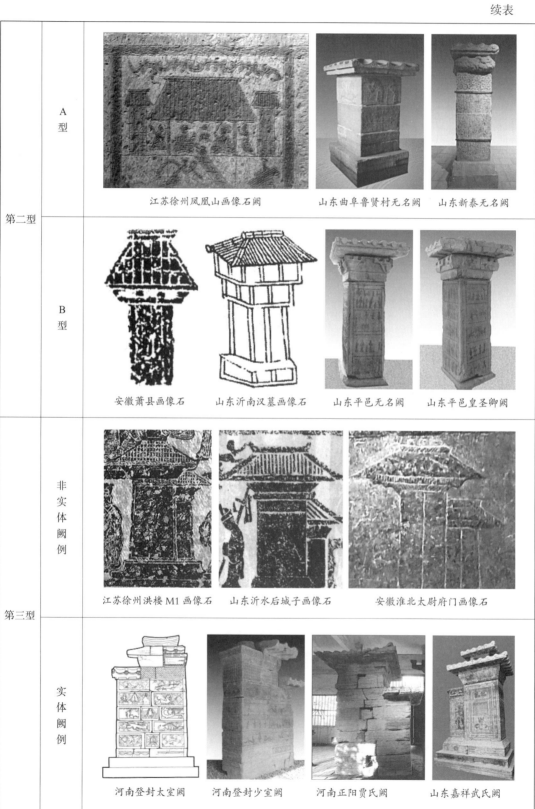

匠学薪传——中国营造学社诞辰90周年纪念文集

第四型	实体阙例	 四川渠县冯焕阙		 四川渠县蒲家湾无名阙
		四川渠县沈氏阙		
		 四川渠县赵家村西无名阙	 四川渠县赵家村东无名阙	 四川渠县王家坪无名阙
	非实体阙例	 四川泸州十七号石棺双阙	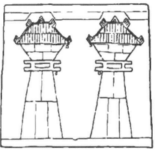 重庆一中石棺双阙	 山东曲阜旧县村画像
		 四川宜宾石棺双阙	 四川合江廿三号石棺双阙	 陕西茂陵红陶双阙

| 第五型 | 实体阙例 | 重庆忠县丁房阙　　重庆忠县佑溪无名阙　　重庆忠县乌杨无名阙 |
| | 非实体阙例 | 四川长宁二号石棺　四川南溪二号石棺　四川南溪长顺坡三号石棺　四川乐山鞍山石棺双阙
四川新都二号石棺　四川金堂二号石棺　四川彭山一号石棺　四川郫县一号石棺 |

　　第二型：阙身直立无收分，具备"台基—阙身—阙顶"三段式构成的单体阙。此型对应的非实体阙和实体阙又可分为两个亚型：A. 阙身直接承檐；B. 阙身上设简易平坐（斗栱层）承檐。实体阙中，A 型以山东曲阜鲁贤村无名阙、新泰无名阙、江苏徐州楫舟图无名阙、徐州车马出行图无名阙为代表；B 型以山东平邑无名阙、平邑皇圣卿阙为代表。非实体阙中，A 型以江苏徐州凤凰山画像石双阙为代表；B 型以山东沂南画像石双阙、山东诸城前凉台双阙、安徽界首"大富贵宜官秩"画像砖双阙、安徽太和县画像石双阙、安徽萧县画像石双阙、河南郑州北二街 M4 画像砖为代表。

　　第三型：檐下无木结构，仅以斗状石材代表斜撑的砖石型单檐子母阙。实体阙以河南登封太室阙、少室阙、启母阙、正阳贾氏阙、山东嘉祥武氏阙为代表；非实体阙以江苏徐州洪楼 M1 画像石双阙、山东沂水后城子画像石双阙、安徽淮北太尉府门画像石双阙、内蒙古自治区和林格尔宁城图幕府双阙、陕西潼关杨震墓阙形砌壁双阙以及建筑明器中的河南济源灰陶阙、江苏江宁上坊三国吴青瓷魂瓶、青瓷贴塑楼阙魂瓶为代表。均为楼部直接承檐，阙身无收分或略收分，脊部端口略起翘，顶部无脊饰。

第四型：阙身收分，仿单层楼阁。有"井"字形枋木结构连接阙顶的重檐或单檐单阙、子母阙。实体阙以四川渠县冯焕阙、沈氏阙、赵家村西无名阙、赵家村东无名阙和王家坪无名阙为代表；非实体阙以山东曲阜旧县村无名阙、四川泸州十七号石棺双阙、宜宾石棺双阙、合江廿十三号石棺双阙、郫县一号石棺双阙、射洪崖棺双阙、重庆一中石棺双阙、陕西茂陵红陶子母阙等为代表。

第五型：阙身收分，仿多层楼阁。有"井"字形结构的重檐重楼单体或子母阙。实体阙以重庆忠县丁房阙、忠县佑溪无名阙、忠县乌杨无名阙为代表；非实体阙以四川乐山鞍山石棺双阙、长宁二号石棺双阙、南溪二号石棺双阙、南溪长顺坡三号石棺双阙等为代表。

四、结语

在实体阙与非实体阙图像的对比中，笔者整理众多的图像仅列出五种大致相似的类型。从这些相似的阙例中，可以看到一个有趣的现象：外形相似、结构相同的非实体阙图像与实体阙建筑实例，出现在时代最早的简单碑石型阙与最晚的复杂木构型阙中。这些相似性可以间接说明，非实体阙的图像基本直接临摹自当时的城市、民居。通过这些建筑图像丰富的外在表现形式，可以看出秦汉时期有着式样众多、材质不同、面貌各异的不同建筑形式。充分反映出一定社会生产水平下的建筑技术与艺术相结合的水准，也反映出一定思想和道德教化主导下所呈现的建筑面貌，同时折射出两汉时期人们的生产生活状况与精神面貌。

参考文献

[1] 梁思成.建筑设计参考图集简说 [J].中国营造学社汇刊，1935，6（2）：80–105.

[2] 刘敦桢.刘敦桢建筑史论著选集 [M].北京：中国建筑工业出版社，1997：131–138.

[3] 陈明达.汉代的石阙 [J].文物，1961（12）：9–23.

[4] 吕品.中岳汉三阙 [M].北京：文物出版社，1990.

[5] 陈明达.中国古代木结构建筑技术（战国—北宋）[M].北京：文物出版社，1990.

[6] 徐文彬，谭遥，龚廷万，等.四川汉代石阙 [M].北京：中华书局，1992.

[7] 高文 . 中国汉阙 [M]. 北京：中华书局，1994.

[8] 河南博物院 . 河南出土汉代建筑明器 [M]. 郑州：大象出版社，2002.

[9] 汉宝德 . 中国建筑文化讲座 [M]. 北京：生活·读书·新知三联书店，2006.

[10] 张孜江，高文 . 中国汉阙全集 [M]. 北京：中国建筑工业出版社，2017.

[11] 李允鉌 . 华夏意匠——中国古典建筑设计原理分析 [M]. 天津：天津大学出版社，2011.

[12] 方拥 . 中国传统建筑十五讲 [M]. 北京：北京大学出版社，2011.

[13] 朱晓南 . 阙的类型及建筑形式 [J]. 四川文物，1992（6）：13-20.

[14] 韩钊，李库，张雷，等 . 古代阙门及相关问题 [J]. 考古与文物，2004（5）：58-64.

《营造法式》彩画作与宋代院体画的相关性研究 ❶

刘思捷

（武汉纺织大学传媒学院）

摘要：《营造法式》彩画作与宋代绘画之间有何关联，学界至今难有定论。《营造法式》的价值、意义及内涵不限于建筑技术层面，尤其是其中的彩画作，体现了宋代院体画风和绘画技法，其设色更主张"妙夺生意""任其自然"，与部分画论一致。本文从美术史角度重新审视《营造法式》彩画作，试图通过文献考据、图像对比、思想阐释等方法，从题材画法、画论思想和绘画人员三个维度，揭示《营造法式》彩画作与宋代院体画之间一脉相承的紧密关系，由此从文化与艺术的角度反思宋代建筑与绘画的关系。

关键词：《营造法式》，彩画作，宋代院体画，艺术交流，画论

Abstract: The nature and intensity of the relationship between *caihua* (polychrome painting of architectural members), as specified in *Yingzao fashi*, and the court painting of the Song dynasty is still largely unknown. This article suggests that the Song specifications for *caihua* reflect the style and technique of Song court painting, for example the methods of *miaoduo shengyi* ("being fine and full of life") and *renqi ziran* ("developing naturally") that are also known from concurrent painting theory. This, then, reveals a close, coherent relationship between building standards and painting practice during the Song dynasty. The paper tackles the important art historical issues of painting theory and technique as well as the role of the artist through literature research, image comparison, and analytical interpretation; and this discussion will prove helpful to rethink the relation of Song architecture to Song painting from the perspective of arts and culture.

Keywords: *Yingzao fashi*, *caihua*, Song court painting, artistic exchange, painting theory

中华民族具有优秀的建筑传统与智慧，一方面体现在现存的建筑遗构中，另一方面也集中在古典建筑文献著作中。宋《营造法式》（以下简称《法式》，编修者为李诫 ❷）在中国乃至世界的建筑史、艺术史及文化史上都占据重要地位。本文就《法式》彩画作与宋代院体画的关系进行探讨，敬俟方家指正。

一、表现内容的相似性

《法式》彩画作与宋代院体画有颇多表现内容上的相似处。首先，在题材上，《法式》彩画作的品类之分沿袭了宋院体画的画科类别。据《宋史·选举志三》，民间画工考入画院后由画院

---

❶ 2020 年度教育部人文社会科学研究青年基金项目"《营造法式》可视化设计研究及数据库建设"（项目批准号：20YJC760061）的阶段性研究成果。

❷ 曹汛先生在《李诫本名考正》中考据李诫本名为李诚，但由于人们长期以来对"李诫"更为熟悉，因此本文沿用旧称。参见：曹汛. 李诫本名考正 [M]// 王贵祥, 贺从容. 中国建筑史论汇刊：第叁辑. 北京：清华大学出版社, 2000。

❶ [元] 脱脱. 宋史 [M]. 北京：中华书局, 2008: 3688.

画家分类教授。"画学之业，曰佛道，曰人物，曰山水，曰鸟兽，曰花竹，曰屋木，以说文、尔雅、方言、释名教授"❶。除屋木、山水未见《法式》彩画作记载，其余四类绘画题材都被记载于彩画作纹样品类中。屋木画虽可见于《法式》图样卷，但不包括在彩画作中。

佛道、人物、鸟兽、花竹这四类画科，刚好可对应《法式》彩画作中的飞仙二品及骑跨飞禽人物五品、骑跨牵拽走兽人物三品、飞禽三品、华文九品。《法式》彩画图样与宋院体画相似的案例很多，限于篇幅，下文仅挑选四种题材中最有代表性的《法式》彩画及院体画各7幅进行对比，从中可见二者不仅题材一致，表达技法也相似。其中，现存绘画中传为宋代佚名的画作多被认为是翰林图画院中出身较低的民间画手所作。❷

❷ 令狐彪. 宋代画院研究 [M]. 北京：人民美术出版社, 2011: 20.

1. 佛道题材

其仅见于最高等第五彩遍装，一般画于御前宫观寺庙中重要建筑之上。包括飞仙、嫔伽、共命鸟、真人、女真、玉女、仙童（金童）、化生以及骑跨飞禽人物，另外骑跨、牵拽走兽人物也可以用真人等骑跨。彩画作图样卷有飞仙2幅、嫔伽2幅、共命鸟2幅、真人3幅、女真3幅、玉女2幅、仙童（金童）1幅，具有宗教意味的化生仅1幅，其中多幅表现为骑跨飞禽的仙人形象。这类题材常见于宋院体画或宗教壁画（图1，图2）。

（a）女真图
（文献 [1]）

（b）宋代佚名《九歌图》（局部）
（文献 [2]）

图1　彩画作五彩装栱眼壁女真图与宋代佚名《九歌图》女真形象对比

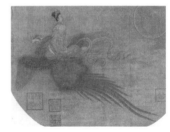

（a）玉女乘孔雀图
（文献 [1]）

（b）宋代佚名《仙女乘鸾图》（局部）
（文献 [2]）

图2《法式》彩画作骑跨仙真图样中玉女乘孔雀图与宋代佚名《仙女乘鸾图》对比

同时，五彩遍装单独将云纹列了出来，但其多用来为真人、女真、仙禽等补空，也属于佛道题材。"云文有二品：一曰吴云，二曰曹云。蕙草云、蛮云之类同。"❶此处的"吴"和"曹"历来被认为是宗教画大师吴道子和曹仲达。

❶ [宋]李诫.营造法式[M].法式十四.北京：中华书局，2015：5.

2. 人物题材

五彩遍装中有骑跨、牵拽走兽人物图。据《法式》彩画作制度载："其骑跨、牵拽走兽人物有三品：一曰拂菻；二曰獠蛮；三曰化生。若天马、仙鹿、羚羊，亦可用真人等骑跨。"❷可见这部分既可绘佛道图，也可画一般人物图（图3）。由图1~图3可知，虽是小幅面但工笔细腻，可见其法度。这类形象也仅用于五彩遍装，图样卷有拂菻牵狮、獠蛮牵象共二类4幅图，另有生活意味的化生童子图4幅。

❷ 同上。

"拂菻"为音译，即当时与宋朝有邦交关系的一个西域国家，"獠蛮"为旧时对南方少数民族的侮称。化生本是佛教概念，《敦煌变文集·佛说阿弥陀经讲经文》❸描绘了化生童子的各式形态。宋代佛教呈世俗化发展，五彩遍装化生图中多是生活化的童子形象。宋院体画颇具赏玩娱乐、人伦教化等现实意义，关注生活化的题材，上述人物画类型在宋院体画中较常见，例如《婴戏图》《秋庭婴戏图》和《货郎图》等。另外，五代至宋还有安排画院画师描绘国内或敌国人物形象的惯例，拂菻、獠蛮图或许是这类绘画在彩画中的存续。

❸ 周绍良.敦煌变文集下册[M].北京：国家图书馆出版社，2017：139.

3. 鸟兽题材

可见于《法式》五彩遍装飞禽三品，这类装饰同样仅见于五彩遍装，彩画作图样卷未提供龙、华羊等图。其他图样包括：鹦鹉、山鹧、练鹊、山鸡、麒麟、狻猊、獬豸、貔式、鸳鸯、华鸭、犀牛、熊、天马、海马、仙鹿各1幅；另有凤凰1幅、真人乘凤1幅；孔雀1幅、玉女乘孔雀1幅；鸾1幅、女真乘鸾1幅；仙鹤1幅、金童乘仙鹤1幅；鹅1幅、化生骑鹅1幅；狮子1幅、拂菻牵狮2幅；象1幅、獠蛮牵象2幅；山羊1幅、化生牵山羊2幅；羚羊1幅、真人骑羚羊1幅、女真骑羚羊1幅、玉女骑羚羊1幅。

（a）童子图
（文献[1]）

（b）北宋苏汉臣《百子嬉春图》（局部）
（文献[2]）

图3 《法式》彩画作五彩装栱眼壁童子图与北宋画院待诏苏汉臣《百子嬉春图》对比

《法式》彩画作图样中佛道、人物和鸟兽图均以高度写实为主，注重刻画走兽的灵动品质，颇具"逸"的风姿（图4，图5）。

（a）山鸡图　　　　　　　　（b）宋徽宗赵佶《芙蓉锦鸡图》（局部）
（文献[1]）　　　　　　　　　　　　（文献[2]）

图4　《法式》彩画作五彩遍装山鸡图与宋徽宗赵佶《芙蓉锦鸡图》对比

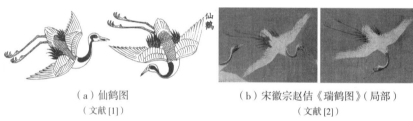

（a）仙鹤图　　　　　　　（b）宋徽宗赵佶《瑞鹤图》（局部）
（文献[1]）　　　　　　　　　　（文献[2]）

图5　《法式》彩画作五彩遍装仙鹤图与宋徽宗赵佶《瑞鹤图》对比

4. 花竹题材

主要见于华文前三品。《法式》彩画作五彩遍装有"华文"九品，均与花卉植物有关，但后六品的设计改造幅度较大，因此不作对比。前三品华文包括：海石榴华（包括宝牙华、太平华之类）、宝相华（包括牡丹华之类）和莲荷华。碾玉装华文与五彩遍装类似，但不作写生华，增加一品龙牙蕙草。

花卉题材的图可见于五彩遍装和碾玉装图样。其中有海石榴华8幅，包括五彩杂华和碾玉杂华各3幅，五彩额柱和碾玉额柱各2幅；宝牙华4幅，包括五彩杂华和碾玉杂华各1幅，五彩额柱和碾玉额柱各1幅；宝相华2幅，包括五彩杂华和碾玉杂华各1幅；牡丹华与莲荷华各3幅，均各包括五彩杂华2幅和碾玉杂华1幅；太平华2幅，包括五彩杂华和碾玉杂华各1幅。五彩杂华中的太平华，其圆形展开的梯形花瓣，与马远《白蔷薇图页》❶颇为相近。另外，"五彩装栱眼壁"彩画图样有8幅花卉图，"碾玉装栱眼壁"中有4幅花卉图，虽然均未注明花的类别，但看似多取材于石榴花、牡丹花和莲花，其形式是在写生画的基础上略作图案化处理（图6，图7）。

从数量上看，花鸟题材在彩画作图样中占比例较大，这或许与宋代花鸟画取得的较大成就有关。据《图画见闻志》载："若论山水林石，花竹禽鱼，则古不及近"❷。然而，不仅是花鸟画，上述《法式》彩画作中高等第装饰题材在宋院体画中均很常见，对照《宣和画谱》即一目了然。

匠学薪传——中国营造学社诞辰90周年纪念文集

❶　浙江大学中国古代书画研究中心.宋画全集·第1卷第4册[M].杭州：浙江大学出版社，2008：173.

❷　潘运告，米田水.图画见闻志·画继[M].长沙：湖南美术出版社，2010：50.

（a）写生莲花图
（文献 [1]）

（b）宋代佚名《百花图》（局部）
（文献 [2]）

图6 《法式》五彩杂华写生莲花图与宋代佚名《百花图》对比

（a）栱眼壁莲花图
（文献 [1]）

（b）南宋吴炳《出水芙蓉图》（局部）
（文献 [2]）

图7 《法式》碾玉装栱眼壁莲花图与南宋画院待诏吴炳《出水芙蓉图》对比

另外，在色彩上，《法式》彩画作记载的藤黄、螺青、石青、石绿、铅粉等也属于绘画颜料，石青、石绿更是画院绘青绿山水才会用到的昂贵颜料。在画法上，彩画作采用绘画中传统的"勾勒填彩法"。《法式》彩画作图样卷类似于官式彩画的粉本，其所绘纹样多用于高等第的五彩遍装和碾玉装。即将物体轮廓用韵律有致的线条勾描出来，但在设色渲染方面只记载大致规定，这与院体画在作画流程上是吻合的，下文详述。另外，《法式》彩画作中提到的"剔填""叠晕"❶"描画""用粉笔压盖墨道""作写生画"等都是常见的传统绘画技法或内容。彩画作的"衬地"以胶水遍刷，再刷土朱、铅粉、白土或青淀混茶土等底色，与国画中的衬染手法很接近，差别在于衬染是在绢或纸的反面作衬色，但二者都能加强画面层次感。五彩遍装制度指出用赭笔描画后"以浅色拂淡"，与郭若虚谈吴道子设色"傅彩简淡""轻拂丹青"❷等类似。《法式》指出彩画作"用色之制，随其所写，或浅或深，或轻或重"❸，与传统水墨设色以轻、重、浓、淡展现艺术效果相近。

二、思想维度的承袭

在视觉艺术中，虽然形式语言可以作为风格的一部分，但形成风格需要更为深刻的思想引导。从现有成果看，历来学者都将下面这段彩画作中的论述视为《法式》关于建筑审美，尤其是建筑装饰审美的宗旨。

五色之中，唯青、绿、红三色为主，余色隔间品合而已。其为用亦各不同。且如用青、自大青至青华，外晕用白：[朱、绿同] 大青之内，用墨或矿汁压深，

❶ 根据《建康实录》记载，叠晕可追溯至画家张僧繇的"退晕法"。参见：[唐] 许嵩，撰．张忱石，点校．建康实录 [M]．北京：中华书局，1986：686。

❷ 潘运告，米田水．图画见闻志·画继 [M]．长沙：湖南美术出版社，2010：39．

❸ [宋] 李诫．营造法式 [M]．法式十四．北京：中华书局，2015：3-4．

❶ [宋]李诫.营造法式
[M].法式十四.北京:中
华书局,2015:3-4.
❷ 郭若虚《图画见闻志》
载:"黄家富贵,徐熙野
逸"。参见:潘运告,米田
水.图画见闻志·画继[M].
长沙:湖南美术出版社,
2010:45.
❸《淮南子·修务训》载:
"夫宋画吴冶,刻刑镂法,
乱修曲出,其为微妙,尧、
舜之圣不能及。"参见:
何宁.淮南子集释[M].
北京:中华书局,1998:
1339-1440.
❹ 潘运告.中国历代画
论选上册[M].长沙:湖南
美术出版社,2007:5.
❺ [唐]张彦远.历代名
画记[M].沈阳:辽宁教育
出版社,2001:58.
❻ 潘运告.中国历代画
论选上册[M].长沙:湖南
美术出版社,2007:162.
❼ 潘运告.中国历代画论
选上册[M].长沙:湖南美术
出版社,2007:170-171.
❽ 潘运告.中国历代画
论选上册[M].长沙:湖南
美术出版社,2007:193.
❾ 潘运告.中国历代画
论选上册[M].长沙:湖南
美术出版社,2007:224.
❿ 潘运告,米田水.图画
见闻志·画继[M].长沙:湖
南美术出版社,2010:407.
⓫ 潘运告.中国历代画
论选上册[M].长沙:湖南
美术出版社,2007:92.
⓬ [宋]欧阳修,李之
亮.欧阳修集编年笺注
7[M].成都:巴蜀书社,
2007:165.
⓭ 何宁.淮南子集释[M].
北京:中华书局,1998:82.
⓮ 潘运告.中国历代画
论选上册[M].长沙:湖南
美术出版社,2007:19.
⓯ 潘运告.中国历代画
论选上册[M].长沙:湖南
美术出版社,2007:291.

此只可以施之于装饰等用,但取其轮奂鲜丽,如组绣华锦之文尔。至于穷要妙夺生意,则谓之画,其用色之制,随其所写,或浅或深,或轻或重,千变万化,任其自然,虽不可以立言。其色之所相,亦不出于此。❶

笔者认为这是宋代画论思想被引入《法式》彩画作的依据所在。

上述引文首先指出彩画要"轮奂鲜丽",即对富贵华美的追求,这与北宋前期院体画中最典型的黄筌父子"富贵"❷画风在艺术效果上是一致的,即追求饱满的皇家气派。

在此基础上指出要"妙夺生意"和"千变万化,任其自然",这里蕴含了写实中有写意且写意中有写实的绘画意趣,虽然"不可以立言",但这才是彩画作的宗旨,因此说"其色之所相,亦不出于此"。从前后文看这一论述似乎更偏重色彩,这或许是对图样卷不设色只有墨稿予以的补充。但视觉艺术的形与意本不分家,因此这段文字往往被认为是彩画作的整体宗旨。更重要的是其体现了兼具气韵和形似的宋院体画之艺术要求,其中也有对当时高度发展的文人绘画观点的消化。

《法式》彩画作中的"妙"是绘画鉴赏的重要标准之一。早在《淮南子》中便用"其为微妙"称赞当时宋地人的画。❸在此之后,东晋顾恺之提出"迁想妙得"❹的命题。唐代张怀瓘曾于《书断》中提出书可分为神、妙、能三品,其所著《画断》已佚,《历代名画记》中记载其有"神妙亡方,以顾为最"❺的说法。五代荆浩于《笔法记》中提出了神、妙、奇、巧的绘画标准❻;宋代黄休复在《益州名画录》中提出逸、神、妙、能四格❼;刘道醇于《宋朝名画评》中又提出神、妙、能三品的界定标准❽;《林泉高致》中虽然没有提出画品,但其中也将妙品作为画的最高水准❾。同时,根据《画继》记载,宋徽宗又提出神、逸、妙、能四品为画的等级标准等❿。总之,无论观点如何变化,"妙"一直是鉴赏画的重要品评标准之一。

《法式》彩画作所提及之"意",也普遍为宋代文人绘画所推崇。"意境说"在唐代已经形成,在画论中也有所强调,如王维《山水论》中云:"凡画山水,意在笔先。"⓫基于此,欧阳修进一步提出了"画意"的概念,并认为"萧条淡泊,此难画之意"⓬。《林泉高致》中更是专有一节阐述画意。之后,苏轼提出书画审美应秉承"寓意于物",认为应将绘画作为个人思想的表达和承载。

《法式》彩画作所称的"生意"或相关概念"生气"也多见于画论中。《淮南子》中"气者生之充也"⓭的说法为后世画论所延续;谢赫于《古画品录》中提出"气韵生动"⓮为绘画的最高标准,这里的"生"强调绘画应蕴含阴阳氤氲的生动之姿,如同具有生命一般。之后,"生动""生气""生意"也多被用来称誉绘画之神韵。象征着气韵生动之意境的"生意"一说在宋代画论中也多被提及,例如米芾在《画史》中称"江南刘常花,气格清秀,有生意。"⓯《宋朝名画评》《图画见闻志》《梦溪笔谈》及《宣和画谱》等更多次以具有"生意"作为评画标准。

《法式》彩画作"任其自然"观点颇合道家旨趣，也常见于画论。魏晋时期玄学清谈之风盛行且影响了画论，"自然"被用来形容绘画作品所达到的纯熟的至高境界。王维《山水诀》云："肇自然之性，成造化之功。"❶张彦远《历代名画记》称："自然者为上品之上"，"遍观众画，唯顾生画古贤得其妙理，妙悟自然，物我两忘"。❷宋人李廌《德隅斋画品》称颂徐熙画"生意真态，无一不具，非造妙自然莫能至此。"❸

与"妙夺生意"和"任其自然"一致的画论太多，限于篇幅不一一赘述。其中最为巧合和接近的是宋代董逌《书徐熙牡丹图》，曰：

> 世之评画者曰："妙于生意，能不失真，如此已是能尽其技。"尝问如何是当处生意？曰："殆谓自然。"其问自然，则曰"能不异真者，斯得之矣。"且观天地生物，特一气运化尔，其功用妙移，与物有宜，莫知为之者，故能成于自然。❹

董逌的这段画论，又将"妙于生意"的实现归因到"成于自然"，这一思想，与《法式》中李诫所述"妙夺生意""千变万化，任其自然"的说法如出一辙。董逌是宋代藏书家及书画鉴定家，生卒年不详，但也是北宋末年文人，与李诫生活在同一时期。

有观点将明清官式彩画的程式化特点代入《法式》彩画作，但明清不少艺术领域都存在程式化、制度化趋势，不仅限于官式彩画，绘画领域也出现《顾氏画谱》和《芥子园画谱》等。《法式》彩画作制度主要在于区分繁简以合于礼，并非要限制其艺术精神。近年来，越来越多学者已认定院体画既合法度又求神韵，将这一特点用来形容《法式》彩画作的艺术宗旨也不违和。或许这也是李诫在线稿和制度的基础上提出"妙夺生意""千变万化，任其自然"的原因所在。

"妙夺生意""任其自然"虽然根源于画论或文人对绘画的主张，但如果结合当时院体画的发展情况来看，彩画作出现这段文字并不奇怪。北宋时，文人、画院、民间等不同出身的画家之间的交流与合作普遍存在，例如崔白与吴元瑜、晁补之与孟仲宁等，徽宗朝任命米芾、宋子房、米友仁等文人士大夫为画学博士教育画学生，画院画师陈用志向文人画家宋迪请教意境构思，文人画家李公麟学唐宫廷画家吴道子，苏轼还曾写诗称赞郭熙、崔白、赵昌，这类事迹不胜枚举。《法式》彩画作在艺术思想层面以院体画的气质俱盛为宗，是顺理成章的。

三、人员之间的艺术交流

《法式》彩画作与院体画之间，在画法、题材和思想上呈现出明显的相似性，但为何出现这些现象？绘画人员本身或许才是深层原因，主要包括翰林图画院和将作监（赤白作）中的画师。这两类人群颇有共通之处，首先是服务对象完全一致，其次是二者之间存在艺术交流和人员流通。

❶ 潘运告.中国历代画论选上册[M].长沙：湖南美术出版社，2007：90.

❷ [唐]张彦远.历代名画记[M].沈阳：辽宁教育出版社，2001：19-20.

❸ 潘运告.中国历代画论选上册[M].长沙：湖南美术出版社，2007：342.

❹ 潘运告.中国历代画论选上册[M].长沙：湖南美术出版社，2007：322.

1. 画与帝王家

李泽厚先生曾指出："艺术虽然不能简单地与美学等同，但它是同审美意识直接相关的，并且是审美意识的最集中的表现。"[1] 无论画院还是将作监，都以服务于封建统治者为目的，因此所绘内容均迎合宋代统治阶级审美，院体画正是满足这一特点的重要标杆。如果说宫廷建筑彩画不去刻意模仿院体画，这反而显得匪夷所思。

宋代绘画领域职业化与商业化程度非常高，相较于"寄乐于画"，以画谋生更为普遍。据画史记载，北宋京城范围内活跃着大量画师，参与皇家建筑与官式建筑的营造绘事是重要营生渠道之一。其酬劳往往相当可观，因此连武宗元这样儒士出身者也欣然前往。北宋修建频繁，北宋历代帝王都下旨修建御前宫观，有史料记载的北宋东京城的御前宫观不下64处，其中一些宫观还有多次重建经历。尤其皇家宗教建筑群都极尽崇饰、规模宏大。如，太宗修东太一宫，一千一百间；真宗建玉清昭应宫，二千六百一十间，金碧辉煌，修祥源观，六百一十三间，同时在亳州建明道宫，也有四百八十一间；神宗修上清储祥宫，房舍七百余间等。

画院画师需要完成大量宫殿、宫观、寺庙中的装饰画、壁画、屏障画，时常人手不足便招民间画手参与。不少人通过这一渠道从民间进入画院，或者与画院画师共事。《宣和画谱》载："祥符初营玉清昭应宫，召募天下名流，图殿庑壁，众逾三千，幸有中其选者才百许人。"[2]《宋会要辑稿》载至和元年（1054年），翰林图画院李从正表明画院待诏、学生等人数供应修造不足，提出"有合要画造人数，令下三司抽差画行百姓同共画造了当。"[3] 相关记载还可见于《图画见闻志》和《画继》等，内容较多不赘述。

据画史资料记载，黄居寀、郭熙、崔白、高益、高文进、王道真、燕贵、高克明、屈鼎、陶裔、易元吉、董羽、任从一、荀信、刘文通、龙章等诸多画院画师都经常奉诏参与宫殿、御前宫观寺庙等皇家建筑的绘事。[4] 武宗元、孙梦卿、石恪、李用及、李象坤、张昉、王拙、李元济、王易、陈坦、庞崇穆、李隐、李宗成、符道隐、巨然、继肇、冯清、闾丘秀才、费宗道等诸多不隶属于画院的画师，也频频受诏与画院画师一并参与宫廷绘事。

可见，为皇家建筑绘制装饰画、壁画和屏障画是画院画师的主业，只是这些艺术作品难以留存，让今人误会画院画师与官式建筑营造之间的距离。潘谷西等学者认可部分彩画源于壁画。[5] 而北宋宫廷壁画基本都属于院体画，即使由民间画师完成也延续院体画风格，以迎合统治阶级审美。这些壁画无疑为建筑彩画提供了艺术源泉。宫廷画家对宫廷营造的高度参与，说明《法式》彩画作追随院体画具有合理性和必然性。

另外，《法式》的编修者李诫也曾为宋徽宗赵佶画《五马图》。将作监官员傅冲益请程俱代撰的《宋故中散大夫知虢州军州管勾学士兼管内劝农使赐紫金鱼袋李公墓志铭》记载李诫"善画，得古人笔法"，曾以《五马

❶ 李泽厚，刘纲纪.中国美学史（第一卷）[M].北京：中国社会科学出版社，1984：6.

❷ 潘运告.宣和画谱[M].长沙：湖南美术出版社，2010：99.

❸ 刘琳，刁忠民，舒大刚，等.宋会要辑稿[M].上海：上海古籍出版社，2014：3950.

❹ 五代时期，画家在宫廷建筑上作画也颇为流行，黄筌、黄居寀、徐熙、房从真、高从遇等均在宫中画过壁画或屏障画，徐熙所作铺殿花也有观点认为是彩画。留壁画于宗教建筑的画家更是数不胜数。

❺ 潘谷西，何建中.《营造法式》解读[M].南京：东南大学出版社，2005：168.

图》献给赵佶，并获称赞，这是对他绘画才能的极大肯定。李诫两次离开将作监，均没过多久又被召回。大观某年，李诫生病，赵佶"赐钱百万"；大观四年（1110年）二月丁丑，赵佶又向他兄弟李譓询问他近况，得知他已去世，"上嗟惜" ❶。赵佶治国虽然不堪，但"艺极于神"却被公认。李诫的职责是为他营造宫殿之类，从他惋惜的态度也能看出，他对李诫的文艺修养及审美品位是颇为认可的。

《法式》先后三次被宋朝官府刊印并推广，意味着其中观点被宋代多位帝王接受。李诫供职将作监期间成功完成五王邸、辟雍、龙德宫等皇家重点建筑工程二十余项，较好把握了皇家建筑审美旨趣，获帝王认可。

此外，《法式》并未对所有建筑装饰进行规定，这一点引起诸多学者讨论。笔者认为，这一方面为画师的灵活施展留有空间，另一方面与画院画师绘画的流程吻合，画院画师绘画本就需要先勾勒线稿，待皇帝认可后再上色。《画继》记载宝箓宫时："上时时临幸，少不如意，即加漫垩，别令命思。" ❷ 即赵佶但凡看到画师画的不如意就直接涂刷，让其重画。或许正是出于该历史背景，出现了明代朱寿铺《画法大成》所载现象，即"宋画院众工，凡作一画，必先呈稿，然后上真。" ❸ 可见，《法式》只存墨稿不设色，且并未囊括所有建筑装饰，也是延续画院做法，二者流程一致。这是基于宫廷绘事取决于皇室审美的现实考量。

2. 画手之间的人员流动与艺术交流

《法式》彩画作效法院体画更有其现实基础。被记录于《法式》图样卷卷末的绘者，即任邱的吕茂林和大兴的贾瑞龄，未见史料记载，但他们应是誊抄画稿者而非编撰者。这二人身份或许是民间画手，但更有可能是赤白作画工。然而，赤白作画工、民间画手抑或文人画家，事实上都与画院保持着频繁交流的关系，上文对此也有梳理。宋代绘画艺术交流是繁荣而开放的，这对《法式》彩画作有积极影响。

将绘画从业者称为画工，也主要与其社会地位有关，与绘画水平关系不大。就历朝历代的官匠管理制度而言，宋代是较为宽松的。关于画工体制，众工均属伎术人，但画院画师的地位是百工中最高的。《画继》曰："又诸待诏每立班则画院为首，书院次之，如琴院棋玉百工皆在下。" ❹ 将作监下与宫廷彩画相关的部门有二，即丹粉所和赤白作。丹粉所的职责见《宋史·职官志》载："丹粉所，掌烧变丹粉，以供绘饰。" ❺ 即配制绘画颜料，这些颜料不仅供给画院，也输出给赤白作。由赤白作画工绘制官式建筑彩画。

虽然都是画工且同样多来自民间，画院画师的地位和待遇远高于赤白作画工。宋代繁荣的文化消费推动了社会流动，其在政治、经济、社会、文化等领域的变革，创造了能上能下的社会流动机制。❻ 这在绘画从业者中也有体现，由赤白作画工升为画院画师的相关记载至少可见三处，《图

❶ [宋]李诫.营造法式[M].法式附录墓志铭.北京:中华书局,2015:1-3.

❷ 潘运告,米田水.图画见闻志·画继[M].长沙:湖南美术出版社,2010:270.

❸ [明]朱寿铺,等.画法大成[M].杭州:浙江人民美术出版社,2016:347.

❹ 潘运告,米田水.图画见闻志·画继[M].长沙:湖南美术出版社,2010:421.

❺ [宋]脱脱.宋史[M].北京:中华书局,2008:3919.

❻ 秦开凤.宋代文化消费与经济社会发展[J].浙江学刊,2017(3):186-193.

❶ 潘运告，米田水．图画见闻志·画继 [M]．长沙：湖南美术出版社，2010：121．

❷ 王伯敏，任道斌．画学集成（六朝－元）[M]．石家庄市：河北美术出版社，2002：270．

❸ 潘运告，米田水．图画见闻志·画继 [M]．长沙：湖南美术出版社，2010：172．

❹ [宋]李诫．营造法式 [M]．法式序．北京：中华书局，2015：1．

❺ 同上．

❻ [清]周亮工．书影 [M]．上海：上海古籍出版社，1981：38．

❼ 傅熹年．《营造法式》的流传历史 [N]．中国图书商报，2007-6-19．

❽ [明]文震亨，屠隆．长物志·考槃余事 [M]．杭州：浙江人民美术出版社，2011：238．

❾ 令狐彪．宋代画院研究 [M]．北京：人民美术出版社，2011：31．

❿ 朱寿镛，等．画法大成 [M]．杭州：浙江人民美术出版社，2016：44．

匠学薪传——中国营造学社诞辰90周年纪念文集

画见闻志》载赵长元"初随蜀主至阙下，隶尚方彩画匠人，因于禁中墙壁画雉一只。上见之嘉赏，寻补图画院祗候。"❶《宋朝名画评》载陶裔原是"隶后苑造作所为匠者"，造作所与赤白作一样也属于百工，获太宗鼓励后学习绘画，最后"祗候于图画院"❷《图画见闻志》载蔡润"始随李主至阙下，隶入作司彩画匠人。后因画《舟车图》进上，上方知其名，遂补画院之职。"❸赵长元、陶裔、蔡润由于绘画精良而从画工被升为画院画师，可见赤白作画工着力师法院体画也是自然而然的行为。

《法式》内容涉及各个领域，李诫记载其编修时"考阅旧章，稽参众智"❹。又云："臣考究经史群书，勒人匠逐一述说。"❺可见《法式》编修得到一众能工巧匠的帮助。基于上述梳理，无论是李诫请教画院画师，或有画工模仿院体画的可能性都很大。另外，一个有趣的现象是，由于《法式》钞本中的图样工笔精美，清初周亮工看过当时海虞毛子晋家所藏六册《营造法式》后，称赞其图样"款识高妙，界画精工，竟有刘松年等笔法，字画亦得欧、虞之体，纸板黑白之分明，近世所不能及。"❻

据考证，已知南宋建立后《法式》经历了两次重刊，第一次是绍兴本，重刊于绍兴十五年（1145年）；第二次是绍定本，重刊于前一次的80余年之后。❼刘松年是经历了宋孝宗（1163—1189年）、宋光宗（1190—1194年）、宋宁宗（1195—1224年）三朝的画院画家。虽然两个时间段有一定重合，但其参与可能性较低。刘松年为南宋四大家之一，曾官至画院最高的"待诏"，被赐金带。后世有不少绘画被附会为刘松年作品，包括楼璹《耕织图》的程棨摹本、佚名《香山九老图》等，这种误会与画风有关。明代屠隆撰《考槃余事》指出："不知宋人之画，亦非后人可造堂室，如李唐、刘松年、马远、夏圭，此南渡以后四大家也，画家虽以残山剩水目之，然可谓精工之极"❽。"精工之极"四字足见刘松年严谨不苟的特点，颇合宋院体画的法度。

笔者认为，周亮工所作的评述倒不一定是说《法式》图样卷为刘松年所画，而是以刘松年指代院体，指出《法式》图样颇具院体画风的艺术特征。再观《法式》，这种谨细不仅限于彩画作图样卷，整个图样卷中无论佛道、人物、鸟兽、花竹、屋木，均展现为工笔精美、严谨细腻的画面，优于后世不少画谱。可见，《法式》图样或有画院画师参与绘制以指导实际营造，或是画工刻意模仿院体画而绘，两种可能性都很大。

然而，为何当下学界对《法式》彩画作与院体画关系无法做出定论？这或许囿于现代工科与艺术学科分类的分野，以今观古偏离了原有文化背景。将后期文人画的挥洒写意当作绘画唯一标准，这多少带给绘画及建筑彩画一些误会。以著名的"宣和体"为例，就是既要形似又要传神，既要工整富丽、色彩鲜艳，又要生动活泼、气韵高雅。❾该标准与上文李诫所述彩画标准如出一辙。

明代《画法大成》曰："屋木界画科：宫观寺殿庭院楼阁栋宇亭轩塌庙，如画用营造制度书。"❿也有学者指出，现代的中国美术史研究中古代纯艺术与工艺美术之间截然两分的界限并不存在。❶古代绘画与建筑在某种程度上也具有互为参考的关系。从上文梳理来看，无论在表现内容、思想还是人员层面，《法式》彩画作与宋院体画之间未见鸿沟。

❶ 刘婕.唐代花鸟画研究的新视野——墓葬材料引发的思考[J].文艺研究，2011（1）：105.

四、结论

《法式》彩画作与宋院体画之间天然不可分割的根源在于，《法式》的编修时代以宋院体画为主流，其既强调合法度又要求神韵，已经融会消化了文人的绘画观点，李诫本人在绘画中也以形神兼备为宗旨。宋代绘画领域的商业化与职业化造就了相对频繁的职位流动与艺术交流，赤白作画工与画院画师在出身、服务对象、绘画标准上都具有较强的一致性，且存在画工进入画院的升迁途径。历来学界将《法式》彩画作图样作为其定型化的依据，然而这本是延续了画院画师为皇帝作画的流程。《法式》彩画作中程式化较高者更多适用于低等第建筑。适用于高等第建筑彩画者如五彩遍装和碾玉装，以工整的线条、严谨的形式、"妙夺生意"的画法、院画常用题材、"任其自然"的思想等承载了宋院体画的一些优点，这部分特点尤为突出。但彩画作的画法和宗旨也适用于包括杂间装在内的全部六种彩画作。古代纹样在实际应用中，即使同一母题也往往有着变化多样的表达，所谓的纹样程式化多属于有定法而无定式，艺术在某种程度上更依赖于创作者的表达。宋画院画师和赤白作画工均服务于宋统治阶级，在艺术表达上也同以院体为宗。

另外，《法式》作者李诫作为将作监擅长绘画并非特例。唐代将作大匠阎立德、阎立本兄弟均擅长绘画，五代画家赵忠义现场为蜀后主搭地架结构丝毫不差，宋代画家郭忠恕也是建筑人才。不少现代建筑大师如赖特、勒·柯布西耶、梁思成、杨廷宝、童寯等都在绘画方面颇有造诣，可见建筑与绘画之间确有相通之处。或许也可以认为，视觉艺术在本质上具有互为影响、一脉相承的天然相关性，《法式》彩画作在题材、风格与审美上受到宋院体画影响的现象，在中国艺术史和建筑史中应该不是特例。另外，中国古代各类学问彼此融合、互相助益，因而孕育出"博学多艺能"如李诫一样的创作者。推崇"君子不器"的儒家教育理念，或许也能为当下的建筑学科发展和人才培养带来启示。

《法式》是宋代物质文化和精神文化的精粹。《法式》彩画作与院体画在表现内容、思想与人员层面的密切关联是宋代高度丰富的审美文化的写照。

参考文献

[1] 李诫.营造法式[M].卷33–34.北京：中华书局，2015.

[2] 浙江大学中国古代书画研究中心.宋画全集[M].杭州：浙江大学出版社，2008.

中国传统清真寺建筑空间制式与类型研究 [1]

宋 辉

（西安建筑科技大学建筑学院）

摘要： 中国传统清真寺作为古建筑类型之一，独立于世界伊斯兰建筑体系，其数量众多、风格差异大，一直是建筑史研究的重要内容。现有的类型研究多以建筑外观所表现的风格形式为依据，往往忽略建筑现象之表象背后关于文化原型和深层结构的探讨。故本文在回顾我国已有伊斯兰建筑研究成果的基础上，通过对传统清真寺建筑空间原型模式的剖析，打破原有单一的或地域或民系的划分依据，提出艾提尔清真寺模式和化觉巷清真寺模式两种分类，推演我国清真寺建筑的空间特质，为论证我国建筑在东方传统建筑体系营建中的作用提供佐证。

关键词： 传统清真寺，建筑类型，原型，空间形式

Abstract: As a historical building type, the traditional Chinese mosque (*qingzhensi*) is independent from the system of Islamic architecture in the Arab world, and has existed in China in large numbers with significant style differences. Although the mosque has always been an important topic in architectural history studies, most research focuses on style and form, without looking beyond the outward appearance. Therefore, based on a review of existing literature on Islamic architecture in China, this article suggests an alternative approach to the standard division according to geographic region or ethnic group, and establishes a new classification based on two prototypes—the Id–Kah–Mosque model and the Huajue–Lane–Mosque model—that capture spatial characteristics. This will prove helpful in highlighting the role of Chinese architecture in the development of Asian architecture as a supra–regional system.

Keywords: traditional mosque, building type, prototype, spatial form

一、中国传统清真寺建筑的研究综述

1. 基础调查：从探险到普查与测绘

20 世纪初，西方学者以记录探险过程中见闻的方式为我国清真寺建筑留下了宝贵的影像资料，如柏石曼（Ernst Boerschmann，又译"鲍希曼"）和莫理循（George Ernest Morrison）都曾去过陕西西安化觉巷清真寺，为其留下了历史照片（图 1）。日本学者伊东忠太、桑原骘藏、足立喜六、常盘大定等游历我国后，以手稿日志和照片影像的方式，记录了北京、郑州、河南、辽宁、济南、广州、西安、山东的部分清真寺建筑。虽数量有限，但由此可见，我国清真寺建筑在世界建筑体系尤其是东方建筑体系中的重要地位是显而易见的。

❶ 国家自然科学基金面上项目（52178026）、教育部人文社会科学研究青年项目（20YJC760085）、陕西省自然科学基础研究计划面上项目（2021JM-368）。

（a）柏石曼拍摄的寺院内门　　　　　（b）柏石曼拍摄的凤凰亭　　　　（c）莫理循拍摄的
　　　　　　　　　　　　　　　　　　　　　　　　　　　　　　　　　　省心楼

图 1　陕西西安化觉巷清真大寺旧影

[（（德）恩斯特·柏石曼.寻访 1906-1909：西人眼中的晚清建筑 [M].沈弘,译.天津：百花文艺出版社,2005；
（澳）莫理循,图文.窦坤,海伦,编译.1910 莫理循中国西北行 [M].福州：福建教育出版社,2008.]

　　全国大规模的清真寺普查工作自 1931 年《月华》杂志刊登清真寺的征集通告❶开始,对清真寺的关注方式从外国人主持的探险考察转变为我国学者的调查研究。中国营造学社成立后,刘致平于 1940 年曾考察过成都清真寺。1949 年以后,《中国古代建筑史初稿》❷的编撰计划促使我国北方和东南沿海地区清真寺的普查测绘工作顺利开展。而 1961 年提出的中国建筑历史学科的十年发展规划,将清真寺作为伊斯兰宗教建筑的独立专题归属于以地区、民族划分的古建筑类型,是"民族建筑史"的核心内容,促使新一轮清真寺建筑的普查勘测工作彻底展开,积累了 200 余处案例,内容包括测绘图纸和相关史料。

2.成果颇丰：以论文、专著为主

　　外国学者关于我国清真寺的研究最早见于伊东忠太的《清真寺——中国的回教寺院》❸,他的手稿《野帐》❹也有部分清真寺的草图和文字说明。我国学者的研究成果最早为 1926 年刊出的《清真寺之应用与构成》❺一文,之后不仅有刘致平在《中国营造学社汇刊》上发表的《成都清真寺并论战后建筑一原则》❻,还有《禹贡》❼"回教与回族"和"回族"两专刊中关于内蒙古自治区包头、河北沧州、河南郑州、河南南阳、山东泰安等地清真寺的论述。此时的研究成果以刘致平相关研究为代表,通过对同地区不同清真寺的比较,揭示出我国清真寺建筑的"华化"❽特征（图 2）。至 20 世纪 80 年代,邱玉兰等人对刘致平 1965 年完成初稿的《中国伊斯

❶　作者不详.调查各地清真寺启事 [J/OL].月华,1931,3（2）：9.

❷　建筑科学研究院中国建筑史编辑会议古代建筑史编辑组.中国古代建筑史初稿 [M].北京：中国建筑科学研究院,1959.

❸　伊東忠太.廣東に於ける回教建築一 [J].建築雑誌,1917（363）：174-179；伊東忠太.廣東に於ける回教建築三 [J].建築雑誌,1917（370）：713-719.

❹　伊東忠太.伊東忠太資料野帳 14 第十四卷·清国満州 [EB/OL].http：//newssv.aij.or.jp/da2/yachou/Gallery_3_chuta2-14k.htm.

❺　慕.清真寺之应用与构成 [J/OL].中国回教学会月刊,1926,1（8）：26-30.

❻　文献 [5].

❼　作者不详.《禹贡》学会研究边疆计划书 [J].史学史研究,1981（1）：66-69.

❽　"华化"的说法出自刘致平先生在《成都清真寺并论战后建筑一原则》的后半段"推论战后新中国建筑设计一原则",文中指出"外国宗教建筑到中国后终必华化",而且讨论了"华化"的原因。参见：刘致平.成都清真寺并论战后建筑一原则 [J].中国营造学社汇刊,1945,7（2）：27-29。

匠学薪传——中国营造学社诞辰90周年纪念文集

❶ 文献 [6].

❷ 文献 [11].

❸ 文献 [14].

兰教建筑》❶一书进行了重新整理，最终于 1985 年出版，成为我国第一部研究清真寺的专著，填补了我国宗教建筑相关研究内容的空白。之后，研究专著和论文不断面世，每年都有数十篇成果刊出，涌现出杨永昌、孙大章、艾山·阿布都热衣木、邱玉兰等一批相关学者，研究内容和研究对象也日益丰富。1999 年，霍格（John D. Hoag）的《伊斯兰建筑》❷被翻译出版，标志着我国学者的研究视野已扩展至世界伊斯兰建筑范畴。加之王小东、王瑞珠等相关研究专著的出版，指出清真寺是文化圈间交流与互鉴之载体，我国学者在世界清真寺建筑研究中再一次做出了贡献。尤其在 2009—2014 年，相关研究论文年均发表量达百余篇，研究专著仍持续涌现，最终使得 2017 年再版的"天书"[即《建筑设计资料集（第三版）》❸] 中添加了宗教建筑章节，且清真寺作为伊斯兰教建筑专题归属于宗教建筑的独立部分。书中开始分析我国传统清真寺建筑的空间营造特征，表明研究工作从单一空间解读发展到制定建筑设计原则的应用实践探讨。

综上，我国传统清真寺建筑的研究已历经百余年，积累至今，成果颇丰。但多是个案的说明介绍以及整体特征规律的总结归纳，有关传统清真寺建筑的类型研究仅限于建筑表达形式的讨论，少有关于空间原型制式的探究，尤其是受限于地域和民系的相关研究，在反映我国清真寺建筑全貌时难免有所偏差。故本文在整理前人研究成果的基础上，结合现存传统清真寺建筑的实地勘测调研，提出其分类与制式原则，以厘清我国传统伊斯兰教清真寺建筑的空间特质。

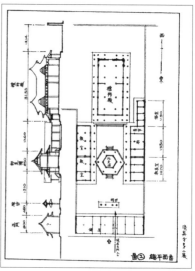

图 2　刘致平关于清真寺的早期研究成果

[刘致平 . 成都清真寺并论战后建筑一原则 [J]. 中国营造学社汇刊, 1945, 7（2）: 3, 29, 31.]

二、中国传统清真寺建筑分类及其基本特征

我国现存清真寺作为伊斯兰宗教建筑集大成者，多分布在穆斯林聚居区，数量众多。因所属地的地理和气候条件不同，建筑风格差异较大。尤其是传统清真寺❶，按其民族属性可分为两类：维吾尔式清真寺和回族式清真寺。二者以新疆维吾尔自治区喀什艾提尕尔清真寺和陕西西安化觉巷清真寺最为典型，两寺既是伊斯兰宗教建筑的传承载体，也是自身地域范围内清真寺建筑的源头，故本文按其空间原型特征的差异，归纳为"艾提尕尔清真寺模式"和"化觉巷清真寺模式"两类（图3）。

1. 艾提尕尔清真寺模式

公元10世纪初伊斯兰教由中亚传入喀什，喀喇汗王朝萨图克·布格拉汗归信伊斯兰教，喀什、叶尔羌、和阗地区改信伊斯兰教，因此原先信奉佛教的回鹘人（维吾尔族的先祖）开始信仰伊斯兰教，喀什艾提尕尔清真寺就此产生，成为位于城市中心以维吾尔族信仰伊斯兰教为主的宗教建筑。建成至今，既是城市的基准点，也是新疆维吾尔自治区内最大、保存时间最长的清真寺，其建筑风格融合了阿拉伯、中亚建筑风格与维吾尔族的民族特征，是继佛教艺术形式淡化后，尊重伊斯兰教风俗习惯和观念的表现，其建筑空间原型遂成为以维吾尔族为代表的传统维吾尔式清真寺的典范。

❶ 我国现存清真寺中，除传统清真寺外，还包括近年在我国西北地区发展形成的混合式清真寺，其建筑形式上直接在近现代建筑式样里添加伊斯兰教建筑功能或拼贴传统清真寺建筑符号，形成折中式样，由于年代较晚，形制尚无明显规律、体系特征不明，未历经考验，故本文不做讨论。

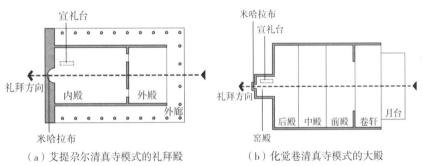

（a）艾提尕尔清真寺模式的礼拜殿　　　　（b）化觉巷清真寺模式的大殿

图3　中国传统清真寺大殿空间模式分类（作者自绘）

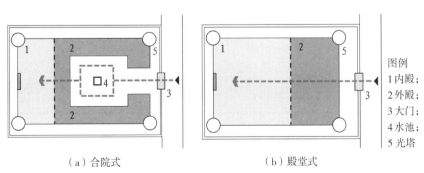

（a）合院式　　　　　　　　　　　（b）殿堂式

图4　艾提尕尔清真寺模式空间分类（作者自绘）

❶ 清真寺内的建筑空间，根据使用功能的不同，分为主体空间和辅助空间。主体空间主要包括用于召唤信徒的光塔、用于沐浴的水房等礼仪空间，以及大殿、圣龛（位于礼拜殿西墙朝向麦加）这类礼拜空间；辅助空间则多为满足接待、阿訇生活等基本需求的功能空间。

❷ 白学义等在《中国伊斯兰教建筑艺术》中将新疆地区的清真寺建筑，根据规模大小的不同分为四种类型。一为艾提尕尔清真寺，是穆斯林举行会礼和节日庆典的场所，规模最大，装饰奢华，设施齐全；二为加满清真寺，提供主麻日聚礼之用，礼拜殿宽敞，有内外殿之分，装饰华丽；三为稍麻清真寺，是穆斯林每日五次礼拜之所，分布于大街小巷，规模小、数量多，最为简朴；四为麻扎清真寺，是麻扎建筑的有机组成内容，主要供游牧穆斯林礼拜之用。参见：白学义，白韬. 中国伊斯兰教建筑艺术 [M]. 银川：宁夏人民出版社，2016。

❸ 参见：白学义，白韬. 中国伊斯兰教建筑艺术 [M]. 银川：宁夏人民出版社，2016。

艾提尕尔清真寺模式按其总体格局，可分为建筑围合庭院的"合院式"和以礼拜殿为主体的"殿堂式"（图4）。合院式指进入清真寺大门后随即步入庭院，在寺墙和建筑❶的共同围合下，形成庭院中心，如喀什奥大西克清真寺。其礼拜殿位于寺院的尾端，由内外殿组成，内殿外设"一"字形、"L"形或"U"形的廊庑，形成外殿，开敞明亮，又称"夏殿"；内殿则内向封闭，少有开窗，设"米哈拉布"（朝向麦加方向墙壁上的拱形凹壁）和宣礼台，也称"冬殿"，以便信徒冬季礼拜使用。殿堂式的清真寺，寺门与礼拜殿大门距离很近，入寺门便可直抵殿门，更有甚者由于用地限制，空间局促，常见寺门与殿门合一设置。靠殿门一侧的礼拜殿为外殿，其内为内殿，二者均在室内。且因殿堂式清真寺常混杂在聚居区中，用地局促，往往平面不规则而且规模小，新疆维吾尔自治区内大多数地区的稍麻清真寺❷就属此类。

艾提尕尔清真寺模式的礼拜殿大多为木构多柱大厅结构，即建筑受力构件为木柱，其上平置木梁，间隔15—25厘米再施以密肋小梁，上铺"瓦楞子"（类似传统建筑中的望板），并用柴草抹灰泥铺面，再以20—35厘米厚的夯土填充，形成由密肋小梁构筑的平顶结构，喀什艾提尕尔清真寺❸及莎车、和田、库车的加满清真寺均为此类；也有的礼拜殿屋顶采用穹顶结构，矩形平面，以夯土或土坯砖砌筑厚土墙，墙厚窗小，四面分设尖券拱，发券成半球形或尖形穹顶，形成集中式的平面布局，如莎车阿孜那清真寺；还有的礼拜殿将上述两种结构混合，外承穹顶围合，内为木构平顶多柱式大厅，吐鲁番苏公塔就是此类的代表。而早期用于呼唤穆斯林按时礼拜的清真寺标志物——光塔，或高耸立于大门两侧，形成屏风墙上开券的券拱式门楼，装饰性强，为新疆维吾尔自治区的清真寺普遍使用；或成塔，置于大殿角部；有的体量小，采用实心；有的体量大，设旋转楼梯，可供登临。其上再置平台，建开敞圆亭，塔顶为半球形，立刹杆承新月，有的在外表镶嵌彩色玻璃、砌水平层花纹，设有通风透气用的孔洞，独立完整，与中亚建筑类同（图5）。

（a）新疆维吾尔自治区喀什艾提尕尔清真　　（b）新疆维吾尔自治区吐鲁番苏公塔
寺门楼　　　　　　　　　　　　　　礼拜殿入口

图5　艾提尕尔清真寺模式的典型实例外景（作者自摄）

2. 化觉巷清真寺模式

回族形成于元末明初时期，由于元太祖西征，导致大批穆斯林移民涌入。至明清时期，我国回族式清真寺发展达到成熟，成为伊斯兰文化传播及其与唐传统文化交流的见证，具有"兼容并蓄"的特点。回族式清真寺多采用中国传统汉式庭院的布局方式，其主体建筑为传统木构体系，装饰纹样和室内彩绘则部分保留阿拉伯建筑的风格，形成中国特有的伊斯兰教清真寺建筑。陕西西安化觉巷清真寺就是此类建筑的代表，曾几经大修变迁，又因规模宏大、形成规制时间长，故成为我国伊斯兰建筑的传承载体和内地清真寺建筑的源头。在丝绸之路申遗时，被评价为"丝绸之路'长安—天山'廊道"东端最具代表性的伊斯兰建筑寺院，也是沿线唯一列入世界遗产预备名单的伊斯兰建筑，其建筑风格为结合了本地汉族传统合院式建筑布局的回族式。

与艾提尕尔清真寺模式相比，化觉巷清真寺模式的布局更为舒展，寺院占地面积较大，多个低矮建筑沿水平方向延展，形成层进式院落组群。由于穆斯林礼拜时要求面对西方麦加"克尔白"天房方向，所以我国清真寺的大殿常坐西朝东布置，因此形成的院落组织方式也更为复杂。按道路与组织路线承接关系的不同，化觉巷清真寺模式可分为直入式、倒座式和转折式。直入式与中国传统汉式中轴对称的合院格局一致，形成的院落空间秩序井然，门楼、邦克楼、大殿、望月亭等主体建筑位于中轴线之上，碑亭、讲堂等辅助建筑位于轴线两侧，例如陕西西安化觉巷清真寺、山东济宁清真西大寺、四川成都鼓楼街清真寺；倒座式的大门位于院落西墙，大殿正门却面东而设，两建筑"背靠背"，进入大门后不可直抵大殿，需绕行侧面至后院，再反向入大殿，如北京牛街清真寺、内蒙古自治区呼和浩特清真大寺；转折式则指大门位于院落侧面，进入后经前院变换轴线到达大殿，即院落轴线为先南北行进，再东西深入，如甘肃兰州解放路西关清真寺、西藏自治区拉萨河坝林清真寺、上海松江清真寺，该类型的清真寺也可与直入式、倒座式结合进行多次转折，如宁夏回族自治区同心清真寺（图6）。

就大殿而言，化觉巷清真寺模式在传统建筑中独树一帜，为满足信众礼拜需求，设宣礼台（或称宣讲台、敏拜尔，位于殿内北侧）、基布拉（大殿西侧礼拜墙）和米哈拉布。多采用垂直于"基布拉"东西方向纵深的多柱大厅，内无分割，铺炕席地毯，平面以矩形为原型变化，形成包括月台、卷轩、前殿、中殿、后殿和窑殿在内的中心主体建筑群，其上用数座屋顶勾连搭的木构做法，构成我国清真寺建筑特有的"几起几落"造型（参见图3）。这种空间易于根据聚居区人口的多寡，进行适合当下使用情况的置换与改扩建，因此与传统汉式合院建筑相比，其建筑平面更加灵活，更有利于满足瞬时人口增减时的功能需求。而化觉巷清真寺模式中用于召唤

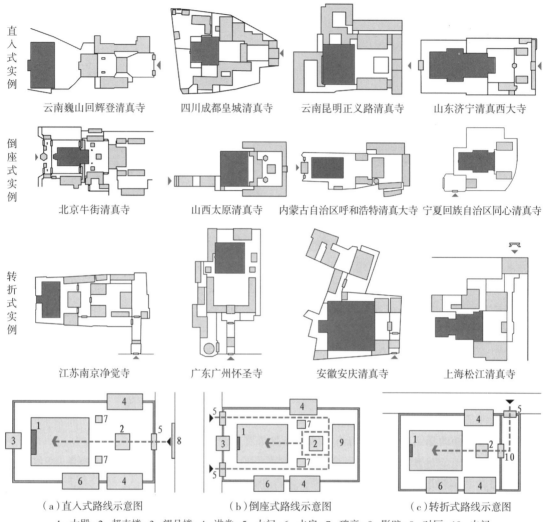

直入式实例

云南巍山回辉登清真寺　四川成都皇城清真寺　云南昆明正义路清真寺　山东济宁清真西大寺

倒座式实例

北京牛街清真寺　山西太原清真寺　内蒙古自治区呼和浩特清真大寺　宁夏回族自治区同心清真寺

转折式实例

江苏南京净觉寺　广东广州怀圣寺　安徽安庆清真寺　上海松江清真寺

（a）直入式路线示意图　（b）倒座式路线示意图　（c）转折式路线示意图

1- 大殿；2- 邦克楼；3- 望月楼；4- 讲堂；5- 大门；6- 水房；7- 碑亭；8- 影壁；9- 对厅；10- 内门

图6　化觉巷清真寺模式空间组织方式分类（作者自绘）

信徒的建筑，被称为"邦克楼"（又称"召唤楼"、"宣礼楼"），为多层楼阁建筑，常位于寺院中轴线的重要节点上，或独立于院中，因其挺拔突出，有时也与望月楼❶合一，兼具望月功能，是清真寺区别于我国其他宗教建筑的重要标志物。

❶ "望月楼"为清真寺特有的建筑之一，是穆斯林每年斋月用以登临望月、确定开封斋日期之场所。

三、中国传统清真寺建筑的价值及意义

建筑的分类研究可追溯至意大利文艺复兴时期关于理想城市模式的讨论，帕拉第奥通过建筑空间原型对建筑模式进行系统化的研究，以期归纳出同类建筑制式特征。而"建筑类型学"的概念，直至18世纪才在法国被明确提出，是基于建筑起源、原型和类型思想的探讨。针对我国清真寺

建筑的分类研究，本文试图通过探明其空间原型特征，厘清伊斯兰建筑文化传播的轨迹，揭示我国与中亚、西亚乃至欧洲建筑文化交流互鉴的规律。例如在研究中发现除伊斯兰教教义影响下的正向接受式传播（如清真寺大殿的朝向，以及院内设置供洗礼使用的水房、召唤信徒的宣礼塔等）外，还会生成反向的输出式传播（如 15 世纪中亚青花瓷砖的贴面装饰工艺就是由我国工匠创造，以及乌鲁木齐陕西大寺的大殿与陕西西安化觉巷清真寺大殿类同等现象），这些都是宗教文化在自西东传过程中产生的由东西渐结果。另外，穆斯林聚居区大都始终保持寺坊的内在逻辑，面对外部城市及环境日新月异的变化，这种内在逻辑始终存在且不断发展，其细胞内聚的自组织方式更是难以被打破，高密度下的建筑营造规律显然适应了现代城市的发展，所以保留至今，经久不衰。其间形成的营造智慧对现代建筑的集聚设计具有一定的启示作用，也使得传统建筑的在地营造适应特征得以凸显。

参考文献

[1] 徐苏斌 . 日本对中国城市与建筑的研究 [M]. 北京：中国水利水电出版社，1999.

[2] （德）恩斯特·柏石曼 . 寻访 1906—1909 西人眼中的晚清建筑 [M]. 沈弘，译 . 天津：百花文艺出版社，2005.

[3] （澳）莫理循，图文 . 窦坤，海伦，编译 . 1910 莫理循中国西北行（上）[M]. 福州：福建教育出版社，2008.

[4] 伊东忠太 . 中国古建筑装饰 [M]. 刘云俊，等，译 . 北京：中国建筑工业出版社，2006.

[5] 刘致平 . 成都清真寺并论战后建筑一原则 [J]. 中国营造学社汇刊，1945，7（2）：29–63.

[6] 刘致平 . 中国伊斯兰教建筑 [M]. 乌鲁木齐：新疆人民出版社，1985.

[7] 杨永昌 . 漫谈清真寺 [M]. 银川：宁夏人民出版社，1981.

[8] 孙大章，喻维国 . 中国美术全集·宗教建筑 [M]. 北京：中国建筑工业出版社，1988.

[9] 艾山·阿布都热衣木 . 伊斯兰教建筑艺术 [M]. 乌鲁木齐：新疆人民出版社，1989.

[10] 邱玉兰 . 伊斯兰教建筑·穆斯林礼拜清真寺 [M]. 北京：中国建筑工业出版社，1993.

[11]（美）约翰·D·霍格 . 伊斯兰建筑 [M]. 杨昌鸣，等，译 . 北京：中国建筑工业出版社，1999.

[12] 王小东 . 伊斯兰建筑史图典 [M]. 北京：中国建筑工业出版社，2006.

[13] 王瑞珠 . 世界建筑史·伊斯兰卷 [M]. 北京：中国建筑工业出版社，2014.

[14] 宋辉.宗教建筑·伊斯兰教建筑 [M]// 中国建筑学会.建筑设计资料集（第三版）第 4 分册教科·文化·宗教·博览·观演.北京：中国建筑工业出版社，2017.

[15] 喀什市地方志编纂委员会.喀什市志 [M].乌鲁木齐：新疆人民出版社，2002.

[16] 马坚.马坚著译文集 [M].北京：商务印书馆，2019.

[17] SUN Dazhang，QIU Yulan. ISLAMIC BUILDINGS：Islamic Mosques in Various Regions of China [M].Beijing：China Achitecture & Building Press，2012.

[18] 沈克宁.建筑类型学与城市形态学 [M].北京：中国建筑工业出版社，2010.

[19] 宋辉，李思超.中国伊斯兰建筑研究发展历程及展望 [J].建筑学报，2021（S1）：33–39.

建筑管理研究

宋代官府工程招标考

卢有杰

（清华大学建设管理系）

摘要：宋代官方利用竞争公开招标拍卖官产、采购物料。但官方工程是否也曾利用竞争公开招标选择工匠，由其承包呢？本文考察了彼时的官方工程实施方式、营造物料与劳动力市场、民间工匠承包能力，揭示了阻碍公开招标雇用工匠的因素并分析了其背景。笔者发现，虽然宋代已有民间工匠竞争承包主人（雇用者）盖造房屋之事，但主人并无公开招标之举。至于朝廷和官府，虽然也在市场上雇用工匠和力夫、公开招标采购物料，但在绝大多数情况下，均以自营方式完成工程，未发现有公开招标、选择工匠并由其承包的做法。本文指出，这种情况属于人类历史发展中普遍产生的"路径依赖"现象。尽管如此，可将本文视为一个起点，由此深入研究最终在清末出现的官方公开招标外包工程的历史渊源。

关键词：劳动力市场，竞争，招标，自营，工匠，制度经济学，路径依赖

Abstract：As license auctions for farmland and salt or tea trade shaped the market structure of the Song dynasty, the question arises if imperial and public construction projects were also procured using competitive bidding. This paper suggests that the Song court/government usually executed construction projects through "direct labor", i.e. the government acting as its own general contractor rather than awarding contracts to the contractors which submitted the best tender. Several factors hindered the Song government from inviting private firms/craftsmen to tender. This includes the path dependence of the Song method of procurement, which changed only after the private sector（construction force）as a whole became capable to execute construction without institutional constraints. Such and similar findings will help to clarify some open questions about imperial construction management and provide a basis for future investigation of the historical factors affecting private contractors' tender in the late Qing dynasty.

Keywords：construction labor market, competition, tendering, direct labor, craftsmen, institutional economics, path dependence

一、问题由来

1. 引言

日本和中国的学者从 20 世纪 30 年代就着手研究宋代朝廷和官府利用竞争高价出卖官产及其经营权或低价采购粮食与其他物料的情况。我国学者的研究成果可见李晓的《宋朝政府购买制度研究》❶。

官产及其经营权，主要指官田、陂塘所有权，津渡、墟市、盐井、盐场、坑冶、醋坊、酒务等的经营权，甚至某些征税权。大致从宋仁宗年间（1023—1063 年）开始，朝廷和官府利用买者之间的竞争，以拍卖形式（即"买扑"，又称"扑买"、"承买"）向民间大户、商贾，甚至

---

❶ 文献 [1].

官员个人出售官产及其经营权。❶ 例如，在东京开封有许多空闲之地，朝廷就将其拍卖给民间，由民间盖造房屋。

除了拍卖城市的官地，朝廷和官府在出售无人耕种的官田时，也采取了拍卖方式。例如，政和四年（1114年）三月二十日，"膳部员外郎沈鏻奏：'奉诏，相度措置江淮两浙路开修运河、兴筑圩田。据干当公事卢宗原状，合开修河路系官司措置外，有可兴圩田，系涉江、淮、两浙三路。已曾申明，乞依都畿见行兴修水利法，不限等第，许人户请佃，情愿随力各借钱米。虑人户不知今来朝廷许令请佃，若相度措置得有合修地土去处，即乞先次令逐处官司散出榜示，告谕人户送纳投状，理定名次。至兴修有日，令人户送纳。兴修钱粮。成田日，依次给佃。'从之。"❷

建炎四年（1130年）"二月三日，知永嘉县霍蠡言：'本州四县，见管户绝抵当诸色没官田产数目不少，并系形势户诡名请佃，每年租课多是催头及保正长代纳，公私受弊。欲乞量立日限，召人实封投状请买，限半月拆封，给最高之人。内有林灵素没官屋宇，为元估价高，累榜无人承买，乞行下本州减价出卖。'诏并依，仍限半月。"❸ 其中的"实封投状"就是竞买人的报价书。

绍兴二年（1132年）六月二十九日，诏："诸路委漕臣一员，将管下应干系官田土，并行措置出卖。仰各随土俗所宜，究心措置，出榜晓示。限一月召人实封投状请买。仍置印历，抄上承买人户先后资次、姓名。限满，当本官厅拆状，区画所著价最高之人。卖到钱数，申取朝廷指挥。其诸路漕臣，若推行不扰，早见次第，当议优功给赏。如或视为文具，隐蔽营私，奉行灭裂，并当重行黜责。仍行下逐路照会。"❹

采购实物，亦用"买扑"之法，即由商人（行❺人）竞争取得供应权。宋神宗年间（1067—1085年）王安石变法期间，为了实施市易法而于熙宁五年（1072年）三月设立了市易务（司）。按王安石设想，由市易务承包物品购买与供应，可遏制强制摊派征购之弊，减轻百姓负担。同以往的和买❻相比，可大幅度减少采购支出。此后，官方各项购买逐渐实行招标承包供应制，购买工役所需物料亦如此。

例如，熙宁五年（1072年）十月，"上曰（宋神宗对王安石说）：'……前宋用臣修陵寺，令行人揽买漆，比官买减半价。……'"❼"令行人揽买漆"就是招募行户为营造宋仁宗永昭陵和宋英宗永厚陵的昭孝禅寺供应漆料。

再如，熙宁七年（1074年）七月，宋神宗批："河北修创楼橹、守具及军器合用物料，可速相度差官往出产路镖❽刷计置，或令市易务募商人结买。"❾ 所谓"揽买"和"结买"（"结揽和买"省略语），就是承包官府买漆和其他合用物料事务。

2. 问题

看到这些，如今从事建设事业和建筑业者会问，宋代是否有利用竞争，

---

❶ 文献 [2].

❷ 文献 [3]. 食货 61. 水利杂录.

❸ 文献 [3]. 食货 5. 官田杂录.

❹ 同上.

❺ 音 háng。

❻ "和买"二字，关键在"和"，指买卖双方自愿交易。宋代朝廷与官府和买之物种类很多，不限于绢帛。然而实践上，常有强迫与被迫之事。

❼ 文献 [4]. 卷 239.

❽ 同"剽"。

❾ 文献 [4]. 卷 254.

将工役交给要价低、工期短的工匠，由其承包并完成之事呢？也就是说，宋代朝廷、官府以及民间的营造是否存在招标的做法？

朝廷与官府工役是否发包给民间由其承包，以及是否以招标形式选择承包人取决于双方的多种因素，其主要者如下：

第一，营造建筑市场的发达程度。第二，民间承揽人是否具备令朝廷与官府满意的承包能力。第三，当时工役制度是否允许这样做。第四，发包给民间，同官方"自营"相比，是否有明显好处。

就笔者所知，现存的宋代史料中，有关朝廷、官府以及民间营造之事，以招标形式雇用匠夫、由民间承包的明文记载很少。

尽管如此，笔者仍然有兴趣探讨这一问题，弄清宋代朝廷与官府到底以何种方式完成各种营造活动，查明当时是否已具备了招标和投标的条件，为研究我国清末最终出现的官方公开招标外包工程的历史渊源奠定基础。

二、官方工役制度

需要说明的是，宋代文献很少用"工程"而用"役"或"工役"表示治河、修路、架桥、筑城、起宫殿等营造活动；"工程"指营造、制作甚至学习耗费的人力和时间量。

为了弄清宋代是否已具备为工程采购而招标的条件，先考察宋代官方工役制度，即用工、组织与管理方式，进而评价其优劣以及参与者的利害关系。

下文将分别考查官方（朝廷与官府）、皇家与民间营造活动。从北宋中后期开始，朝廷实行了几次改革，故在考察时，尽量区分其前后。

1. 朝廷工役

1）公共设施

公共设施，可举治河、水利、城池、廨宇、驿站、桥梁、道路、营房方面的若干实例。

（1）治河

乾德五年（967年）春正月，"分遣使者发畿县及近郡丁夫数万治河堤。自是岁以为常，皆用正月首事，季春而毕。"❶

天禧三年（1019年）八月，"河防夫工，岁役十万。滨河之民，困于调发。可上户出钱免夫，下户出力充役，皆取其愿。"❷

天圣五年（1027年）秋七月，"发丁夫三万八千、卒二万一千、缗钱五十万塞滑州决河。冬十月丙申，滑州言河平。"❸

天圣六年（1028年）三月诏，"岁调郓、曹、濮等州丁夫以治澶州河堤，颇妨农业。自今发邻州卒代之。"❹ 该工役，兵、夫同役。这种情况有宋一代屡见不鲜。

❶ 文献 [4]. 卷 8.

❷ 文献 [5]. 卷 181. 政事 34. 河防.

❸ 文献 [6]. 卷 9. 本纪 9. 仁宗一.

❹ 文献 [4]. 卷 106.

"元丰改制"之后的情况，可见下例：

元丰六年（1083年）八月，"范子渊又请'于武济山麓至河岸并嫩滩上修堤及压埽堤，又新河南岸筑新堤，计役兵六千人，二百日成。开展直河，长六十三里，广一百尺，深一丈，役兵四万七千有奇，一月成。'从之。"❶

大观元年（1107年）二月，"诏于阳武上埽第五铺开修直河至第十五铺，以分减水势。有司言：'河身当长三千四百四十步，面阔八十尺，底阔五丈，深七尺，计役十万七千余工，用人夫三千五百八十二，凡一月毕。'从之。"❷

（2）水利设施

太平兴国五年（980年）春正月，"命右卫将军史珪督畿内丁夫三万人凿尉氏县界新河九十里，数旬而毕，居民利之。"❸

熙宁五年（1072年）二月，"以两浙水，赐谷十万石振之，仍募民兴水利。"❹

"元丰改制"之后的情况，可见下例：

元祐四年（1089年）十二月，"京东路转运司言：'准朝旨，本路清河与江、浙、淮南诸路相通，舟楫往来，搬运物货，因徐州吕梁、百步两洪湍浅险恶，及水手、牛驴、纤户、盘剥人等百般邀阻，损坏舟船，致客人不行。已奉旨差知常州晋陵县事赵竦及于本路选差齐州通判、朝请郎滕希靖同诣徐州吕梁、百步两洪相度打量地势高下，穿凿作井，别无阻碍，实可开修月河石堤，上下置闸，以时开闭，通放舟船；及约度到人工、料次、所费官钱、米豆，经久利便；及欲乞于本路不拘常制踏逐使臣，差二员专切监勒兵夫、人匠等兴修；及乞存留赵竦与滕希靖同共提举点检。'从之，内合用兵夫，除本路团结修河兵夫不差外，令本司划刷（征调）合用役兵应副，不足，即行和雇，仍专差赵竦、滕希靖管勾开修，令京东路转运司并徐州应副。"❺

（3）城池

熙宁八年（1075年）八月，"诏：'都城久失修治，熙宁初虽尝设官缮完，费工以数十万计。今遣人视之，乃颓圮如故，若非特选官总领其役，旷日持久，必不能就绪。可差入内东头供奉官宋用臣专切提辖修完，其有合申请事件，并令条具闻奏。仍差河北、京东拣中崇胜、奉化七指挥及新废监牧兵士五千人，专隶其役。所有上件兵士万人，隶步司。应缘修城役使犯杖罪以下，即令提辖修城所断遣，内系虽杖罪合干追照，即送步军司断遣。每五百人仍许奏选殿直以下至殿侍一人部役。'"

九月七日，"重修都城，诏内臣宋用臣董之。废罢监牧司马监兵士五千人，以二千人充在京新置广固四指挥。专隶修完京城所工役，于京城四壁置营；三千人添置府界保忠六指挥，于陈留、雍丘、襄邑置营。候修京城毕，其新置保忠指挥额数，即行拨并，仍隶步军司。非有宣命，不得差使。所有请受，并依保忠例支给。"❻

❶ 文献 [6]. 卷 94. 河渠志. 汴河下.

❷ 文献 [6]. 卷 93. 河渠三. 黄河下.

❸ 文献 [4]. 卷 21.

❹ 文献 [6]. 卷 15. 本纪15. 神宗二.

❺ 文献 [4]. 卷 436.

❻ 文献 [3]. 方域 1. 东京杂录.

"元丰改制"之后的例子有：

元丰三年（1080年）五月，"诏潭州、全、邵州民出修城夫钱减三之一，潭州须岁稔兴工，全、邵州以五年为限。先是，诏潭州修城限五年，全、邵州限三年工毕，役兵不足，许募民夫。至是复展期限。"❶

元祐三年（1088年）九月，"右正言刘安世言：'伏见近降朝旨，于京东、河北差崇胜、奉化兵士各五百人，及招填广固四指挥各令及八百人之额，立限五年，修筑京城。又许支朝廷应干封桩钱和雇人夫二千人，令作四季，开掘城壕。臣虽至愚，虑不及远，详观事理，甚有未安，勉进瞽言，以黩天听，惟陛下留神省览。臣伏观陛下听政之始，沛发德音，修城兵夫，悉令散遣，道路歌颂，骧仰圣泽。四年于此，未尝有枹鼓之警。今元元之民方就休息，四夷顺轨，外无戎事，而遽兴大役，众谓无名。又于京东、河北再发厢兵，人心惊疑，不可不虑。况修城与开壕之工几百万，计其费用、固已不赀。方二圣崇尚宽厚，前日利源之入，去其大半，封桩钱物，尤宜爱惜。而乃竭有限之财，应不急之役，非计之得也。兼臣访闻近日朝市之闲，往往窃议，以为朝廷将复治茶磨，以收其利，虽庙堂之论，不能知其有无，而庶人之言何因而起？臣恐传之四方，谓陛下前此所罢之事，渐欲复讲，摇动人心，所害不细。伏望圣慈深赐详察，特罢修城之役，非惟为国家惜费便民，亦可以杜塞小人妄意陛下为惠不终之议，惟冀独出睿断，早降指挥。'又言：'昨累具状论奏修城利害，至今未蒙施行。近日访闻开壕所乞罢雇夫开壕，止以兵士，随其地形量加人夫，其数增倍，所散工直，颇有培敛，虽号为加给，得钱之人多是上下干系，作头、壕寨之类，阴有侵克。既聚大众，而不以公处之，积怨日深，或致生事。兼壕身大阔，所出之土，占压民田，雍塞道路，邻近坟墓多被穿掘，愁叹之声，达于众听。臣职在耳目，不敢不言。窃谓国家建置治官，本欲循名责实，今修城开壕之工共七百余万，日役兵夫无虑数千，付之一二庸人，而不领于将作，名实紊乱，孰甚于此。如闻版筑方毕，旋致摧毁，盖上下官吏，肆为诞谩，无所统属，以纠其缪，此不可以不更张也。伏望圣慈检会臣累奏事理，特降指挥，惟用广固兵士三千二百人，不计岁月，修筑城壁，以终其事。所有开壕役夫，并乞放罢，止以兵士随其地形量加浚治，不必尽如元料。仍专委将作监主辖，所贵事有统领，不致乖戾。'"

"又言：'臣累具状乞罢雇夫开壕，止以兵士随其地形量加浚治，不必尽如元料，仍令将作监专切总领，至今未奉指挥。臣窃谓事之利害已具前奏，不复委曲再烦听览。然臣有所甚疑者，特以帝王之都，而高城深池过于边郡，雉堞楼橹之迹，隐然相望。若于京师而为受敌之具，其如天下何？议者不能为国家画久安之策，而区区增浚城隍，欲恃之以为固，亦已过矣。方朝廷讲求国用，正务裁损，而举百万之财弃于无用之地，实为可惜。伏望圣慈深赐省察，检会臣累奏事理，特降指挥施行。'"❷

宋代官府工程招标考

❶ 文献[3].方域9.诸城修改移并.修城下.

❷ 文献[3].方域9.诸城修改移并.修城下.

（4）廨宇

两宋时期，京城为三省、三台、各寺、诸监与各院，地方为诸道、州、府、军、监、县等，均盖造了完备的行使职责处所。

景德元年（1004年）正月，"诏：'诸路转运司及州县官员、使臣，多是广修廨宇，非理扰民。自今不得擅有科率，劳役百姓。如须至修葺，奏裁。'"八月，"诏西川诸路巡检兵士，令逐处州军造廨宇、营壁以居之。先是，上封者言：川陕巡检兵士自来不许修造廨宇，多分泊道涂，深所非便，故有是诏。"❶

淳熙三年（1176年），台州太守尤袤在府衙内盖霞起堂。该堂"取材于旧，课工于卒，不市一木，不役一民，而使隘者敞，窒者通，敝者新，则亦何害于政哉？"❷

（5）驿站

崇宁元年（1102年）九月，"修都亭驿毕工"，"凡役自五月甲子迄八月戊寅，为日十旬有奇；凡治舍自门堂屋有序，为屋五百二十有五。"❸

（6）桥梁

政和七年（1117年）六月，"都水使者孟扬（孟昌龄之子）言：'旧河阳南北两河分流，立中潬，系浮梁。顷缘北河淤淀，水不通行，止于南河修系一桥。因此河项窄狭，水势冲激，每遇涨水，多致损坏。欲措置开修北河，如旧修系南北两桥。'从之。"九月，"诏扬专一措置，而令河阳守臣王序营办钱粮，督其工料。"宣和四年（1122年）四月，"孟扬言：'奉诏修系三山东桥，凡役工十五万七千八百，今累经涨水无虞。'诏因桥坏失职降秩者，俱复之，扬自正议大转正奉大夫。"❹

（7）道路

建隆三年（962年）五月，"潞州言：'先奉诏集丁夫开太行路，俾通馈运，今已功毕。'"❺

淳熙三年（1176年）二月，"四川茶马司言：'兴州顺政、长举两县栈阁旧置武臣一员充巡辖，人兵三百，专一巡视修葺。今乞令诸司共措置，务令经久，仍招填人兵，依时修治栈道。'从之。"❻

（8）营房

大中祥符九年（1016年）三月，"曹玮言：'秦州管戍兵多阙营屋，至有寓民舍者，颇或扰人。臣令役卒采木、陶瓦，为屋千四百区，今并毕功。'上曰：'此州郡切务，深可嘉也。'"❼

2）其他设施

朝廷还为个别官员造墓。例如，元祐元年（1086年）九月，尚书左仆射司马光逝于任上。第二天宋哲宗派人诏告司马光独子司马康："余之芘臣尽瘁国家，以损厥寿，朕甚恸焉，其从官葬，以报其功。""于是，诏尚书户部侍郎赵瞻、入内内侍省押班冯宗道护公器归陕州夏县里第，先丧未发，命入内内侍省供奉官李永言会开封县尉廷挟太史礼直官

❶ 文献[3].方域4.官廨.

❷ 文献[9].卷5.公廨门二.

❸ 文献[3].方域10.驿传杂录.

❹ 文献[6].卷93.河渠三.黄河下.

❺ 文献[3].方域10.道路.

❻ 同上。

❼ 文献[4].卷86.

乘驿诣涑川先茔，相地卜宅。于是，以十月甲午掘圹，发陕、解、蒲、华四州卒穿土，复选上方百工为丧具，十一月复命（司马）富提举之。十二月丙戌，墓成。其制云：凡用一万八千九百三十三工，盖比初计减九千九百三十八工。"❶

❶ 文献 [7]. 卷 202. 艺文 21. 记二 .

2. 地方工役

这里仅举城池、水利、廨宇、藏书楼之例。

1）城池

景祐四年（1037 年）五月，"广南东路转运司言：'广州任中师奏，城壁摧塌，乞差人夫添修，欲依中师所请。'诏广州更不差夫，只挪合役兵士，先从摧塌及紧要处修整。"❷

❷ 文献 [3]. 方域 9. 诸城修改移并 . 修城下 .

熙宁十年（1077 年）七月，"河北西路提点刑狱丁执礼言：'窃考前代，凡制都邑，皆为城郭。于周有掌固之官，若造都邑，则治其固，与其守法是也。盖民之所聚，不可以无固与守。今之县邑，往往故城尚存，然摧圮断缺，不足为固。况近岁以来，官司所积钱斛日多于前，富民巨买，萃于廛市。城郭不修，甚非所以保民备寇之道也。以为完之之术，不必费县官（指朝廷和皇帝）之财，择令之明者，使劝诱城内中、上户，出丁夫以助工役，渐以治之。缘城成，亦民之利，非强其所不欲也。仍视邑之多盗者，先加完筑，次及余处。庶使民有所保，而杜塞奸盗窥觊之心。'诏中书、门下立法以闻。"

"中书门下言：'看详天下州县城壁，除五路州军城池，自来不阙，修完可以守御外，五路县分及诸州县城壁，多不曾修葺，各有损坏，亦有无城郭处。缘逐处居民不少，若不渐令修完，窃虑缓急，无以备盗。今欲令逐路监司相度，委知州、知县检视城壁合修去处，计会工料，于丰岁分明晓谕，劝谕在城中、上等人户，各出丁夫修筑。委转运使勘会辖下五路，除沿边外，择居民繁多或路当冲要县分，诸路即先自大郡城壁损坏去处，各具三两处奏乞修完。候降到朝旨，依下项：

一、委转运司先体量合修城州县知州、知县人材，如可以倚办集事，即行差委。如不堪委，知州即具奏，乞选差知县。并许于本路官员内选择对换，或别举官。其被替人却令赴铨院，依旧名次别与合入差遣，仍并不理为遗阙。

二、令所委躬亲部领、壕寨等打量、检计城壁合修去处，州县并依旧城高下修筑。其州县元无城处，即以二丈为城，底阔一丈五尺，上收五尺。如有旧城，只是损缺，既检计补完，其州城低小去处，亦须增筑，令及县城丈尺、分掌工料，纽算却计合用人工、物料若干数目，申差宫检覆，委无虚计工料，即各令置簿抄录，依料次兴修。

三、于丰岁劝诱在城上、中等人户，各出人夫，仍将合用工料品量、物力高下，均定逐户合出夫数，出榜晓示，及木博、子椽之类，并委转运司勘会有处移挪；置簿拘管，从上轮番勾集工役，仍限三年了毕。如遇灾伤年分，亦许依常平赈济法，召阙食人民工役，支给钱米。

四、应合用修城动使支拨，其椽木亦许于系官无妨碍地内，采斫充使。

五、应城门并检计合用物料、人工，差官覆检，支破官钱收买，应副使用。'从之。"❶

"元丰改制"后之例：

元丰二年（1079 年）正月，"诏诸路修城，于中等以上户均出役夫，夫出百钱。其役广户狭处，以五年分五限，余以三年分三限送，官为相度，募人或量增役兵修筑。如钱不足，预具数以闻。遇灾伤及三分年，仍权住输钱。"

元丰六年（1083 年）九月，"河东经略司言：'本路有当修城壁，工料浩大，转运司钱谷有限，必难应副。乞赐度僧牒五分，分与沿边州军，和顾（雇）民夫修缮。其次边及近里州军，乞令转运司就农隙，度工料、发民夫。'从之。"❷

元祐元年（1086 年）正月，"工部言：'京城四壁城壕止以广固人兵渐次开修，更不差夫。'从之。"❸

元祐元年（1086 年）十二月，"中书省言：'提举京城所奏，修治京城所元管大小使臣五十七员，今相度可以废罢四十七人，存留一十员管勾事务。并乞不拘常制，踏逐指名抽差，各与通理三年为一任。'从之。"❹

下例时间为南宋，自然也是"元丰改制"后之例。"洪州（今南昌）城池，自建炎三年（1129 年）十月内经金人残破之后，不曾修治。城壁摧毁，壕堑埋塞。"于是，李纲向朝廷汇报修复计划："今委武功大夫权本路军马钤辖武登相度……检计到合用工料、木植、砖灰等，本司已一面挪融兑支钱物，计置收买材植、物料等，创造窑务，烧变成砖，又用砖数多，勾到南昌、新建两县窑户，高与价值，每一口砖计价钱二十文，足令结揽烧变，应副使用，及于诸州划刷壮城兵士，量行差拨，及本州壮城、牢城、厢军等相兼修筑。"❺

2）水利

嘉祐三年（1058 年）秋七月，"诏京西转运司，京、索河水浸民田，其发卒二千往护筑之。"❻

熙宁四年（1071 年）二月，"诏增漳河等役兵。"❼

"五代马氏于潭州东二十里，因诸山之泉，筑堤潴水，号曰龟塘，溉田万顷。其后堤坏，岁旱，民皆阻饥。"绍兴七年（1137 年），"守臣吕颐浩始募民修复，以广耕稼。"❽

3）廨宇

张咏曾知益州府（今成都），记述了重建府署之事。"至道丁酉岁（997年），某始议改作，计工上请，帝命乃俞，仍委使乎以董于役。其计材也，先二年讨贼之始，林菁阴深，多隐亡命，许其剪伐，以廓康庄，得竹凡

❶ 文献 [3]. 方域 8. 诸城修改移并. 修城上.

❷ 同上。

❸ 文献 [3]. 方域 1. 东京杂录.

❹ 同上。

❺ 文献 [10]. 卷 105. 申省具载城利便无扰民户状.

❻ 文献 [4]. 卷 187.

❼ 文献 [6]. 卷 15. 本纪15. 神宗二.

❽ 文献 [6]. 卷 173. 志126. 食货上一.

二十万木，椽二万条。贼乱之余，人多违禁，帝恩宽贷，舍死而徒。又以徒役之人，陶土为瓦，较日减工，人不告倦，岁得瓦四十万。新故相兼，无所阙乏。毁逾制将颠之屋，即栋梁、桁植之众，不复外求。平圮然台殿之址，即砖础百万之数，一以充足。其计役也，得系岸水运二千人，更为三番，分受其事。夏即早入晚归，当午乃息；冬即辰后起功，申始而罢，所以养人力而护寒燠也。自夏徂冬，十月工毕。无游手，无逃丁，所谓不劳而成矣。其计匠也，先举民籍，得千余人，军籍三百人。分为四番，约旬有代，指期自至，不复追呼。由台殿之土，资圬墁之用；与夫堑地劳人，省功殆半。"❶

元祐年间（1086—1093年）苏轼知杭州时，朝廷规定凡州军常例之外的财务地方不可擅定，须先禀报朝廷，派出负责财政的转运司审核，核后上奏。于是，他在给朝廷的《乞赐度牒修庙宇状》中称，杭州官署用房，多是五代遗存之物，"皆珍材巨木，号称雄丽。自后百余年间，官司既无力修换，又不忍拆为小屋，风雨腐坏，日就颓毁。"苏轼派人核查，修好所有设施估算四万余贯钱，要各州征用兵匠。"臣以此不敢坐观，寻差官检计到官舍城门楼橹仓库二十七处，皆系大段隳坏，须至修完，共计使钱四万余贯，已具状闻奏，乞支赐度牒二百道，及且权依旧数支公使钱五百贯，以了明年一年监修官吏供给，及下诸州划刷兵匠应副去讫。"❷

4）藏书楼

宋代多地建书院、书阁等文教设施。如宋仁宗年间（1023—1063年），在苏州郡学院内盖造六经阁，以藏经、史、子、集。"姑苏自景祐（1034—1037年）中范文正公典藩，方请建（郡）学。其后富郎中严继之……丙戌年（庆历七年，1047），六经阁又建。先时书籍草创，未暇完缉，厨之后庑，泽地污晦，日滋散脱，观者恻然，非古人藏象魏、拜六经之意。至是，富公（宋神宗宰相富弼）始与吴邑、长洲二大夫，以学本之余钱，傃之市材，直公堂之南，临泮池建层屋。起夏六月乙酉，止秋八月甲申，凡旬有七浃（整整七旬）。计庸千有二百。作楹十有六、栋三、架溜八，桷三百八十有四，二户六牖，梯冲窠梲，圬墁陶甓称是。祈于久，故爽而不庳；酌于道，故文而不华。经南向，史西向，子、集东向。"❸文中"学本"一般指官产学田租佃收入。

3.皇家营造

以下是皇家营造之例。

1）宫殿

明道元年（1032年）八月壬戌，"是夜，大内火，延燔崇德、长春、滋福、会庆、崇徽、天和、承明、延庆八殿。上与皇太后避火于苑中。癸亥，移御延福宫。甲子，以宰相吕夷简为修葺大内使，枢密副使杨崇勋副之，殿前副都指挥使夏守赟都大管勾修葺，入内押班江德明、右班副都知阁文应

❶ 文献[11].卷8.益州重修公署记并梁周翰系.

❷ 文献[12].卷56.奏议十首"乞赐度牒修庙宇状".

❸ 文献[13].卷1.六经阁记.

❶ 文献 [4]. 卷 111.

❷ 文献 [3]. 方域 1. 西京杂录.

❸ 文献 [3]. 方域 2. 行在所临安府.

❹ 文献 [3]. 礼 38. 修陵.

❺ 文献 [6]. 卷 121. 志第 75. 礼 25.

❻ 文献 [3]. 礼 37. 帝陵. 徽宗永祐陵.

❼ 文献 [4]. 卷 87.

❽ 文献 [14]. 洞霄宫碑.

管勾，令京东西、淮南、江东、河北诸路并发工匠赴京师。"❶

"元丰改制"后的例子有：

元丰七年（1084年）七月，"尚书工部言：'知河南府韩绛乞修（西京洛阳）大内长春殿等，欲下转运司支岁认买木钱万缗。'从之。十日，知河南府韩绛言：'近被水灾，自大内天津桥、堤堰、河道、城壁、军营、库务等皆倾坏，闻转运司财用匮乏，必难出办。役兵累经刬刷，府官职事繁多。欲望许臣总领，赐钱十万缗，选京朝官、选人使臣各三五人，与本府官分头补治。乞发诸路役兵三四千人。'诏转运司于经费余钱支十万缗，令沈希颜往来与韩绛同提举营葺。及选使臣三五员，役兵于本路刬刷二千人，如不足，即雇工。"❷

南宋的例子如下：

绍兴九年（1139年）十月，"昭宣使、州防御使、入内内侍省押班陈永锡言：'修盖皇太后殿宇门廊，并创造到铺设什物帘额等，一切已毕。'诏陈永锡特转行一官，于使额上转行，王晋锡、邵谔并转行遥郡刺史。第一等各转行一官，更减一年磨勘，……兵匠第一等各支钱一十二贯，第二等各支钱十一贯，第三等并在外津般交拨官物财植等兵级、和雇作家、甲头、工匠，各支钱八贯。并令户部支给。"❸

2）陵墓

开宝四年（971年）二月，"诏：'先代帝王陵寝曾经开发者，已令重葬，所役丁夫，恐妨农务，宜以厢军一千人代之。'"❹

嘉祐八年（1063年）"三月晦日，仁宗崩……发诸路卒四万六千七百人治之。"❺

南宋之例：

绍兴十二年（1142年）十月，"诏：'绍兴府应办修奉徽宗皇帝、显肃皇后、懿节皇后攒宫，有劳民力，理宜宽恤。可依下项：……其修奉攒宫，绍兴府属县于民间买到砖瓦、竹木、石段，并排顿犒设买过物色，逐急借用钱物、陈设器皿什物之类，并仰守臣限五日当官逐一支还，毋令欺弊及妄作名目占留。应缘修奉攒宫差顾（雇）民户工役，并采取石段、盖造席屋、修治堰闸桥梁道路、搬运砖瓦石段之类，仰本府守臣取见逐县实曾被差应办人户，酌度工力等第……应诸处差到修奉工役、逃走兵级，限一月许令首身，与免罪收管。……'"❻

3）寺观

大中祥符九年（1016年）五月，"玉清昭应宫、景灵宫、会灵观请于见役兵匠中选三五百人，以备缮修。诏以二百人为额。"❼

临安府洞霄宫，宋真宗（998—1022年在位）时成了皇家道观。宋高宗建炎年间（1127—1130年）废于兵火。"绍兴二十五年（1155年），宋高宗以皇太后之命，建昊天殿，钟楼经阁，表以崇闳，缭以修庑。费出慈宁宫，梓匠工役，具于修内步军司，中使临护，犒赐踵至。既不以命有司。"❽

南宋时，提举修内司配备了一千名雄武兵士，负责皇城、内宫、省、垣宇的缮修。淳熙十五年（1188年）"九月十八日，诏德寿宫雄武兵级等，并拨归修内司。十月十二日，诏：'修盖皇太后殿阁工役人，其德寿宫先降付步军司雄武兵级二百一十五人，并依旧拨归修内司。'"❶

以上工役实施之例，无论在王安石变法之前还是之后，都属于朝廷或地方官府"自营"，即由朝廷或官府征调或雇用工匠、力夫，或派官军（卒、兵、厢军❷），或驱使刑徒，再加以组织、安排、调度和驱使，按计划行事使之完成。

至于物料，或由朝廷或地方官府出钱购买，或雇人采、伐、掘、制，或利用旧料。

雇人烧砖，也有多种情况。一是到官窑劳作，二是受雇者在自己的砖窑按官府要求的数量、规格烧制，然后交给官府。上举修复洪州城池时雇人烧砖就属第二种情况。"勾到南昌、新建两县窑户，高与价值，"使其"结揽烧变"砖瓦。"结揽烧变"及下文中的"窑户断扑供应"属于承包之法。

三、官方工役的自营性质

1. 自营性质

如上所述，无论何种情况，均未见官方工役由民间既包工又包料的痕迹。宋代文献中记载的其他公共设施营造，凡笔者所见，情况皆如此。宋代官方工役的这种制度属于"自营"。

为了避免因宋代史料残缺或笔者无知而误断，回顾文首提到的宋代官产拍卖制度的某些细节以及常设营造官司的职能，以便进一步确认宋代官方工役招标做法的有无。

1）官产拍卖制度

宋代出售官产，鼓励买者投标竞争，设专管理其事，形成了一套拍卖制度和程序。

例如，绍兴元年（1131年）六月，大臣奏告，各路州、县官田因收租太多无人承佃，希望朝廷命令各路提举盐事司，按照皇帝以往有关蠲除敕文、指挥（指皇帝命令）拍卖。宋高宗批准给予，并委派各路提刑❸承担全面责任，允许设置办事官员，经费和人员按已有条例施行，拍卖完成后撤销。"诏并依，仍委逐路提刑总领措置田事，各许置干办官一员，并朝廷选差。其请给、人从等，依监司下干办条例施行，候事毕日罢。"❹

对于投状竞买者的资格，也有明文规定。绍兴二年（1132年）九月，宋高宗诏令两江转运判官张致远亲身前去检查浙西提刑司出卖官田的情况，诏文曰："催所管州县多出文榜，疾速召人依条实封投状承卖。除本州县官吏、公人外，应官户、诸色人，并听买卖。"❺

对于拍卖程序，《宋会要辑稿》说得十分清楚：绍兴五年（1135年）正月，

<hr>

❶ 文献 [3]. 职官 30. 将作监. 提举修内司.

❷ 各州镇守之兵，供当地官府役使，从事畜牧、缮修等，广固、壮城、牢城是厢军番号。上文"雄武兵士"亦属此类。

❸ 主管所属各州司法、刑狱和监察，兼管农桑。

❹ 文献 [3]. 食货 5. 官田杂录.

❺ 同上。

"臣僚言：'诸路州县七色依条限合卖官舍，及不系出卖田舍，并委逐路提刑司措置出卖。州委知州、县委知县，令取见元管数目，比仿邻近田亩所取租课及屋宇价直，量度适中钱数出榜，限一月，召人实封投状承买。限满折封，给着价最高之人。其价钱并限一月送纳。候纳足日，交割田舍，依旧起纳税赋。仍具最高钱数，先次取问见佃赁人愿与不愿依价承买。限五日供具回报。若系佃赁及三十年已上，即于价钱上以十分为率，与减二分价钱，限六十日送纳。'" ❶ 上述程序与现今情况何其相像！

❶ 文献[3].食货5.官田杂录.

为了保证拍卖的公平，按如下办法保管收到的实封投状，以及收取中标人缴纳的标的价款，然后开标、评标并了结交易：绍兴五年（1135年）四月，总制司言："……今州军造木柜封锁，分送管下县分，收接承买实封文状置历一道，令买人于历内亲书日时投状，或有不识字人，即令承行人吏书记日时，并于封皮上押官用印记入柜。限九十日内，倚郭县分将柜申解赴州，聚州官当厅开拆。其外县委通判；县分多处，除委通判外，选委以次幕职官分头前去开拆。并先将所投文状，当官验封，开拆签押。以时比较，给卖着价高人；内着价（报价）同者，即给先投状人。或见赁佃人愿依着价高人承买者，限五日投状听给。限外或称缘故有失投状之类，官司并不得受词。所买田产等，并与免投纳契税钱，每一贯文省，止收头子钱四十三文省，更不分隶诸司，专充脚乘糜费、行遣纸札支用。仍置历收支，具帐申户部照会。其承买价钱，不以多寡，自拆封日为始，并限六十日纳足。若违限纳钱不足，其已纳钱物依条并没入官。其田产等，亦行拘收。其间如未有人承买田地、宅舍，听见佃赁人依旧管纳租课。" ❷

❷ 同上。

有趣的是，《宋会要辑稿》还记载了处理拍卖中行贿、受贿的措施。

绍兴二十八年（1158年）十月，宋高宗命令户部将没收的绝户遗留田产，不管出租与否，尽行拍卖。第二年二月，权户部侍郎赵令詪汇报了户部为此采取的措施："'出卖没官田宅见（现）有承佃去处，令知、通、令佐监督合干人估定实价，与减二分，如估直十贯，即减作八贯之类，分明开坐田段坐落、顷亩、所估价直出榜晓示，仍差着保逐户告示。如愿依减定价例承买，并限十日自陈，日下给付；如不愿承买，即依条出卖张榜，许实封投状，限一月拆封，给价高人。如限满未有人承买，再榜一月。自来合申常平司审覆，窃虑地里遥远，往来稽缓，欲令州县一面估价给卖，止具坐落、顷亩、价直申司检察，其承买人计嘱 ❸ 官吏低估价钱，藏匿文榜，见（现）佃人巧作事端，故意阻障，及所委官吏容心作弊，即仰常平司觉察，取旨施行。'从之。" ❹

❸ 设法嘱托。意为行贿，通关节。

❹ 文献[3].食货5.官田杂录.

再如，第三年四月，"户部侍郎钱端礼等言：'访闻近来逐州县出卖成熟田地已经限满，减价之后，见（现）佃并承买人通同计嘱合干人藏匿榜示，却令人户自行着价（报价），入状拆封，止以状内价高钱数便行出卖。欲乞下逐路提举常平司官约束所部州县当职官吏，将未卖成熟田宅，依元估减定价钱，多出文榜分明晓谕，召人增钱，实封投状承买。候拆封日，给卖价高人为业。如有依前灭裂（草率、粗略）违戾去处，即仰具姓名申取朝廷指挥重作施行，仍下逐路提刑司官常切检察。'从之。" ❶ 文献 [3]. 食货 5. 官田杂录.

《宋会要辑稿》和其他宋代文献中有许多有关拍卖官产的文字，以上所引仅是很少一部分。

众所周知，现在的工程招标、投标过程中，贿赂之事时有发生。倘若宋代即有工程招标之举，必然会发生同样之事，宋人也会留下文字。然而，宋代文献却无与此有关的任何记载，或足以证明宋代官方工役无招标之举。

2）工部、将作监无组织招标之责

宋代官方工役无招标之举的第二个证据，即宋代文献中记载的工部、将作监以及其他营造实施机构的职责中，均无组织招标之责。

2. 自营与外包的区别

官方工役"自营"与交由民间完成的区别主要有三：

（1）前者，劳动力由官府征发、安顿，直接听命于营造官司或实施官员。官员（监修、部役、部队将、监作、作家、壕寨、作头等）分派工匠、役夫、兵士或刑徒工作，并监视（态度、纪律、勤惰、工作等，防止怠工或逃亡）、评价与督促之，必要时，弹压之；后者，劳动力由民间商匠（坊主）雇来并听命于民间商匠，民间商匠监督、评价与策使之（包工）；

（2）前者，物料由官司准备；后者，所有或大部分物料由民间工匠准备（包料）；

（3）前者，官家发放口粮或工钱；后者，民间商匠付给工钱。

官府"自营"，不但需要劳动力，例如工匠、役夫、兵士、囚犯，还需要各种官员。其来源与劳务报酬，朝廷有明文规定。例如，大中祥符四年（1011 年）八月，"诏：'八作司官拣谙会书算、勾当得事殿侍十人，分掌应副监修。如不足，即旋于殿前司抽取。若一月内修及五十间，支食直钱三千；只添修及五十间，即支一千五百。各置功课历，每日抄上，赴提点修造官通押。候三年勾当无不了，下三司比较磨勘申奏，与改转酬奖。'" ❷ 文献 [3]. 职官 30. 将作监. 东西八作司.

五年（1012 年）九月，"诏：'抽差殿侍在八作司监修勾当，合给食直钱者，若填迭道路、修殿宇楼台难计功料者，亦令比类支给。'" ❸ 文献 [3]. 职官 30. 将作监. 东西八作司.

以下是绍兴七年（1137 年）李纲上奏的参与修复洪州各城的勘察、规划、筹款、准备物料、调集人力等的官员（"首尾宣力官吏"）名单。

"臣寻契勘洪州城池……恭依前项圣旨指挥相度，到合行裁减，自洪乔门至崇和门，取直修筑。新城门撅壕堑，却将旧城裁减，充防捍江水堤岸。臣一面兑挪本司钱物，计置材植、砖灰等物料，于诸州刬刷壮城兵士，量行差拨，及本州壮城、厢军，并于洪州管下县分应干僧寺、道观有常住物业者，纽计税钱，量差夫力，各日支破口食钱米相兼，工役已节次具因依奏闻去后，续准朝廷支降空名承信（郎）告❹一十道、助教敕二十二道应副、变转支用。自绍兴七年正月初五起工，创新截筑城身长七百一十二丈五尺， ❹ "承信（郎）告"和"助教敕"，是官府给予捐钱给官府者的头衔，同"度牒"，可用来换钱。

根基阔二丈五尺，面收阔一丈八尺，并护膝墙女头，通高二丈二尺，表里并用砖裹砌，及墁砌城面、炮台、墁道，瓮城亦系用砖裹砌，计用过新砖一百余万，并系置窑烧变，并令窑户断扑供应，及于城外开掘周围壕河，计长七百一十二丈五尺，面阔六丈，深一丈六尺，并造到马面、敌楼，大小共一百余座，计六百六十余间，及计备城上要用防城器具，笆篱、牌狗、脚木、炮坐、檑木等，修盖诸城门楼一十一座，瓮城两所，钓桥四座，防城器具库屋两处，计四十间，并皆齐备。据都壕寨官申，十一月十五日修城毕工，已将寺观人夫等犒设放散。其有所用钱粮，收买砖灰、木植等物，尽系本司措置、应副，并无一事一件取于民间。所有首尾宣力官吏，欲望朝廷详酌施行，谨具如后，须至奏闻者。"

提举官

武功大夫特差权发遣江南西路兵马钤辖洪州驻扎武登

左朝奉大夫通判洪州军州事崔耀卿

左朝奉郎权通判洪州军州事李刹用

都壕寨官

武节郎杜观

制造楼橹防城器具及受给钱粮官

武功大夫忠州防御使前洪州兵马都监时光祖

武功郎江南东路安抚制置大使司准备将领张复

受给砖木器具官

下班祗应萧安、张道

部役官

从义郎白惇智

忠翊郎孙皋

成忠郎周端

保义郎兰浩

进义校尉张福

下班祗应张唬

进武副尉郝敏

本司点检文字

进武副尉杨安中

保义郎雷德成

主行人吏四名

张京、何琳、陈光祖、汤顿

右谨件状如前谨录奏闻。❶

❶ 文献 [10]. 卷 101. 乞施行修城官吏奏状.

绍兴二十八年（1158 年）七月，差户部郎官杨佖、同知临安府张捴计料扩建临安城。杨佖和张捴向宋高宗申请监督官员的报酬。张捴、杨佖言："今相视合修筑五百四十一丈，计三十余万工，用砖一千余万片，矿灰二十万秤。监修、壕寨、监作、收支钱米物料、部役等官，并于殿前司差拨外，所有计置搬运物料、受给官等，乞从臣等选差。日支工食钱，监作官欲支一贯二百文，壕寨官一贯文，监作、收支钱米、部役、计置搬运物料、受给官八百文，作家六百文，诸作作头、壕寨五百文，米二升半，工匠三伯五十文，杵手三百文，杂役军兵二百五十文，各米二升半，行遣人吏手分各三百文，贴司各二百文。已上并自兴工日支，毕工日住。其兴工、毕工、垒砌，每及二百丈，乞从臣等参酌犒设。……'从之。"❶

扩建临安城官员，即监修、壕寨、监作、收支钱米物料、部役、计置搬运物料、受给官等官，除了在殿前司抽调外，张捘、杨佽请宋高宗允许从他处选用。

再看元符元年（1098年）鄜延、河东、泾原、熙河、兰岷路进筑城寨工程。六月，"枢密院言：'请进筑城寨部役使臣，先于准备将领、准备差使及部队将使臣内差。如不足，许于本路州军见任官内差。又不足，方许差得替待阙使臣。据所筑城围大小差拨，每百步，部役使臣不得过十员。其防托及搬运官员使臣，乃据实用人数差，不得过有冗占。都副、壕寨、队部役、防托使臣，并候城池楼橹毕工，方得起离，不得先回。'"❷

按"日支工食钱"多少，扩建临安府城的官员级别如下："监作官（监修）、壕寨官、监作、收支钱米、部役、计置搬运物料、受给官。"

修复洪州各城官员阶次如下："提举官、都壕寨官、制造楼橹防城器具官、受给钱粮官、受给砖木器具官、部役官、本司点检文字、主行人吏。"

为了帮助读者理解官府工程的"自营"性质，以下简单说明各官的职责。

监作官（监修）或提举官：工程主持人，或称"总指挥""项目经理"，负责工程的整体与全局。

壕寨官：指导壕寨之人。

《五代史》中就有"壕寨使"字样。如：唐天祐三年（906年），"（胡规）佐李周彝讨相州，独当州之一面，颇以功闻，军还，权知耀州事。明年（907年），讨沧州，为诸军壕寨使。"❸

刘康乂，寿州安丰县人。"从太祖连年攻讨徐、兖、郓，所向多捷，尤善于营垒，充诸军壕寨使。"❹

五代后唐清泰三年（936年）五月戊戌，"昭义奏，河东节度使石敬瑭叛。壬寅，削夺石敬瑭官爵，便令张敬达进军讨伐。乙卯。以晋州节度使张敬达为太原四面兵马都部署……以右监门上将军武廷翰为壕寨使。"❺

张晖，五代、宋朝幽州大城人。五代后周广顺三年（953年），"会诏筑李晏口、束鹿、安平、博野、百八桥、武强等城，命晖护其役，逾月而就。从世宗征淮甸，充壕砦（寨）都指挥使。既拔楚、泗，即授泗州。未几，改耀州，俄为西南面桥道使。宋初，从征泽、潞，为行营壕砦（寨）使，先登陷阵。"❻

❶ 文献[3].方域2.行在所临安府.

❷ 文献[4].卷499.

❸ 文献[15].卷19.（梁书）列传9.胡规条.

❹ 文献[15].卷21.（梁书）列传11.

❺ 文献[15].卷48.（唐书）末帝纪下.

❻ 文献[6].卷272.列传31.张晖条.

以上四例中，攻城略地的战斗中，讨伐对象皆据有城壕，若要攻下，须有懂破城技术之人。"壕寨使"便负有这一使命。于是，不难理解"壕寨"的意思。

到了宋代，"壕寨"一般指土方、砌筑等工作，而"壕寨官"则是指导壕寨之人，至于"都壕寨官"，就是指导整个工程壕寨之人。这层意思可从以下几例中看出：

开宝六年（973年）冬十月，"初，左藏库使元城田仁朗为宦官所谮，上怒，立召仁朗面诘之，至殿门，先命去冠带。仁朗神色不挠，从容言曰：'臣尝为凤州路壕寨都监，伐木除道，从大军破蜀，秋毫无所犯。陛下用之，令主藏禁中，岂复为奸利以自污？'上怒解。"^❶

❶ 文献[4].卷14.

元丰二年（1079年）冬十月，宋神宗批示："保州增展关城，非久兴役，闻边上修城土工极为灭裂，无科直取准法度。宜下修完京城所选晓解土工小壕寨二人，指教工作。"^❷

❷ 文献[4].卷300.

宋宁宗年间（1195—1224年），黄干打算在今安徽舒城筑城以备防御，给金陵制使李梦闻写信，请求帮助。信中写道："……今最急者，欲得一壕寨官并曾经筑城军兵二三十人前来使唤。……"^❸

❸ 文献[16].卷10.与金陵制使李梦闻书.

对于安庆府各城包砌城壁之事，黄干在给上司的信中，感谢派来壕寨官："……兴筑包砌城壁，全得池州壕寨官尹椿并李都统申之荐到壕寨官王先二人之力，而尹椿尤为精巧，为诸军壕寨之所推服。"^❹

❹ 文献[16].卷31.申制司行以安庆府催包砌城壁事宜.

部役：部，统帅、安排之意。役，实际操作者。因此"部役"是复合动词。具体含义，可从下例中领会其职责与作用。

乾道六年（1170年）十二月，"主管侍卫马军司公事李舜举言：'被旨差拨官兵创修和州城壁，今已毕工，其城壁表里各用砖灰五层包砌，糯粥调灰铺砌城面，兼楼橹城门，委皆雄壮，经久坚固，实堪备御。部役官张遇等三人悉心措置，实有劳效，欲望优与推赏，所贵有以激劝。'从之。"^❺

❺ 文献[3].方域9.诸城修改移并.修城下.

监作：监督现场各种作业之人。

准备将领、准备差使：都督、制置大使、经略安抚使、安抚使的属官。受主官临时派遣处理有关事务。

部队将：施工部队基层军官。

队部役：统率施工队的部役。

防托：防御西夏军队突然袭击的意思。

如果工役由民间承包，则朝廷与官府就无须派出如此多的官员，收支钱米物料、部役、计置搬运物料、受给等职能应由承揽人承担，而非朝廷与官府监修人员。

表明宋代朝廷与官府工程属于"自营"，还有其他两个重要方面。

1）劳动报酬的直接支付者

兵士、役夫、工匠等的劳动报酬，扩建临安城和修洪州各城都是官府确定数额并直接支付。

扩建临安城，"诸作作头、壕寨五百文，米二升半，工匠三伯五十文，杵手三百文，杂役军兵二百五十文，各米二升半。"❶

修洪州城池，"诸州划刷壮城兵士……量差夫力，各日支破口食钱米相兼……十一月十五日修城毕工，已将寺观人夫等犒设放散。其有所用钱粮，收买砖灰、木植等物，尽系本司措置、应副，并无一事一件取于民间。"❷

如果工程由民间承包，则由民间承揽人确定劳动报酬数额并直接支付。

2）物料的采购供应者

上文所举官方工役所需物料，均由官员准备。若是民间承包，则由民间工匠准备。

3. 自营弊病

官方工役由官方实施机构自行取得土地、准备物料、征调匠夫等，官吏直接掌握钱粮、物料以及工匠等，这一自营制度存在许多缺陷与漏洞。

1）机构臃肿

无论哪个朝代，大工程非经常之举，为或有之事常设人数众多官员，终非有效之事。因为是自营，宋代朝廷经常为具体工役设置临时机构，工毕，则撤销。但在具体执行时，许多临时机构不肯撤销，占用了许多资源。例如，"梁师成（宋徽宗时宦官）领后苑……时诸郡卒留役京师者几百人，诸局冗占，蠹耗大，农间以役事，出入禁籞横坊市，挟恶少为奸。"❸

2）效率不高

自营大量使用兵士和征发民夫，兵士和发民夫经常因劳苦而怠工、逃跑，甚至造反，使工役受损。

例如，皇祐四年（1052年）夏四月，诏称，"去冬修河兵夫逃亡及死者甚众，盖官吏不能抚存，自今宜会其死亡数而加罚之"。❹

次如，熙宁三年（1070年）十二月，宋神宗在王安石组织编修的三司令式奏文中加批，指出了这一情况，并要求将治河的厢军调到陕西完成城寨工程。"陕西缘边修葺城寨，所役厢军数不少。本路厢军近年逃亡颇多，役使不足，兼累有重难搬运粮草之类，极为疲乏。可勘会诸河功役，当于陕西、河东、京东差者，并权罢，令并力以完边备。"❺

再如，绍兴十二年（1142年）十月，绍兴府主持修宋徽宗陵宫。十月十九日，宋高宗就该工役中的若干问题下诏，说到逃兵问题："应诸处差到修奉工役、逃走兵级，限一月许令首身，与免罪收管。"❻

再次如，大中祥符七年（1014年）二月，"诏如闻滨、棣州葺遥堤，配民重役，多逃亡者，亟罢之。"❼

上段有关梁师成的引文，说明了参与皇家营造的兵士纪律很差。这种情况表明，自营中的兵士和民夫很难积极工作。

另外，朝廷与官府为了抓回逃兵、逃夫，也耗费了大量资源。对此，本文不赘。

❶ 文献 [3]. 方域 2. 行在所临安府.

❷ 文献 [10]. 卷 101.

❸ 文献 [17]. 卷 109. 列传 92. 梅执礼条.

❹ 文献 [4]. 卷 172.

❺ 文献 [4]. 卷 218.

❻ 文献 [3]. 礼 37. 帝陵. 徽宗永祐陵.

❼ 文献 [4]. 卷 82.

3）为不端行为开方便之门

自营为官吏的各种不端行为大开方便之门，如盗取官钱、木材、砖料等。他们经常借朝廷或国家之名勒索铺户、商人和工匠，克扣工匠、役夫工钱。他们还常常以皇帝、朝廷工程的名义大肆摊派，中饱私囊。这种制度更便于他们掩盖营造活动各个环节、各个方面的真实信息，使得朝廷和营造官司很难有效地管理营造活动。

4）浪费大

治平二年（1065年）二月辛丑，司马光在《乞停寝京城不急修造》中言：

"臣伏见近日以来，修造稍多。只大内中，自及九百余间以至皇城诸门并四边行廊，及南熏门之类，皆非朝夕之所急，无不重修者。……有司于外州科买，百端营致，尚恐不足，而工匠用之，贱如粪土。"❶ 这就是说，朝廷自营，派官备料，但雇来的工匠并不爱惜，"贱如粪土"。

还有其他弊端，这里不再一一列举。

四、营造资源市场

足够发达的市场是将官方工役发包给民间的必要条件。文献表明，宋代商品经济十分发达，土木工役所需某些物料的市场亦已十分发达。较之前代，劳动力已经得到很大解放，因此，劳动力市场亦然。无论是朝廷、官府，还是民间起造房屋的主人，抑或为他人盖造房屋或其他建筑物的工匠或工匠作坊，都可以从这个市场上买到营造所需劳动力、物料、工具，等等。

1. 物料市场

在宋代，朝廷需用的许多物品已无须官府自行生产和制造，可从民间采办。官方营造用的物料，大多采购而来。

1）营造物料

北宋初年，京城连年营造需大量木材，单靠朝廷置办，难以满足各衙门需要。除了朝廷和官府，京城和其他地方的贵族、官僚、富人、巨商需量亦多。以下是有关宋代营造物料买卖的记载：

大中祥符三年（1010年）七月，"诏三司市木以茶酬直者，自今悉给缗钱。"❷

天圣六年（1028年），三司请求宋仁宗允许商人经营之。"五月十六日，三司以京师营缮材木，仰给者众，许商人入竹木受茶以易直。从之。"❸

庆历三年（1043年）正月，"三司言：'在京营缮，岁用材木凡三十万，请下陕西转运司收市之。'诏减三分之一，仍令官自遣人就山和市，无得抑配于人。"❹

❶ 文献[4]. 卷204.

❷ 文献[3]. 食货37. 市易.

❸ 文献[3]. 食货36. 权易.

❹ 文献[3]. 食货37. 市易.

熙宁元年（1068年）七月，"河北地大震，坏城郭屋室，瀛州为甚，是日再震。……（谏议大夫，高阳关路都总管安抚使，知瀛州事李肃之）因灾变之后，以兴坏起废为己任，知民之不可重困也，乃请于朝，力取于旁路之美卒，费取于备河之余材，又以钱千万市木于真定，既集，乃筑新城。"❶

元丰三年（1080年）六月，"都提举河汴堤岸司乞禁商人以竹木为牌筏入汴贩易，从之。"❷北宋时，商人贩易竹木已成平常，因影响了提举河汴堤岸司的工作，才告到宋神宗那里，请下令禁入汴。

❶ 文献 [18]. 卷 97. 瀛州兴造记.

❷ 文献 [3]. 方域 16. 诸河. 汴河.

2）木料

朝廷工役，特别是宫室营建，需要大量物料，尤其是大木料。朝廷允许木商到陕西等地砍伐，然后收买之。

天禧元年（1017年）四月"二十七日，三司言：'在京修造合支材木，令陕西出产州、军斫买外，有十八万九千二百余条，欲令竹木务许客旅依时估入中（供给朝廷），每贯加饶（加价）钱八十文，给与新例茶交引。'从之。"天禧三年（1019年）九月，"三司李士衡言：'京师每岁所用材木，旧令陕西州军给钱配买，颇扰农民。请自今在京置场，许客入中，给以交引。'从之，因诏前欠官中木植钱者并除放。"❸

熙宁七年（1074年）七月十六日，"上批：'河北修创楼橹守具及军器合用物料，可速相度差官往出产路划刷计置，或令市易务募商人结买。'"❹

元丰六年（1083年）正月，"荆湖南路提点刑狱司言：'被诏买修京城楠、桑、檀木等，欲依河防例，于民间等第科配。'"宋神宗批："只令于出产处采买，及置场募人结揽和买，不得配扰。"❺六月，"措置河北籴便司奏：'昨准朝旨，于瀛、定、滑三州计置修盖仓厫。今真定府有客人结揽木椽一十七万余，并已借过官钱，就山场采造。'"❻

❸ 文献 [3]. 食货 36. 榷易.

❹ 文献 [3]. 食货 38. 和市.

❺ 文献 [4]. 卷 332.

❻ 文献 [4]. 卷 335.

"募商人结买"和"募商人结揽和买"，都是同商人订约，由其承包供应。

乾道元年（1165年）正月，"诏：'诸军收买物色，绍兴三十二年（1162年）已降指挥，合行收税。令殿前马步军司遵依指挥施行，毋致违戾。'先是，主管殿司公事王琪买木植，修盖诸军营寨，乞免经由场务收税。至是，户部用绍兴三十二年正月指挥执奏，故有是命。"❼

元丰七年（1084年）六月，"赐专一主管制造军器所度牒千五百，买木修置京城四御门及诸瓮城门，帮筑团敌马面，并给役兵官吏食钱。"❽

秦、陇二州在宋代属陕西路，是林木产地。"陕西路……有铜、盐、金、铁之产，丝、枲、林木之饶。❾（秦）州西北夕阳镇，连山谷，多大木。❿秦州夕阳镇，古伏羌县之地也。西北接大薮，材植所出。"⓫

张平，临朐人，"初以右班殿直监市木秦、陇。平悉究利病，更立新制，建都木务。计水陆之费，以春秋二时，联巨筏，自渭达河，历砥柱，以集于京师。期岁之间，良材山积。"⓬

贩卖木材，本薄利厚。因此，除朝廷与官府经营外，当时达官贵人亦

❼ 文献 [3]. 食货 18. 商税五.

❽ 文献 [3]. 方域 1. 东京杂录.

❾ 文献 [6]. 卷 87. 地理志.

❿ 文献 [6]. 卷 27. 高防传.

⓫ 文献 [4]. 卷 3.

⓬ 文献 [4]. 卷 28.

参与其间，遣人至秦、陇购木，逃税运回汴梁，高价卖出，以取厚利。很多官吏直接参与经营。

赵普是宋太祖宰相，"时官禁私贩秦、陇大木，普尝遣亲吏诣市屋材，联巨筏至京师治第，吏因之窃货大木，冒称普市货鬻都下。"❶

❶ 文献[6].卷256.赵普条.

宋太宗年间（976—997年），总辖里外巡检司公事王仁瞻曾揭发近臣私自贩卖木材的事：

太平兴国五年（980年），"仁瞻廉得近臣咸里遣人市竹木秦、陇间，联巨筏至京师；所过关渡，矫称制免算；既至，厚结有司，悉宫市之，倍收其直。仁瞻密奏之。帝（太宗）怒，以三司副使范旻、户部判官杜载、开封府判官吕端属吏。旻、载具伏罔上，为市竹木入官；端为秦（王）府亲吏乔琏请托执事者。贬旻为房州司户，载均州司户，端商州司户。判四方馆事程德玄、武德使刘知信、翰林使杜彦圭、日骑天武四厢都指挥使赵延溥、武德副使窦神兴、左卫上将军张永德、左领军工上将军祁廷训、驸马都尉王承衍、石保吉、魏咸信，并坐贩竹木入官，责降罚奉。"❷

❷ 文献[6].卷257.王仁瞻条.

再如，宋高宗初年（建炎元年，1127年），福州人郑畯在湖南罢官后，就地采购了杉木，运往扬州供朝廷在扬州建官府之用，发了大财。"建炎初，自提举湖南茶盐罢官，买巨杉数千枚，如维扬。时方营行在官府，木价踊贵，获息十倍。"❸

❸ 文献[19].甲卷16.郑畯妻.

这类行为若为朝廷所知，也要受到惩罚。例如，对于赵普，"权三司使赵砒廉得之以闻。太祖（赵匡胤）大怒，促令追班，将下制逐普。赖王溥奏解之。"❹ 再如，太平兴国五年（980年）九月，"京西转运使起居舍人程能责授右赞善大夫，判官右赞善大夫时载责授将作监丞，坐纵程德元等于部下私贩竹木，不以告也。"十月甲午，"左拾遗韦务升责授右赞善大夫，坐为陕西北路转运使日，纵程德元等于部下私贩竹木，不举劾故也。"❺

❹ 文献[6].卷256.赵普条.

❺ 文献[4].卷21.

商人或参与其中的官员贩运木材时，经常偷税或漏税。魏咸信，太平兴国初拜（吉州）防御使。"五年，坐遣亲吏市木西边，矫制免所过税算，罚一季奉。"❻

❻ 文献[6].卷249.魏咸信条.

有些时候，贩运竹木，朝廷允许免税。例如，绍兴十年（1140年）七月，"临安大火，延烧城内外室数万区。裴方寓居，有质库及金珠肆在通衢，皆不顾，遽命纪纲仆，分往江东及徐村，而身出北关，遇竹木、砖瓦、芦苇、椽桷之属，无论多寡大小，尽评价买之。明日有旨，竹木材料免征税，抽解城中，人作屋责皆取之。裴获利数倍，过于所焚。"❼

❼ 文献[19].再补装老智数.

嘉定十三年（1220年）十一月，"诏：'官、民户兴贩及收买竹木、砖瓦、芦箔等，令两浙转运司行下临安府并出产及经由州军，与免抽解收税两月。……'"❽

❽ 文献[3].食货18.经进续总类会要.商税.

3）治河与水利工程物料

从宋哲宗年间开始，治河和兴修水利所需物料不许再强征于民，而要和买。元祐四年（1089年）"十月六日，左谏议大夫梁焘等言：'乞约束逐路监司及都水官吏，应缘修河所用物料，除朝廷应副外，并须和买，不得扰民。'从之。"❶十二月，御史中丞梁焘又言："自兴导洛司，比旧汴口增使臣不少，添埽兵甚多。调发急夫频并，结买梢草浩瀚，人力困弊。"❷

政和七年（1117年）八月的一则诏令中言："访闻河朔郡县，凡有逐急应副河埽梢草等物，多是寄居命官子弟及举人、伎术、道、僧、公吏人等，别作名字揽纳。"❸

4）砖瓦

北宋时期，官方工役用砖常派专员烧制。例如，熙宁元年（1068年）四月，"诏令广南东路经略安抚司疾速计度功料，如法修筑（广州东子城）。"七月，"广东经略转运使王靖言：'广州子城见差官烧砖，候至今秋修砌。'"十二月，"广南东路转运使王靖言，修展广州东子城修毕。"❹

如下记载表明，北宋时贩卖砖瓦属于合法之事。

皇祐元年（1049年）十月，"遣三司户部副使包拯往陕西与转运司议盐法，后拯权三司使，乃言：'……自康定后，入中粮草皆给以交引，于在京榷货务还见钱、银、绢，解盐却于沿边入中他物。方军兴之际，至于翎毛、筋角、胶漆、铁炭、瓦木、石灰之类，并得博易，猾商贪贾乘时射利，与官吏通为弊，以邀厚价。凡椽木一对，定价一千。……'"❺

政和八年（1118年）八月，"诏：'江、淮、荆、浙被水州军，涨水已退，残潦余浸占田无艺，民不得耕；比屋摧圮，无以奠居。可令郡守、令佐悉心赈救。……应兴贩竹木、砖瓦、芦苇往被水处，沿路不得收税抽解，及栏买阻滞，仍行赈济。'"❻

"高宗建炎元年（1127年），诏：应残破州县合用竹木、砖瓦并免收税。"❼

南宋朝廷与官府购买物料有时按承包制。如李纲知洪州时，主持重修城池，墙砖用量很大，为此他"勾到南昌、新建两县窑户，高与价值，每一口砖，计价钱二十文，足令结揽烧变，应副使用"。❽"结揽烧变"就是窑户与官府订约，承包烧制、供应修城用砖。

在交通不便之处，砖瓦就地烧制。南宋的例子有：乾道五年（1169年）十二月，"权发遣和州、主管淮南西路安抚司公事胡昉言：'见于千秋涧取土烧砖，甃砌涧上城及捺黄塾斗米河关隘、堤堰等事，欲望于内府假会子二十万贯，及乞下淮西总领所支米五万硕，付本司相兼支用。'从之。是岁，诏修和州城。来年三月毕工。马军司言楼堞雄壮，实堪备御，诏部役官张遇等优推赏。"❾

5）烧柴

烧制砖瓦用柴，除了征用（下文中的"课扑"）之外，也用承包供应之法。例如，熙宁七年（1074年）五月，"江陵府江陵县尉陈康民言：'相度南京、宿、亳收市窑柴衙前，合行减罢。勘会在京窑务所有柴数，于三年内取一年最多数，增成六十万束，仍与石炭兼用。除场驿课扑到外，召人户断扑，自备船脚。……'"❿

❶ 文献[3]. 方域 15. 治河下.

❷ 文献[4]. 卷 436.

❸ 文献[3]. 方域 15. 治河下.

❹ 文献[3]. 方域 9. 诸城修改移并. 修城下.

❺ 文献[3]. 食货 23. 盐法杂录.

❻ 文献[3]. 食货 59. 恤灾.

❼ 文献[20]. 卷 14. 征榷考一征商关市.

❽ 文献[10]. 卷 105. 申省具截城利便无扰民户状.

❾ 文献[3]. 方域 9. 诸城修改移并. 修城下.

❿ 文献[3]. 食货 55. 窑务.

6) 地方工程用料

到了南宋,各州县修造所需物料大多从民间购买。绍兴二十六年(1156年)正月,"殿中侍御史周方崇言:'州县遇有修造所需物料,或以和买为名,取之百姓。'"❶

朝廷和官府购买物料,并非总是平等交易。各州县和买修造物料时即如此,很多人为此担忧:"其官司未必一一支还价钱。土木之工,费用为多,以此扰民,深恐未便。"❷

针对这种情况,皇帝下诏纠正。皇祐四年(1052年)三月,宋仁宗下诏:"诏杂买务,自今凡宫禁所市物,皆给实直,其非所阙者,毋得市。"❸

2. 劳动力市场

宋代以前各代就已经认识到,为土木营造而强征劳役有种种弊病,仅仅为了防止被征者逃亡,既已代价高昂。对此朝廷感受更深。康定元年(1040年)十二月,欧阳修上言曰:"今天下之土,不耕者多矣……土之不辟者不知其数,非土之瘠而弃也,盖人不勤农与夫役重而逃尔。"❹

一方面,仅靠征用已经无法满足大型工役对劳动力的需要。另一方面,宋代以前各代朝廷为了摆脱财政困境,也为了适应经济的发展而进行了长期的赋役改革,特别是唐中叶的两税法。入宋后则实行了均输法、免役法、市易法等,进而解放了大量农村劳动力,工匠也因此而获得了越来越多支配自己技艺和劳动力的自由。雇用方式所需的各种条件具备并成熟之后,上述演变才会发生并最终完成。我国的建筑市场正是在这一演变过程中逐渐形成的。

到了宋代,都城开封和其他城镇已经有了发达的营造劳务市场。打算修整屋宇或泥补墙壁者,可从中雇工。等待雇用的工匠和壮工,直接与雇用者讨价还价,商定工钱。《东京梦华录》记载:"倘欲修整屋宇,泥补墙壁……即早辰桥市街巷口皆有木竹匠人,谓之杂货工匠,以至杂作人夫……罗立会聚,候人请唤,谓之'罗斋'。竹木作料,亦有铺席。砖瓦泥匠,随手即就。"❺

上述劳务市场多位于桥、街、市、巷口、茶肆等便于来自不同地区和行业的人会聚之处。这种情景仍然存在于一千年以后的我国大小城市中。

《梦粱录》也有类似记载:"更有名为'市'者,如炭桥药市……其他工役之人,或名为'作分'者,如……裱褙作、装銮作、油作、木作、砖瓦作、泥水作、石作、竹作、漆作、钉铰作……等作分。"❻"又有茶肆专是五奴打聚处,亦有诸行借工、卖伎、人会、聚行老,谓之'市头'。"❼在我国的一些城市,如上海,工匠在茶馆等待雇主招呼的传统一直延续到清末。❽

当然,当工匠或壮工不满意商定的工价,或者完工时雇主支付之数不值自己的实际付出时,就会与之争执,或以其他方式报复。据《夷坚

❶ 文献 [3]. 方域 4. 官廨.

❷ 同上。

❸ 文献 [4]. 卷 172.

234

医学薪传——中国营造学社诞辰90周年纪念文集

❹ 文献 [4]. 卷 129.

❺ 文献 [21]. 卷 4. 修整杂货及斋僧请道.

❻ 文献 [22]. 卷 13. 团行.

❼ 文献 [22]. 卷 16. 茶肆.

❽ 文献 [23].

志》记载，"（常熟圬者）以佣值不满志，故为厌胜之术，以祸主人（雇用者）"。❶ 这种圬者大多是从上述劳务市场上雇佣而来。

❶ 文献 [19]. 丙志. 卷 10.

以上几条史料，特别是《东京梦华录》和《梦粱录》，对于营造活动的各种工"作"记述得十分具体，如"修整屋宇，泥补墙壁""竹木作料""砖瓦泥匠""裱褙作、装銮作、油作、木作、砖瓦作、泥水作、石作、竹作、漆作、钉铰作"。

宋代雇佣劳动力来源可大致分两种情况，离开土地的农民和获得自由的官府工匠。

（1）弃农者

春秋战国时的文献就已经记载，随着农作的改良以及其他经济和社会原因，越来越多的人离开了农作。"民舍本而事末"❷ 或"舍农游食"❸。

❷ 文献 [24]. 上农篇.

❸ 文献 [25]. 农战第三.

汉代，"背本趋末"现象较战国时期更为普遍，史书颇多记载。换一个角度来看，正是"民舍本而事末"，才使各种营造活动有了更多的劳动力可用。然而，秦汉的户籍制度限制了劳动力的流动，"使民无得擅徙"❹。

❹ 文献 [25]. 垦令第二.

到了唐中叶实行两税法以后，这种限制逐渐松动。失去了土地或其他生计的人，除了为他人耕种之外，许多人在城镇为官府修路、架桥、筑城或造屋，靠出卖劳动力谋生。

唐穆宗长庆年间（821—824 年），京畿盩厔县"三蜀移民，游手其间，市闾杂业者，多于县人十九，趋农桑业者十五。"❺ 称为"游手"的蜀川之民大多数在盩厔县市肆或闾里从事各类"杂业"，而务农者甚少。不难推断，"杂业"之中应有营造之事。

❺ 文献 [26]. 卷 736. 盩厔县丞厅壁记.

（2）逃亡工匠

历代朝廷和官府都从州、县征调工匠和夫役营造，应役者不堪忍受非人苦役和官吏的残暴，大量逃亡。除了逃亡，工匠常隐瞒技艺，逃避官役，靠为权贵与豪富做工谋生，而雇用者也对朝廷隐瞒占悋的工匠。例如，南北朝时，王公贵族收留了逃避朝廷征役的巧匠，隐瞒了其身份，"巧手……其籍有巧隐，并王公百司辄受民为程荫。"❻

❻ 文献 [27]. 本纪第五.

到了唐代，广置庄田的王公、百官和富豪，以及寺院、道观等也隐瞒收留或拐骗来的逃亡工匠身份，使朝廷难以征集足够数量合格的工匠。

（3）官府释放的工匠

南北朝时，各代朝廷就已经解放了一些奴隶，使其成为自由民。从南北朝中期开始，按期到官府作坊服役的工匠可自行支配其余时间。

唐代，"凡工匠……内中尚巧匠，无作则纳资。"❼ 凡是工部使用的工匠，技艺高超者在工部无工程时，可到其他地方受雇做工，但是必须缴纳一部分所得。这就等于说，当时劳动力市场上有出卖技艺和劳动力的官府工匠。宋代雇佣劳动力的来源大致如上所述。

❼ 文献 [28]. 卷 46. 尚书工部.

五、民间承包能力

1. 雇工需求

五代时期的文献就有官僚雇用工匠盖造府邸的记载。例如，光天元年（942年）八月，"以内给事王廷绍、欧阳晃、李周辂、宋光葆、宋承蕴、田鲁俦等为将军及军使，干预国政……晃患所居之隘，纵火焚西邻军营，明旦召匠广其居，帝不问。"❶

徐延琼，字敬明，"以国戚授武德军节度使兼中书令，封赵国公，食邑五千户。……延琼经营土木，搆第于锦水应圣桥西，横亘数坊，务极奢丽。"❷

1）朝廷、官府工役

宋代文献中靠雇用工匠和一般劳动力从事土木营造的事例很多，以下就是几例。

大中祥符五年（1012年）八月，"初议铸玉清昭应宫正殿圣像，令江、淮发运使李溥访巧匠，得杭州民张文昱等，就建安军西北小山置冶，溥领视之。丙午，溥奏道场有神雀、异光、庆云之瑞，诏修宫使丁谓驰往醮谢，宴犒官吏、将校、耆老，赐役夫缗钱。溥与谓相为表里，多载奇木怪石，尽括东南巧匠以附会帝意。谓复言溥监铸圣像，蔬食者周岁，诏奖之"。❸

熙宁七年（1074年）冬十月壬申，"淮南等路发运司言：'真、扬、楚州运河久不浚，乞赐钱粮下两司，候纲运稍空，募人兴工。'从之，仍许截留上供钱米各五万四千贯石。"❹

熙宁八年（1075年）闰四月，"提点秦凤等路刑狱郑民宪言，于熙州南关以南开渠堰引洮水，并东山直北通流下至北关，并自通远军熟羊寨导渭河至军溉田，乞募夫开修。诏民宪相度，如可作陂，即募京西、江南陂匠以往。"❺

熙宁八年（1075年）九月，"又诏江南西路转运司访作陂匠人，优给路费，仍与大将驿料赴司农寺。"❻

元符二年（1099年）二月，"北外都水丞李伟言：'相度大小河门，乘此水势衰弱，并先闭闲，各立蛾眉堤镇压。乞先次于河北、京东两路差正夫三万人，其他夫数令修河官一面和顾（雇）。'从之。"❼

2）地方工役

宋代各地当地的工役，亦经常靠雇用工匠和一般劳动力从事。为此，有些官员就将当地工匠编入备选名单，以便在需要时迅速找到并雇用之。例如，《州县提纲》有如下文字：

"役工建造，公家不能免，人情得其平，虽劳不怨，境内工匠必预籍姓名，名籍既定，有役按籍而雇，周而复始，无有不均。若名籍不定，而泛然付之于吏，则彼得以并缘为奸，本用一人，辄追十人。艺之精者反以

匠学薪传——中国营造学社诞辰90周年纪念文集

❶ 文献 [29]. 卷 37. 前蜀三后主本纪.

❷ 文献 [29]. 卷 46. 前蜀十二列传.

❸ 文献 [4]. 卷 78.

❹ 文献 [4]. 卷 257.

❺ 文献 [4]. 卷 263.

❻ 文献 [4]. 卷 268.

❼ 文献 [4]. 卷 506.

赇免，而不能者枉被攀连，不得脱，非惟苦乐不均，且建造未成而民间已骚然矣。但置籍之始，须括得实，无使里正与夫匠首者因雠诬供，则其籍始可用耳。"❶

❶ 文献 [8]. 卷 2. 籍定工匠.

宋人陈耆卿的《嘉定赤城志》有尤袤为淳熙六年（1179 年）重修浙江临海县治一事写的记。记云："乾道癸巳秋九月，临海居民不戒于火，熰烂扇延，以及县治，燔爇俱尽。……后三年，予来为州，有意兴之，而无与任其责者。淳熙丁酉秋，永嘉彭君仲刚来主县事，予闻彭名旧矣，心固望其有为。……予乃畀钱三十万，使营度之。是冬予罢官归，逾年则彭以书来告成矣。……问其工役之次第，则曰：'未尝厉民而强使也。'籍境内之为工者若干，官出就傭，率如其私之直，居处饮食，先为规画，使极安便，率有五日而迭休之。其用夫只及于附邑之三乡，家止一人，人役三日。番无过十夫，而亦与之傭，省督工程，无苟简怠惰之患，谨视给散，无稽留胺削之弊，民之与官，为市为役者，若私家然，故役大而不扰。"❷

❷ 文献 [9]. 卷六. 公廨门三.

宋真宗年间（998—1022 年），张咏任益州知府，"凡有兴作，先帖诸县，于民籍中系工匠者，具帐申来，分为四番，役十日，满则罢去。夏则卯入，午歇一时，冬抵莫放，各给木札一橛，以御寒，工徒皆悦，有一瓦匠因雨乞假，公判云：天晴盖瓦，雨下和泥，事虽至微，公俱知悉。"❸

❸ 文献 [11]. 附集. 卷 5. 忠定公遗事.

"靖康初，秦会之（秦桧）自御史丐祠归建康，僦舍以居，适当炎暑。上元宰张师言往访之，会之语师言：'此屋粗可居，但每为西日所苦，奈何，得一凉棚备矣。'翌日，未晓，但闻斤斧之声，会之起视之，则松棚已就。询之，匠者云：'县宇中方创一棚，昨日闻侍御之言，即辍以成此。'会之大喜。"❹此例中的"匠者"，本是建康官府雇来搭设凉棚的，中间又为辞退御史职的秦桧搭设凉棚。

❹ 文献 [30]. 余话. 卷 2.

3）皇家工役

宋徽宗（1101—1125 年在位）时，张翯知处州。皇太后"欲筑绍兴园神庙垣，召匠计之，云费八万缗，翯教之自筑一丈长，约算之可直二万，即以二万与匠者。董役内官无所得，乃奏绍兴空乏难济，太后遂自出钱，费三十二万缗。"❺

❺ 文献 [6]. 卷 379. 张翯条.

4）民间营造

民间营造亦有公共和私家之分。

（1）公共营造

民间亦有为当地多数人所用的营造活动，例如祭祀、庆典、交通、灌溉、引水、抗灾、学校，甚至城池等。有些时候，朝廷将公共设施交给民间完成，有功者给予奖励、授予官衔。例如，靖康元年（1126 年）五月十日，"诏河北、京东路州、军城壁合行修治，仰逐路帅守多方计度，速行修缮，安置楼橹。其县、镇民间自愿出力修筑者，听。令佐、监司，官为部率，毋得搔扰。委有功绩，仰帅臣、监司保明以闻。"❻

❻ 文献 [3]. 方域 8. 诸城修改移并. 修城上.

绍兴八年（1138 年）十一月，"侍御史萧振言：'乞诏亲民之官各询境内之地某乡某里凡系陂、塘、堰、埭民田共取水利去处，咸籍而记之。若从官中追集修治，则虑致搔扰。不若随其土著，分委土豪，使均敷民田近水之家，出财谷工料，于农隙之际修焉，县官董其大概而已。仍于县官罢任之日，书所兴修水利若干于印纸量功旌赏，以劝来者。'诏令户部行下诸路常平司，委守臣措置兴修以闻。"❶

一般民户的宅、仓、厩、坊，多数靠自己、亲友、邻里等帮助盖造，当然也有雇匠者，或请教之。例如，苏轼贬谪广东惠州期间写信告诉朋友，自己和儿子在学生的帮助下盖起了几间茅屋。

"……此间食无肉，病无药，居无室，出无友，冬无炭，夏无寒泉，然亦未易悉数，大率皆无耳。惟有一幸，无甚瘴也。近与小儿子结茅数椽居之，仅庇风雨，然劳费已不赀矣。赖十数学生助工作，躬泥水之役，愧之不可言也。"❷

北宋前期，许多官员的宅邸是皇帝赏赐的，但这样做带来了不少问题。

宣和二年（1120 年）十月，翁彦国奏："伏见比年以来……臣闻蒙赐之家，则必宛转踏逐官屋，以空闲为名，或请酬价兑买百姓物业，实皆起造名居。大者亘坊巷，小者不下拆数十家，一时驱迫，扶老携幼，暴露怨咨，殊非盛世所宜有。今太平岁久，京师户口日滋，栋宇密接，略无容隙，纵得价钱，何处买地？瓦木毁撤，尽为弃物，纵使得地，何力可造？失所者固已多矣。既而鸠工市材，一出公上，请托营缮，务极壮丽，縻费不赀。"❸

到了宋徽宗末年，除了个别人，其他发给金钱，让官员自己盖造或租住宅第。这有点像 20 世纪 90 代的住宅"货币化"改革。

宣和五年（1123 年）四月，"臣僚言：'比年臣下缘赐第宅，展占民居，甚者至数百家迁徙逼迫，老幼怨咨。乞自今除大臣、戚里于旧制应赐外，余悉赐金钱，使自营创。如敢干乞，重真典宪。'从之。仍令御史台奏劾，违者以违御笔论。"❹

这样一来，贵族、官员、富商等个人在京城、府州都市建有大量宅第。这种情况，从一位殿中侍御史对宦官的批评中可见一斑，嘉祐五年（1060年）十一月，吕诲言："都城之下，高门大第，宝货充积，富贵穷极，皆幸臣之所有也。"❺

"参政赵侍郎宅在东京丽景门内，后致政归睢阳旧第。宋门之宅更以为客邸，而材植雄壮，非他邸可比，时谓之无比店。李给事中师保厘西京，时驼马市有人新造酒楼，李乘马过其下，悦其壮丽，忽大言曰：'有巴。'京师谚语以美好为有巴。时人对曰：'梁苑叔平无比店，洛阳君锡有巴楼。'"❻

很多名臣亦如此。例如，司马光，"私第在县宇之西北数十里，质朴而严洁。厅事前有棣华斋，乃诸弟子肄业之所。转斋而东，有柳坞，水四

❶ 文献 [3]. 食货 61. 水利杂录.

❷ 文献 [12]. 卷 83. 尺牍"答程天侔三首之一".

❸ 文献 [3]. 方域 4. 第宅.

❹ 同上。

❺ 文献 [4]. 卷 192.

❻ 文献 [31]. 卷 8.

238

匠学薪传——中国营造学社诞辰90周年纪念文集

面环之，待月亭及竹阁西东水亭也。亚咸榭乃附县城为之，正对亚咸山。后有赐书阁，贮三朝所赐书。诸处榜额，皆公染指书。"**❶**

韩琦，"喜营造，所临之郡，必有改作，皆宏壮雄深，称其度量。在大名，于正寝之后稍西为堂五楹尤大，其间洞然不为房室，号善养堂，盖其平日宴息之地也。"**❷**

欧阳修，"在扬州，作平山堂，壮丽为淮南第一。堂据蜀冈，下临江南数百里，真、润、金陵三州隐隐若可见。"**❸**熙宁元年（1068 年），"筑第于颍。"**❹**

王安石罢相之后，到金陵任职，"……筑第于白门外七里，去蒋山亦七里……所居之地，四无人家，其宅但庇风雨，又不设垣墙，望之若逆旅之舍。有劝筑垣，辄不答。"元丰（1078—1085 年）末年，王安石病愈之后，搬到城里租屋而居。"税城中屋以居，竟不复造宅。"**❺**

"北京留守王宣徽，洛中园宅尤胜。中堂七间，上起高楼，更为华侈。"**❻**

"王拱辰（宋仁宗年间大臣）于洛营第甚侈，中堂起屋三层，最上曰朝元阁。时司马君实亦在洛，于私第穿地丈余，作壤室。邵尧夫见富郑公问洛中新事，尧夫云：'近有一巢居，一穴处者。'富为大笑。"**❼**

蔡京（宋徽宗年间大臣），"少年鼎贵，建第钱塘，极为雄丽。宣和末，尽以平日所积，用巨舰泛汴而下，置其宅内。"**❽**

南宋之初，惟有张俊一军经常跟随宋高宗。张俊便"营造第宅、廊房，作酒肆，名太平楼。"**❾**

绍兴初年（1131 年），杨存中（张俊属下将领），"建第清湖洪福桥，规制甚广，自居其中，旁列子舍四，皆极宏丽。落成之日，纵外人游观。"**❿**

除了京城，其他地区特别是沿海者，商业与交通已经相当发达，成就了很多巨商富贾，他们积累了巨额财富，用于广治宅第、庭园，因此而生的营造活动常年不息。曾巩留下的文字，很多涉及此事。例如，"福州治侯官，于闽为土中，所谓闽中也。……麓多美木，而匠多良能，人以屋室巨丽相矜，虽下贫必丰其居。"**⓫**

"常州无锡戴氏，富家也。十三郎者，于邑中营大第，备极精巧，至铸铁为范，度椽其中，稍不合必易之。又曳縻往来，无少留碍则止。……建炎绍兴间，乱兵数取道，邑屋多经焚毁，唯李宅岿然独存，至今居之。"**⓬**

"郑良，字少张，英州人。宣和中（1122 年），仕至右文殿修撰、广南东西路转运使，累赀为岭表冠。既奉使两路，遂于英筑大第，垩以丹碧，穷工极丽，南州未之有也。靖康元年（1126 年），或诉其过于朝，朝廷遣直龙图阁陈述为漕，俾鞫之。述至英。良居家，初不知其故，盛具延述，述亦推心与饮，缔同官之好。至广州，始遣使逮良下狱，穷治其赃，榜笞不可计。奏案上，方得出狱，出之一日而良死。……良之宅，今三分为天庆观、州学、驿舍，其家徙江西云。"**⓭**

❶ 文献 [31]. 卷 11.

❷ 文献 [31]. 卷 8.

❸ 文献 [31]. 卷 8.

❹ 文献 [32]. 附录 . 庐陵欧阳文忠公年谱.

❺ 文献 [33]. 卷 42. 王荆公 .

❻ 文献 [51]. 卷 4.

❼ 文献 [31]. 卷 11.

❽ 文献 [31]. 卷 13.

❾ 文献 [31]. 卷 15.

❿ 同上.

⓫ 文献 [34]. 卷 19. 道山亭记.

⓬ 文献 [19]. 甲 . 卷 16. 郑畯妻 .

⓭ 文献 [19]. 甲 . 卷 10. 南山寺 .

（3）房地产开发商

宋代营造劳动力雇用者中已经有了房地产开发商。天圣四年（1026年）二月，内侍领班江德明向宋仁宗汇报朝廷房产情况，并建议将朝廷和官府暂无利可图的土地拍卖给民间，允其盖造房屋出租。"入内押班江德明言：昨奉诏，以臣僚言店宅务课利亏少旧额，令取索数目进呈。……又大中祥符七年（1014年）十二月，准敕：'空闲官屋，令开封府觑步职员提举。'自经天禧年大雨倒塌，各有少欠材料，本地场子陪填，至今未足，有妨修盖。乞今后应倒塌屋，画时收拆入场……又帐管空地甚多，既不盖屋，复不许人承赁。今乞择紧处官盖，慢处许人指射浮造。……事下枢密院看详，并从之。"❶ 显然，上段文字提到的"指射浮造（选定地段并报价购买之后盖造房屋）"的人（商人、官僚等）要"浮造舍屋"，也要到市场上雇用工匠和夫役。

（4）民间与朝廷、官府营造的差别

在营造方面，民间与朝廷、官府的根本差别，就是不能征用劳动力。宋代如同前代，严禁私役，违者惩之。"诸丁夫、杂匠在役，而监当官司私使，及主司于职掌之所私使兵防者，各计庸准盗论。即私使兵防出城、镇者，加一等。"❷

绍兴三十二年（1162年）六月，"大赦制曰：然禁约私役，至为严切。（承明集曰：）自今诸军除缮筑城壁、立寨栅、打造战具、搬请粮草、应干工役外，不许私役战士盖造私第、营葺房廊、修筑园圃及兴贩工作等。（承明集曰：）太上皇帝累降指挥约束，如敢更有违犯，委御史台弹奏，当重真典宪。"❸

这就是说，官僚若想起盖房屋，只能雇人。许多人熟悉受雇起盖宅第的匠人，知道他们为了打动雇主、揽到工程，总是企图让主人相信费用不多、工期不长。例如，元祐七年（1092年）正月，礼部侍郎范祖禹劝阻宋哲宗批准尚书省迁建开封府衙署的请求，提到："夫土木之功，使匠人度之，无不言费省而易了，及其作之，便见费大。"❹

又如，苏轼"思治论"简要说明了富人造宅选雇工匠的过程："今夫富人之营宫室也，必先料其赀财之丰约，以制宫室之大小，既内决于心，然后择工之良者而用一人焉，必告之曰：'吾将为屋若干，度用材几何？役夫几人？几日而成？土石材苇，吾于何取之？'其工之良者必告之曰：'某所有木，某所有石，用材役夫若干，某日而成。'主人率以听焉。及期而成，既成而不失当，则规模之先定也。"❺

再如，隆兴元年（1163年）登进士第三、曾知乐清县的袁采言："盖起造之时，必先与匠者谋，匠者惟恐主人惮费而不为，则必小其规模，节其费用。主人以为力可以办，锐意为之。匠者则渐增广其规模，至数倍其费，而屋犹未及半。主人势不可中辍，则举债鬻产。匠者方喜兴作之未艾，工镪之益增。"❻

❶ 文献 [3]. 食货 55. 左右厢店宅务.

❷ 文献 [35]. 卷 16. 第九门.

❸ 文献 [52]. 卷 200.

❹ 文献 [4]. 卷 469.

❺ 文献 [12]. 卷 44. 论十一首. 思治论（嘉祐八年作）.

❻ 文献 [36]. 卷下. 起造宜以渐经营.

2. 竞争与博弈

上文所举各例表明，官方工役整体上为自营。但是，不能排除部分工作、个别工种利用了工匠之间的竞争，择优雇用工匠。官方有些工役，如桥梁、宫殿、水渠、城池，需要特别的熟练匠技。例如，测量水渠坡度与放线即如此。景德三年（1006 年）八月，"侍禁、合门祗候胡守节言：'准宣按视赵守伦所开广济河，通夹黄河，入清河。臣与水平匠缘清河检校，其自徐州至楚州滩峻处，乞守伦未得兴役，先须经度，若是可以久远通行漕运，即于夹黄河兴工，添置斗门堪子，免费工料。'从之"。❶ 次如，大中祥符二年（1009 年）八月，"诏合门祗候康宗元与中使、军头各一人，领水匠经度京城积水及补塞诸河。"❷ 再如，熙宁八年（1075 年）"闰四月丁未，提点秦凤等路刑狱郑民宪请于熙州南关以南开渠堰，堰引洮水并东山直北道下至北关，并自通远军熟羊砦导渭河至军溉田。诏民宪经度，如可作陂，即募京西、江南陂匠以往。"❸ "水平匠"、"水匠"和"陂匠"即民间治水工匠。

其实，早在唐代就有类似的例子。例如，《太平广记》有如下文字：

瓦松，《广雅》：'在屋曰昔耶，在墙曰垣衣。'《广志》谓之兰香。生于久屋之瓦。魏明帝好之，命长安西载其瓦于洛阳，以覆屋。前后词人诗中，多用'昔耶'。梁简文帝《咏薇》曰：'缘阶覆碧绮，依檐映昔耶。'或言构木上多松栽，土木气泄，则瓦生松。大历中，修含元殿，有一人投状请瓦，且言瓦工唯我所能。祖父时尝瓦此殿矣，众工不能服。因曰：'若有能瓦毕不生瓦松乎？'众方服焉。"❹ 这就是说，在唐代大历年间（766—779 年）就有人投标为含元殿铺盖屋瓦。难道宋代这种做法就消失了吗？可能宋代文献作者认为这种事不值一书，今日不得而知。

下面再来考察宋代工匠之间竞争的实例。可以从范祖禹、袁采的话语中明显看出工匠之间的竞争与其同主人之间的博弈，隐约可见现在工程投标中屡见不鲜的压价竞争的踪影。

熙宁四年（1071 年）八月，当宋神宗召集大臣讨论秦凤路招纳蕃部、调发军马，以及计置粮草等事时，王韶建议："措置洮河事，止用回易息钱给招降羌人，未尝辄费官本。"文彦博说，听起来，费用不高，一旦施行起来，费用就会不断增加。他打比方，曰："工师造屋，初必小（少）计，冀人易于动功。及既兴作，知不可已，乃方增多。"宋神宗听后，曰："屋坏，岂可不修？"宋神宗的意思是，修理房子，即使工匠报价始低，开工后再加价，也得修理呀。王安石听后，曰："主者善计，则自有忖度，岂至为工师所欺？"❺

袁采所说"匠者惟恐主人惮费而不为"，其实不是"主人惮费"，而是匠者惮主人另雇出价较低的其他匠者。文彦博所说"（工师）冀人易于动功"的意思也是同样。这就是说，主人会利用匠者之间的竞争，"货比三家"。"货

❶ 文献 [3]. 方域 17. 水利.

❷ 文献 [3]. 方域 16. 诸河. 汴河.

❸ 文献 [4]. 卷 263.

❹ 文献 [37]. 卷 413. 草木八.

❺ 文献 [4]. 卷 226.

比三家"实质与现在的分别询价招标相同。

然而，宋代文献并无明文记载主人像本文开篇处拍卖官产那样"散出榜示，告谕人户送纳投状，理定名次"的招标活动。

以上三个不同时期的记载，都表达了与今天相同的"匠人为了战胜对手，先报低价，揽到活计后再加价"的惯用策略，可见宋代工匠之间的竞争已很普遍，主人也已认识到营造市场是买方市场的性质，因此主人一定会充分利用这种竞争，选优而定。

至于范祖禹、袁采以及文彦博所说一旦开工，"及其作之，便见费大"、"匠者则渐增广其规模，至数倍其费，而屋犹未及半。主人势不可中辍，则举债鬻产"，以及"及既兴作，知不可已，乃方增多"，则是主人与匠者（工师）之间的博弈。一般而言，主人骑虎难下，只能吞下开工增加费用的苦果。

袁采所指应是民间之事，但是礼部侍郎范祖禹所说"土木之功"非具体所指，很可能也指朝廷与官府的情况。

至于官方工役，开工后加料、加价要受到严厉的惩处。例如，《宋刑统》中有一条："诸有所兴造，应言上而不言上，应待报而不待报，各计庸，坐脏论减一等。即料请财物及人功多少违实者，笞五十；若事已损费，各并计所违脏庸，重者，坐脏论减一等。本料不实，料者坐；请者不实，请者坐。

【疏】诸有所兴造，应言上而不言上，应待报而不待报，各计庸，坐脏论减一等。【议曰】修城郭。筑堤防，兴起人功，有所营造，依营缮令：'计人功多少，申尚书省听报，始合役功。'或不言上及不待报，各计所役人庸，坐脏论减一等。其庸倍论，罪止徒二年半。" ❶

3. 民间承包能力

唐代就已经有了能够安排和指挥其他工匠和劳力盖造房屋的高级工匠。京兆尹要修官署，雇了许多工匠，杨潜指挥各个工匠的具体工作。❷ 刘禹锡的《成都府新修福成（感）寺记》中也有这种工匠的形象。❸

按照历史发展一般规律，从唐代，经五代，至宋代，能够安排和指挥其他工匠和劳力盖造房屋的高级工匠应当更普遍、人数更多、管理能力更高。

宋代工匠以多种形式受雇，主要有包工不包料、包工包料、为雇主估算工料等。

1）为雇主估算工料

这些匠人为雇主做各种工作,包括购料。苏东坡于绍圣元年（1094年）谪惠州期间与友人通信时提到："少事干烦，过河源日，告伸意（人名）仙（县）尉差一人押木匠作头王皋暂到郡外，令计料数间屋材，惟速为妙。" ❹

2）包工不包料

袁采言："余尝劝人起造屋宇须十数年经营，以渐为之。……次议规

匠学薪传——中国营造学社诞辰90周年纪念文集

❶ 文献 [35]. 卷 16. 第九门.

❷ 文献 [38]. 卷 17. 梓人传.

❸ 文献 [26]. 卷 606. 刘禹锡（八）.

❹ 文献 [12]. 卷 84. 尺牍84首. 与程天侔七首之五.

模之高广，材木之若干，细至橡、楠、篱、壁、竹、木之属，必籍其数，逐年买取，随即斫削，期以十余年而毕备。次议瓦石之多少，皆预以余力积渐而储之。"❶ 从袁采说的这段话可以看出，私家起盖房屋，材料由雇主自己经多年采办齐全，非属工匠之责。也就是说，雇来的工匠只包工，不包料。

上文已经提到，司马光告诉宋英宗，朝廷雇用的工匠不爱惜朝廷派人采办来的木材。也就是说，工匠仅出卖技艺和劳动力，并不"包料"。然而即使包工，民间工匠亦有难处，其主要原因是官方对劳动力市场的管制。

工匠包工，劳力自然靠雇用。然而，官方工役亦需雇用。在劳动力供应不足的地方，两者难免竞争，进而引发冲突。

3）工匠包料的难处

宋代工匠为他人起造厅堂楼馆，是否有既包工又包料的情况，史料阙而无据。对于富有、相信工匠且无力或不愿自己备料的富人，可能会雇用工匠既包工又包料。

但是对于官方较大工役，大多工匠无力包料。这一推断，可从若干方面考察。

（1）缺乏备料资金

众所周知，营造所需物料大多需要提前很长时间准备，在交通和市场不像后来那样发达的宋代，情况更是如此。若是由工匠包料，则工匠就要垫付大量资金。一方面，很少有工匠自己就有满足这种需要的资金；另一方面，工匠若去借贷，那时民间的借贷利息很高。当时，朝廷为了鼓励民间耕作和兴修水利，以远低于民间借贷的利率向农户放贷。例如，元丰元年（1078年）四月，"诏：'开废田、兴水利、建立堤坊、修贴圩埠之类，民力不能给役者，听受利民户具合费用数目，贷常平钱谷，限二年两料输足，岁出息一分。'"❷ 即使朝廷优惠，年利率也已达到10%。绍圣三年（1096年）十二月，"诏：'户部、太府寺同详熙宁立法意，复置市易务，许用见钱交易，收息不过二分，不许赊请。'"❸ 元丰二年（1079年）正月，"诏：'市易旧法，听人赊钱，以田宅或金银为抵当；无抵当者，三人相保，则给之，皆出息十分之二。过期不输，息外每月更罚钱百分之二；贫人及无赖子弟，多取官货，不能偿积息，罚愈滋；囚系督责，徒存虚数，寔不可得。'"于是都提举市易王居卿建议，"以田宅金银抵当者，减其息；无抵当，徒相保者，不复给。自元丰二年正月一日以前，本息之外，所负罚钱悉蠲之，凡数十万缗。负本息者，延期半年。众议颇以为惬。"❹ 元丰四年（1081年）五月一日，"诏内外市易务，民户见欠房业等抵当，并结保赊请钱物、息罚钱，并等第除放。其钱，分三季输纳。息钱并出限罚钱，分为三分，等第除放。第一季本钱纳足者，息罚钱并放；第二季，放二分；第三季，放一分。出限尚欠，即估卖抵当，及监勒保人填纳。所催钱物，在京于市易务下界，在外提举司封桩。"❺

❶ 文献[36].下卷.起造宜以渐经营.

❷ 文献[3].食货1.农田杂录.

❸ 文献[3].食货37.市易.

❹ 文献[4].卷296.

❺ 文献[3].食货55.市易.

朝廷的放贷已经如此难以承受，不难想象民间高利贷会如何盘剥。在这种情况下，工匠恐怕不会靠借贷为主人包料。绝大多数工匠没有足够的财力为雇主代购材料，更不能承受由此而带来的风险。

（2）难以采办物料

有些物料由官方垄断。例如，官方工役所需木材的产地有朝廷或地方官员监督。宋太宗即位（976年）时，任命张平前去监督木材的采伐与交易。张平到任后，改革旧制，建立新制，很快满足了京城的需要。"太宗即位，召（张平）补右班殿直，监市木秦、陇，平（张平）悉更新制，建都务，计水陆之费，以春秋二时联巨筏，自渭达河，历砥柱以集于京。期岁之间，良材山积。太宗嘉其功，迁供奉官、监阳平都木务兼造船场。"❶ 这样一来，民间工匠难以直接获取大木，只能从官商手中高价购买。当然，其他物料如砖、瓦、灰石并不难买到。但是，对于官方工役，民间工匠能否承包主要取决于木料的有无。

（3）缺乏运输能力

上文提到，官方营造所需木材大多来自陕西、甘肃、江西等山区。无论是直接砍伐，还是在砍伐地购买，将木料运出山区都十分困难，经常靠水运。而水运常常利用山区溪流，编筏送入黄河，再入汴渠，进而到达京城开封。

乾德五年（967年）春，时任宰相的赵普"尝遣亲吏诣市屋材，联巨筏至京师治第。"❷

天禧二年（1018年）四月，"白波发运司判官王真言：'上供材植及诸埽岸桩橛，欲望来年下陕西州军和市，编排为筏，候春水或霜降水落之际，由三门入汴。'诏送三司详定以闻。"❸

元符二年（1099年）闰九月，"又令兰州事造麓材，应副会州修仓库、营房廨舍等，自黄河沿流运致，专委官管勾，事毕推恩。"❹

宣和五年（1123年），朱勔（宋徽宗时宦官）从太湖采得一块数丈之高的奇石，为了送到在京的皇家苑囿艮岳，特制大船，征用上千人为之拉纤，沿途断桥梁、拓河道、毁堤堰、拆闸门，数月之后才运到汴京。❺

以上委派官员运送木材与石料的例子表明，民间工匠是无如此能力的。

（4）民间可承包的工役

古往今来，有些工役民间无力承包，只能由政府出面。治河工役最为典型，因河水深阔，垫塌未定，难计功料，以及役所分散、长远，工匠与力夫难以管束。宋代虽无修长城之累，但西北的城寨等防御工役，即使官府愿意交给民间承包，民间工匠也会因风险太大而避之。有些工役，例如城池，若分料发包，当时的民间工匠是能够承包的。营房、官廨等，亦是如此。这类工役所需物料和工时，当时已可事先准确估算，李诫主持编制的《营造法式》就是这种情况的明证，其他风险亦不难估计。

❶ 文献[6].卷276.张平条.

❷ 文献[6].卷256.赵普条.

❸ 文献[3].食货37.市易.

❹ 文献[39].卷8.

❺ 文献[40].卷2.

4）由民间承包的风险

官方工役所需劳动力远多于民间私家营造之所需，若交给民间承包，工匠和力夫必然聚集成群，一旦因故闹事，就形成了对朝廷与官府的威胁。对其的镇压与平复，远远难于自营所征集者。

景德四年（1007 年）秋七月，"初，知宜州刘永规驭下严酷，课澄海卒伐木葺州廨，数不中程即杖之，至有率妻挐趣山林以采斫者。虽甚风雨，不停其役。"六月乙卯，"军校陈进因众怨，鼓噪杀永规及监押国均，拥判官卢成均为帅，僭号南平王，据城反。广南西路转运使舒贲移牒招抚，发桂、浔等州兵趣柳城讨之。"❶

熙宁五年（1072 年）春正月，"诏：'……今开修二段河，所聚人夫十余万，复以场地迫窄，聚一处功役，可差高阳关路钤辖康庆、大名府路都监高政各领兵一千，于役所驻札。'"❷

4. 由民间承包的好处

宋代文献中无将官方工役外包的记载，自然也无有关外包好处的评论。然而，《宋会要辑稿》中有关于将盐交给民间商人经营利弊的分析。

咸平四年（1001 年）十一月，"秘书丞、直史馆孙冕言：'臣以为朝廷若放江南、荆湖通商卖盐，许沿边折中粮草，或在京纳钱帛金银，必料一年之内，国家豫得江南、荆湖一、二年官卖盐额课钱支赡。何以言之？……臣所陈上通商放盐，为公私之利者有十焉，而议事之徒，必横生疑沮者有三焉。

其利有十者，使商贾之业得通于道途，必兼并之家不拥其财币，则市井繁富，泉货通流，交易贸迁，各得其所，其利一也。

茶盐之制，利害相须，盐既通行，茶必增价，沿边折中，例省添饶，其利二也。

江南湘楚既许盐行，在京沿边必多折中，金帛内实于帑藏，粮草外赡于边陲，邦计以丰，农耕自劝，其利三也。

商旅自赍文引直于亭场请盐，不占馈运官船，不费修葺功料，其利四也。

私下舟船，从便装载，苟风波之致害，无刑禁以追科，其利五也。

江湖州郡请跋官盐，多于衙前选差物力军将，波涛千里，损败相仍。自此无家产没纳之虞，无身命偿官之苦，其利六也。

应是盐商自雇水手，不用驾船军健，不差押运使臣，既免费衣粮，又不妨征役，其利七也。

商人在北所入中者粮草、金银、盐货，在南所博易者土物山货以至漆、蜡、纸、布、紬、绢、丝、绵，萃于京师，阜丰征算，其利八也。

越客楚人，云帆桂楫，沂于江，泛于湖，西经洞庭，南过彭蠡，使渔村水市尽识时平，穷谷深山悉知盐味，歌舞皇泽，乐输王租，其利十也 ❸。

疑沮有三者，一则疑致江湖贼盗，二则疑恐亭户私与商盐，三则疑致商人用幸，于亭场挟带。'" **❶**

不难从孙冕对放开江南、荆湖通商卖盐的分析中想象到，宋代若将官方工役交由民间承包，至少会有如下好处：

商匠自召工匠、力夫，无须设官、派官征役、监督，省经费；

商匠熟悉物料性质、用途、来源，以及运送手段和运户；使用时，精打细算；承担运送风险；无须官府雇用车辆、船只，不用驾船军健，不差押运使臣，既免费衣粮，又不妨征役；

运送物料以及施工中的风险，由商匠承担，官府无损。

相信当时已认识到了这些好处，但是还有多种其他因素阻碍了将官方工役交由民间承包。

六、实行招标的其他条件

上文探讨了宋代官方营造制度与自营性质、营造资源市场，以及民间承包能力，下文继续探讨影响官方以招标形式发包工役的其他因素。

宋代工役制度中有多种因素阻止将官方工役发包给民间，主要有当时的用工制度、征役与雇用之争，以及官员寄生于自营的利益。以下分述之。

1. 宋代官方营造用工制度

1）大量使用兵士

从宋神宗（1068—1085年在位）时起，宋代官方工役使用兵士成了一种制度。"自五代后，凡国之役皆调于民，故民以劳弊。宋有天下，悉役厢军，凡役非工徒营缮，民无与焉。" **❷**

例如，天圣五年（1027年）十二月，"知制诰徐奭言：'近至滑州鱼池埽，最是紧急，闻得旧有减水河，望令开浚。'诏滑州相度，本州言应役夫二万八千余，一月工毕。或以兵士渐次兴功，计役万二千人，七十日。诏差军士兴葺之。"天圣六年（1028年）三月十六日，"新授京西转运使杨峤言：'澶州每年检河堤春料夫万数，并自濮、郓差往，备见劳扰。欲乞只于外州抽兵士五七千人，与河清兵士同修。'从之。" **❸**

再如，景祐四年（1037年）五月，"广南东路转运司言：'广州任中师奏，城壁摧塌，乞差人夫添修，欲依中师所请。'诏广州更不差夫，只那合役兵士，先从摧塌及紧要处修整。" **❹**

各州镇守之兵，供各州役使，从事畜牧、缮修等各种劳役，叫作厢军（或厢兵）。建隆初年（960—962年），即宋太祖建国之初，各州募兵时将壮勇者挑出送到京师，编入禁军，捍卫京师。挑剩下的留在本城、本地，为当地官府服劳役。"厢兵者，诸州之镇兵也。内总于侍卫司。一军之额，有分隶数州者，或一州之管兼屯数州者，在京诸司之额五，隶宣徽院，以

❶ 文献 [3]. 食货 23. 盐法杂录.

❷ 文献 [41]. 卷 66. 神宗皇帝议减兵数杂类.

❸ 文献 [3]. 方域 14. 治河二股河附.

❹ 文献 [3]. 方域 9. 诸城修改移并. 修城下.

分给畜牧缮修之役，而诸州则各以其事属焉。建隆初，选诸州募兵之壮勇者部送京师，以备禁卫，余留本城，虽无戍更，然军教阅，类多给役而已。"❶

乾道九年（1173 年）六月，"御前诸军都统制郭刚言：'庐州城壁每年差拨一军五千人屯守葺治。内除马步军并入队人趁赴教阅外，实人役者才及千余人住行差拨。欲止于诸军共差一千人，委有心力统领官一员部押前去庐州，专一修治未备城池。每及一年，差人交替。'从之。"❷

宋代官方自营工役所需劳动力靠征役和兵士（亦属征役）有悠久历史。前者笔者已在《我国古代营造业与建筑市场初探》一文❸中阐述，此处不赘。至于朝廷之所以组建厢军从事工役，一是继承了汉、唐历史传统，二是担心抽调农业劳动力影响农业生产。

（1）唐代历史传统

开元二十三年（735 年）七月 "敕，两京城皇城及诸门，并助铺及京城守把捉兵之处，有城墙若门楼舍屋破坏须修理者，皆与所司相知，并量抽当处职掌卫士，以渐修营。若须登高临内，即闻奏之。"❹

广德元年（763 年），唐代宗为了躲避吐蕃进犯而到了陕西，鱼朝恩率领在陕之兵与神策军迎扈，悉号 "神策军"。京师收复、安定之后，鱼朝恩将神策军带入宫城。唐穆宗以后，神策军因战事减少，经常与皇帝游乐或淘池造楼、营建宫阙，甚至让右神策大将军代理工部尚书。❺

"建中初（780 年），神策军修奉天城，桑道茂（大历中游京师，善太一遁甲五行灾异之说，言事无不中。代宗召之禁中，待诏翰林。）请高其垣墙，大为制度，德宗不之省。及朱泚之乱，帝苍卒出幸，至奉天，方思道茂之言。时道茂已卒，命祭之。"❻

元和二年（807 年）六月，"诏左神策军，新筑夹城，置元化门晨辉楼……" 十二年（817 年）四月，"诏右神策军，以众二千筑夹城。"❼

元和十五年（820 年）二月，"幸左神策军观角抵及杂戏，日晏而罢。……八月壬辰，幸鱼藻池，发神策军二千人浚鱼藻池。" 九月辛丑，"大合乐于鱼藻宫，观竞渡。"❽ 宝历元年（825 年）夏四月，"以右神策大将军康志睦检校工部尚书。"❾

大和四年（830 年）九月，"内出绫三千匹，赐宥州（今内蒙古自治区鄂托克前旗东敖勒召其古城）筑城兵士。"❿

唐代利用兵士从事营造工役，宋代仿效之。宋代驱使兵士完成工役，无论是范围还是规模都超过了唐代。这种情况，制度经济学在研究制度变迁规律时称为 "路径依赖"。

所谓制度变迁的 "路径依赖"，是指制度变迁具有报酬递增和自我强化倾向。这种强化倾向或称机制，使社会一旦采取了某种制度，或称走上了某种路径，这种制度以后的改变（变迁）就会沿着已经选定的方向不断巩固。如果选择正确，该制度会进入良性循环；若误选，就会沿着错误方向越陷越深，在某种低效状态中不能自拔。要想跳出这种低效状态，需要

❶ 文献 [6]．卷 189．志第 142．兵三．

❷ 文献 [3]．兵 5．屯戍．

❸ 文献 [42]．

❹ 文献 [44]．卷 86．城郭．

❺ 文献 [28]．卷 56．志第 40．兵．

❻ 文献 [43]．卷 191．列传 141．方伎．

❼ 文献 [44]．卷 30．杂记．

❽ 文献 [43]．卷 16．本纪第 16．穆宗．

❾ 文献 [43]．卷 17 上．本纪第 17 上．敬宗．

❿ 文献 [43]．卷 17 下．本纪第 17 下．文宗下．

❶ 文献 [45]. 第 11 章. 制度变迁的路径.

❷ 文献 [3]. 礼 38. 修陵.

❸ 文献 [4]. 卷 106.

❹ 文献 [4]. 卷 129.

❺ 文献 [4]. 卷 101.

❻ 文献 [3]. 方域 8. 诸城修改移并. 修城上.

❼ 文献 [3]. 方域 17. 水利.

❽ 文献 [3]. 方域 15. 治河下.

有强大的外力推动。❶

（2）避免影响农业

上文开宝四年（971 年）"重葬先代帝王陵寝"工役中有"恐妨农务，宜以厢军一千人代之。"❷且天圣六年（1028 年）三月"岁调郓、曹、濮等州丁夫以治澶州河堤"中有"颇妨农业。自今发邻州卒代之"❸之语，即是例证。

需要指出的是，宋代如同前代，从事农业者，多为好手；而不善耕种者，或成游手，或改从他业。

康定元年（1040 年）十二月，太子中允、馆阁校勘欧阳修上言曰："……京西素贫之地，非有山泽之饶，民惟力农是仰。而今三夫之家一人、五夫之家二人为游手。凡十八九州岛，以少言之，尚可四、五万人不耕而食。"❹

厢军兵士大多非务农好手，所以以农为本的宋代，以厢军完成工役可避免征或雇农夫影响农业。以下亦为例证：

天圣元年（1023 年）八月，"募京东、河北、陕西、淮南民输薪刍，塞滑州决河。又发卒伐濒河榆柳，有司请调丁夫，上虑其扰民，故以役兵代焉。"❺

康定元年（1040 年）三月，"诏：'陕府以西城池，令都转运司相度，除近边冲要之处即依前敕催督修筑，自余州郡止以役兵渐次兴葺，无得差率人夫，致妨农务。'"❻

绍兴八年（1138 年）十一月，"知临安府张澄言：'临安府引江为河……岁久埋塞……尝乞因农隙略加浚治，今再讲究，更不调夫工，止乞下两浙转运司划刷（征调）挪厢军、壮城兵士，逐州军定共差一千人，选兵官将校部辖，严责近限，发赴本所开浚……'从之。"❼

宋代由于技术和经济落后，营造仍属于劳动力密集程度很高的活动。很多营造，特别是治河、水利和筑城，要使用大量劳动力。从农村征役，不但干扰农业，而且还扰动农村整个社会秩序。每逢征役，豪强总是设法规避，将其转嫁给贫弱者，弄得怨声载道，常常引发动乱，朝廷最终也要尝受苦果。比较起来，扰动最大的是征役，最小的是雇用。设立常设厢军介于征役与雇用两者之间，这就是宋代利用兵士从事营造这一政策的主要原因。由于篇幅限制，本文不做进一步讨论。

2）征役与雇用之争

从上文以及以下几例可以获知，宋代官方工役使用劳动力的次序是：先用兵士，兵士不够，再征役或雇用。

例如，元丰元年（1078 年）闰正月，"修闭曹村决口所言：'昨计修闭之功，凡役兵二万人，而今止得一万五千人有奇。'诏河东路、开封府界差雇万夫。"❽

即使征役或雇用，也必须申报朝廷、取得朝廷批准，或由朝廷直接下令。

其原因不难理解，雇用劳动力需要由朝廷支付钱粮。关于这一方面，可见如下几例。

天圣三年（1025 年）八月，"河北转运使言：'沿边州军霖潦之后，修浚城隍功料甚大，役兵不足，欲伺农隙差乡村强壮共力营葺。'从之。"❶

熙宁元年（1068 年）四月，"龙图阁直学士吕居简言：'前知广州，伏见本州昨经侬贼后来，朝廷累令修筑外城，以无土难兴修。本州子城东有旧古城一所见存，与今来城基址连接，欲乞通作一城。'诏令广南东路经略安抚司疾速计度功料，如法修筑。本路转运使王靖乞降空名祠部一千道，付经略司出卖，雇召民夫。诏给祠部五百道。"❷

上文提到元丰三年（1080 年）潭州修城中的"役兵不足，许募民夫。"❸另有元丰五年（1082 年）八月，"诏应缘修城开壕事，并许雇募。"❹以及大观二年（1108 年）五月，"诏：'……自今造作，计其工限，军工委有不足，方许和顾（雇）民工，事讫即遣，不得以他事故作占留。'"❺

元符元年（1098 年）正月，"工部言：'今年黄河埽并诸河合用春夫，除年例人数外，少三万六千五百人，乞给度牒八百二十一道，充雇夫钱。'从之。"❻

元符三年（1100 年）十一月，"知大名府韩忠彦奏，乞顾（雇）募饥流民修城。从之。"❼

绍兴二十三年（1153 年）十月，"钟世明言：'今措置太平州圩下项：……今来芜湖县独山、永兴、保城、咸宝、保胜、保丰、行春圩北，其地圩被水冲破打损至多。……堤从里面围裹，倍费工力，比独山等圩损坏，尤见工费不同，委是民力难办，乞官为雇工修筑。……据合用工数，欲乞官和雇人工，共同修治。'"❽

直接下令雇夫的例子如，元丰五年（1082 年）七月，"诏：'兰州所修城橹等未毕功料，今防秋之时，令赵济雇募人修筑，七月毕功。'"❾

官方工役雇用劳动力在王安石变法之后成为合法之事。其原因为，雇用城乡游手亦可避免害农。熙宁七年（1074 年）五月，"王荆公当国，以徭役害农而游手无所事，故率农人出钱募游手给役，则农、役异业，两不相妨，行之数年。"❿

因此，官方工役若兵士不足，便雇用民夫。民若不愿应征，可缴纳"免役钱"赎免。熙宁二年（1069 年），"条谕诸路曰：'……承符、散从官等旧若重役偿欠者，今当改法除弊，庶使无困。凡有产业物力而旧无役者，今当出钱以助役。'"⓫宋神宗的这条上谕称为"助役法"，意为让过去不服役的有钱人出钱，以便官府用这钱募役。上谕颁布之后，很多人要求先试行，然后推广，于是宋神宗便下诏批准："久之，司农寺言：'今立役条，所宽优者，皆村乡……穷氓；所裁取者，乃仕宦兼并能致人言之豪右。……欲先自一两州为始，候其成就，即令诸州军仿视施行，若实便百姓，当特奖之。'诏可。"⓬

❶ 文献 [3]. 方域 8. 诸城修改移并. 修城上.

❷ 文献 [3]. 方域 9. 诸城修改移并. 修城下.
❸ 同上。
❹ 文献 [4]. 卷 329.

❺ 文献 [3]. 刑法 2. 禁约.

❻ 文献 [3]. 方域 15. 治河下.

❼ 文献 [3]. 方域 8. 诸城修改移并. 修城上.

❽ 文献 [3]. 食货 7. 水利上.

❾ 文献 [3]. 方域 1/ 东京杂录

❿ 文献 [4]. 卷 25.

⓫ 文献 [6] 卷 174. 食货上 5. 役法五.

⓬ 文献 [6] 卷 174. 食货上 5. 役法五.

接着，又颁布了募法："天下土俗不同，役重轻不一，民贫富不等，从所便为法。凡当役人户，以等第出钱，名免役钱。其坊郭等第户及未成丁、单丁、女户、寺观、品官之家，旧无色役而出钱者，名助役钱。凡敛钱，先视州若县应用雇直多少，随户等均敷；雇直既已用足，又率其数增取二分，以备水旱欠阁，虽增毋得过二分，谓之免役宽剩钱。"❶

❶ 文献 [6] 卷 174. 食货上 5. 役法五.

朝廷收取了免役钱和助役钱，就可雇用工匠和人夫。宋代雇用工匠和力夫有两种方式，差雇与和雇。差雇是官府按匠籍强制征发，付给一定报酬；和雇须得官府和工匠和力夫双方自愿。

到了南宋，厢军裁减，许多工役只能征用或雇用劳动力。治河需用劳动力，是征役（差法），还是雇用（雇法），朝廷一直争论不休。王安石于熙宁七年（1074 年）第一次离任宰相后，反对雇法的言行复来。尤其是他于元祐元年（1086 年）去世后，更是甚嚣尘上。御史中丞苏辙就曾列举雇法实行中的种种弊端，并指出了两种办法各自适用的条件。

元祐五年（1090 年）六月，苏辙言："臣窃见祖宗旧制，河上夫役，止有差法，元无雇法。始自曹村之役，夫功至重，远及京东西、淮南等路，道路既远，不可使民间一一亲行，故许民纳钱以充雇直。事出非常，即非久法。

今自元祐三年（1088 年），朝廷始变差夫旧制为雇夫新条，因曹村非常之例，为诸路永久之法，既已失之矣，而都水使者吴安持等，因缘朝旨，造成弊政。令五百里以上、不满七百里，每夫日纳钱二百五十文省；七百里至一千里以上，每夫日纳钱三百文省；团头倍之，甲头、火长之类增三分之一；仍限一月，过限倍纳。

是岁京东一路差夫一万六千余人，为钱二十五万六千余贯，由此民间见钱，几至一空，差人搬运，累岁不绝，推之他路，槩可见矣。

近因京东转运使范锷得替回，论其不便，安持等方略变法，罢团头、火长倍出夫钱。工部知罚钱之苦，又乞立限至六月以前，虽苛虐比旧稍减，然访之公议，终不稳便。

何者？朝廷本欲宽恤民力，故许出钱雇夫，若其钱足以充雇，则朝廷将复何求？今河上雇夫，日破二百而已，（昨来京城雇夫，每人日支一百二十文省，则河上支二百文，已为过厚。）虽欲稍增数目，为移用、陪补等费，亦不当过有掊敛，以伤民财也。故众议皆谓七百里以下与七百里以上人户，若系差夫，则一人效一人之力耳。今乃利其远近，有费用多寡之殊，遂令远者多出五十，以为宽剩，此岂朝廷恤民之意？兼一夫出二百五十，亦已自过多。如臣愚见，若于每夫日支出二百文外，量出三十，以备杂费，则据上件京东所差夫数，止约合出一十一万贯省，比本监所定，五分之二耳。

昔王安石为免役之法，只缘多取宽剩，致令民间空匮，怨謗（怨恨、诽谤）

并作。二圣临御，为之改法，今疮痍犹未复也。安持本安石之党，昔日主行市易，多出官本，散与无根之人，虚桩息钱，以冒不次之赏。虽略行追夺，而寻复任使，盖从来习为聚敛之政，至今不改，是以雇夫之法，名为爱民，而阴实剥下。臣欲乞圣慈（当时宋哲宗14岁，皇太后听政）特降指挥，应民间出雇夫钱，不论远近，一例只出二百三十文省，所贵易为出备，不至艰苦。

兼臣闻自来诸路计口率钱，百姓如遭兵火，若用之河防之上，一无枉费，于理尚可也；今取之良民之家，而付之河埽使臣壕寨之手，费一称十，出没不可复知，民独何负而为此哉？且今河埽稍桩之类，纳时数目不足，及私行盗窃，比之他司官物，最不齐整；及其觉知欠少，或托以火烛，或诿以河决，虽有官司，无由稽考。今以免夫钱付之，类亦如此矣。兼访闻河上人夫，自亦难得，名为和雇，实多抑配。臣今仍乞令河北转运、提刑司同共相度，如何处置关防所支雇夫钱，以免欺盗之弊；亦乞体量所雇人夫有无抑配，具结罪保明闻奏，然后朝廷裁酌，从长施行。"❶

❶ 文献[4].卷444.

邵伯温，北宋后期曾任果州知府、提点成都路刑狱以及利路转运副使，他对差法和雇法的优劣以及各种人态度的转变，有如下评论：

"王荆公（王安石）知明州鄞县，读书为文章，三日一治县事。起堤堰，决陂塘，为水陆之利；

贷谷于民，立息以偿，俾新陈相易；兴学校，严保伍，邑人便之。

故熙宁初为执政所行之法皆本于此，然荆公之法行于一邑则可，不知行于天下不可也。又所遣新法使者，多刻薄小人，急于功利，遂至决河为田，坏人坟墓室庐膏腴之地，不可胜纪。青苗虽取二分之利，民请纳之费，至十之七八。

又公吏冒民，新旧相因，其弊益繁。保甲保马尤为害，天下骚然不得休息，盖祖宗之法益变矣。

独役法新旧差、募二议俱有弊。吴、蜀之民以雇役为便，秦、晋之民以差役为便，荆公与司马温公皆早贵，少历州县，不能周知四方风俗，故荆公主雇役，温公主差役，虽旧典亦有弊。

苏内翰（苏轼）、范忠宣（范纯仁），温公（司马光）门下士，复以差役为未便。

章子厚（章惇），荆公门下士，复以雇役为未便。

内翰、忠宣、子厚虽贤否不同，皆聪明晓吏治，兼知南北风俗，其所论甚公，各不私于所主。

元祐初，温公复差役，改雇役。子厚议曰：'保甲保马，一日不罢有一日害。如役法则熙宁初以雇役代差役，议之不详，行之太速，速故有弊。今复以差役代雇役，当详议熟讲，庶几可行。而限止五日太速，后必有弊。'温公不以为然。子厚对太皇太后帘下与温公争辩，至言'异日难以奉陪吃剑'。太后怒其不逊，子厚罪去。

蔡京者，知开封府，用五日限尽改畿县雇役之法为差役，至政事堂白温公，公喜曰：'使人人如待制，何患法之不行？'

绍圣初，子厚入相，复议以雇役改差役，置司讲论，久不决。蔡京兼提举，白子厚曰：'取熙宁、元丰役法施行之耳，尚何讲为？'子厚信之，雇役遂定。蔡京前后观望反复，贤如温公，暴如子厚，皆足以欺之，真小人耳。温公已病，改役法限五日，欲速行之，故利害未尽。议者谓差役、雇役二法兼用则可行。雇役之法，凡家业至三百千者听充；又许假借府吏胥徒雇之，无害衙前，非雇上户有物力行止之人，则主官物、护纲运有侵盗之患矣。唯当革去管公库、公厨等事，虽不以坊场河渡酬其劳可也。雇役则皆无赖少年应募，不自爱惜，其弊不可胜言。故曰差、雇二法并作并用，则可行也。荆公新法，农田水利当时自不能久行，保甲保马等相继亦罢，独青苗散敛，至建炎初中国乱，始罢。呜呼！荆公以不行新法不作宰相，温公以行新法不作枢密副使，神宗退温公而用荆公，二公自此绝交。"❶

3）高官重臣对民间工匠的评价

从有些大臣对民间工匠的评价中也可以看出民间工匠承包官方工役的阻力。上文范祖禹、袁采、文彦博都提到民间工匠报价时索价不高，但一旦施行起来费用就会不断增加，这实际是反映了高官重臣对民间工匠的一种否定态度。

应当认为，以上三种情况都阻止了官方工役被发包给民间。此外，以下论及的情况亦有同样作用。

2. 官员寄生于自营的利益

上文提到的外包的好处，主要指对朝廷或官府整体的好处。但宋代官方工役的自营给参与管理的官员带来好处，却阻止了将官方工役发包给民间，也巩固了自营制度。

道格拉斯·C. 诺斯（Douglass C. North，1920—2015 年）❷指出了制度变迁过程中产生"路径依赖"的原因主要有三。

第一，国家的政治、法律制度（称为正式规则）约束着经济自由度和个人行为特征，进而影响经济效益。

第二，政治、法律制度以外的文化、风俗、习惯等（称为非正式规则）对经济发展的作用更持久。与正式制度相比，非正式制度几乎不能改变，变迁也是缓慢、渐进的。许多国家的政治、法律制度及其变迁相差不大，但经济的发展相差悬殊，其主要原因可归因于非正式制度和文化的作用。

第三，寄生于制度的利益集团不希望改变。这种利益集团在各种利益的博弈中处于主导地位，只会加强既有制度，使其维持下去。❸

诺斯的结论可从以下实例中得到验证。从汉代开始，就有官员喜兴土木，以便邀功请赏（速希功赏、希功速进、多误任使）、为个人捞取好

匠学薪传——中国营造学社诞辰90周年纪念文集

❶ 文献 [46]. 卷 11.

❷ 美国经济学家、历史学家。

❸ 文献 [45]. 第 11 章. 制度变迁的路径.

处的记载。最典型者，乃解万年为汉成帝（公元前32—公元前5年在位）治陵之事。

汉成帝在公元前19年要造昌陵，将作大匠解万年主动请命，董其役。但数年未完，却从中侵欺浮冒钱粮，使当地百姓流离失所，土地荒芜。太常丞谷永因此上书皇帝："……今陛下轻夺民财，不爱民力，听邪臣之计，去高敞初陵，捐十年功绪改作昌陵。反天地之性，因下为高，积土为山。发徒起邑，并治宫馆，大兴徭役，重增赋敛。征发如雨，役百干溪，费疑骊山，靡敝天下。五年不成，而后反故。又广畤营表，发人冢墓，断截骸骨，暴扬尸柩。百姓财竭力尽，愁恨感天。灾异屡降，饥馑仍臻。流散冗食，馁死于道，以百万数。公家无一年之畜，百姓无旬日之储。上下俱匮，无以相救。诗云：'殷监不远，在夏后之世。'愿陛下追观夏、商、周、秦所以失之，以镜考已行。有不合者，臣当伏妄言之诛。……"❶ 在包括谷永在内的多人反对下，汉成帝于永始二年（公元前15年）十二月下诏，停止了昌陵的营造。❷

《汉书》解释了解万年主动奏请为汉成帝治陵的原因。"万年与汤议，以为：'武帝时工杨光以所作数可意，自致将作大匠，及大司农、中丞耿寿昌造杜陵赐爵关内侯，将作大匠乘马延年以劳苦秩中二千石；今作初陵而营起邑居，成大功，万年亦当蒙重赏。子公妻家在长安，儿子生长长安，不乐东方，宜求徙，可得赐田宅，俱善。'"❸

以下是东汉宦官张让和赵忠于中平二年（185年）怂恿汉灵帝修复失火烧毁的南宫，以便敲诈勒索的记载。"让、忠等说帝令敛天下田亩税十钱，以修宫室。发太原、河东、狄道诸郡材木及文石，每州郡部送至京师，黄门常侍辄令谴呵不中者，因强折贱买，十分雇一，因复货之于宦官，复不为即受，材木遂至腐积，宫室连年不成。刺史、太守复增私调，百姓呼嗟。凡诏所征求，皆令西园驺密约敕，号曰'中使'，恐动州郡，多受赇赂。刺史、二千石及茂才、孝廉迁除，皆责助军修宫钱，大郡至二、三千万，余各有差。当之官者，皆先至西园谐价（平论定其价），然后得去。有钱不毕者，或至自杀。其守清者，乞不之官，皆迫遣之。"❹

东晋亦有以兴土木为能的官员，尚书仆射谢安即是。太元年间（376—396年），"谢安欲增修宫室，（护军将军、散骑常侍王彪之）曰：'中兴之初，即东府为宫，殊为俭陋。苏峻之乱，成帝止兰台都坐，殆不蔽寒暑，是以更营新宫。比之汉、魏则为俭，比之初过江则为侈矣。今寇敌方强，岂可大兴功役，劳扰百姓邪！'安曰：'宫室弊陋，后世谓人无能。'彪之曰：'凡任天下之重者，当保国宁家，缉熙政事，乃以修室为能邪？'安不能夺其议，故终彪之之世，无所营造。"❺ 太元三年（378年）"春正月，尚书仆射谢安以宫室朽坏，启作新宫，帝权出居会稽王第。二月，始工内外，日役六千人。安与大匠毛安之决意修定……秋七月，新宫成，内外殿宇大小三千五百间。辛巳，帝居新宫。"❻

❶ 文献[47].卷85.

❷ 文献[47].卷10.

❸ 文献[47].卷70.

❹ 文献[48].卷78.宦者列传.

❺ 文献[49].卷104.晋纪26.

❻ 文献[49].卷9.晋中下.烈宗孝武皇帝.

唐代很多官员靠兴土木大谋私利。例如，元和十五年（820年）秋七月，"以门下侍郎、平章事令狐楚为山陵使，纵吏于擘刻下，不给工徒价钱，积留钱十五万贯，为羡余以献，故及于贬。"已卯，"京兆府户曹参军韦正牧专知景陵工作，刻削厨料充私用，计赃八千七百贯文；石作专知官奉仙县令于擘刻削，计赃一万三千贯，并宜决重杖处死。"❶

到了宋代，情况依旧。例如，大中祥符三年（1010年）正月，"诏利州路转运司，自今命官、使臣欲修易栈阁者，具述经久利害待报，无得擅行。先是，川陕多建议修路以邀恩奖，或经水潦，即坠石隔碍旧路，又随而废。至是，利州以新改阁道，其原规画使臣、军校乞加酬奖，帝知其弊，故条约之。"❷

次如，宋仁宗时，"建天雄军为北京，内侍皇甫继明主营宫室，欲侈大以要赏。（程）琳以为方事边陲，又事土木以困民，不可。既而继明数有论奏，帝遣御史鱼周询按视，遂罢继明，命琳独主之。"❸

再如，至和元年（1054年）九月，"诏：'比闻差官缮修京师官舍，其初多广计功料，既而指羡余以邀赏，故所修不得完久。……'"❹ "至熙宁中，神宗留意民事，兴农田水利，使者四出，冠盖相望，而争以功利进较其绩效。"❺

再次如，熙宁四年（1071年）五月，"御史刘挚言：'（程）昉等开修漳河，凡用九万夫。物料本不预备，官私应急，劳费百倍。逼人夫夜役，践踏田苗，发掘坟墓，残坏桑柘，不知其数。愁怨之声，流播道路，而昉等妄奏民间乐于工役。河北厢军，划刷都尽，而昉等仍乞于洺州调急夫，又欲令役兵不分番次，其急切扰攘，至于如此。……'王安石为（程）昉辨说甚力，后卒开之。"五年，"工毕，（程）昉与大理寺丞李宜之、知洺州黄秉推恩有差。"❻

再次如，熙宁八年（1075年）闰四月，"诏判都水监宋昌言具析妄塞訾家口事。初，御史盛陶言汴河开两口非便，命昌言相度，遂塞訾家口。既而水势不调，屡开屡塞，最后费六十万工乃济漕运……司马光记闻云：'祖宗以来，汴口每岁随河势向背改易，不常其处，于春首发数州夫治之。应舜臣上言：汴口得便利处可岁岁常用，何必屡易公私劳费？盖汴口官吏欲岁兴夫役，以为已利耳。……'"❼

再次次如，熙宁九年（1076年）十月，判大名府文彦博言："臣以开引黄河透御河不便，已具札子开陈。窃以今水监之官，尤为不职，皆不熟计利害，容易建言，惟望侥幸恩赏，多从其请，便为主张。……"❽

元祐四年（1089年）九月，"诏遣户部郎官往京西，会计转运司财用出入之数。右谏议大夫范祖禹言：……夫水官欲兴河役，正如边臣欲生边事，官员、使臣利于功赏俸给，吏胥、主典利于官物浩大，得为奸幸，豪民利于贵售梢草，濒河之人利于聚众营为。凡言回河之利者，率皆此辈，非为国家计也。"❾

❶ 文献[43].卷16.本纪16.穆宗.

❷ 文献[3].方域10.道路.

❸ 文献[6].卷288.程琳条.

❹ 文献[3].职官30.将作监.提点修造司.

❺ 文献[17].卷112.循吏传95.

❻ 文献[6].卷95.河渠五.

❼ 文献[4].卷263.

❽ 文献[4].卷278.

❾ 文献[4].卷433.

若朝廷与官府自营工役，实施官员对于工役各个环节的控制以及借机牟取私利的机会，同外包相比要多得多。若将工役外包民间，则官员便失去了大部分从中下手、捞取好处的机会。不但官员，就连专门从事工役的常雇工匠、常备厢军等，也都失去了稳定的生活来源，这些人是很难赞同将工役外包民间的。

七、结论

如上文所述，宋代民间已经有了工匠争揽工作，为主人盖造房屋之事。而主人则利用工匠之间的竞争，分别询价，选择要价低者，由其承包。但距离公开招标，还欠缺许多条件。

根据已有文献对宋代营造几个方面的探讨，可初步认为，宋代朝廷与官府营造活动无以招标形式选择工匠、由其对整个工役包工包料的做法。

笔者认为，这种情况有复杂的社会、经济、政治、历史、文化等方面原因，但归根结底是由于宋代经济以劳动力密集的农耕与手工业为基础，朝廷与官府占有大量土地，垄断了盐、茶、酒等行业，还没有出现发达的工商业，使得宋代城乡过剩劳动力未得到有效利用。

另一方面，这种经济体制与发达程度很难鼓励民营经济的发展，因而很难产生对营造活动的需求，营造业的发展缺乏足够的推动力，零散的工匠只能停留在为民间服务的水平，很难承担大型官方工役。

经济不发展，劳动力得不到有效利用，劳动力也就无法显现出其真实社会成本，朝廷与官府大部分人也就无法认识到征役和使用兵士从事各种工役的高昂的真实代价。一旦朝廷和官府有了正确认识，他们就会放弃这种低效率的自营制度，跳出诺斯所说的他们所沿袭的传统低效路径。发达的市场机制是推动跳出低效状态的强大外力。

在英国，18世纪中叶发生了工业革命；而在中国，到了清末才出现这种强大外力。更详细的阐述已经超出本文的范围，不再深入。笔者抛砖引玉，希望本文能够引发对我国建筑业发展史有兴趣者对此进一步研究。

参考文献

[1] 李晓.宋朝政府购买制度研究[M].上海：上海人民出版社，2007.

[2] 刘云生.宋代招标、投标制度论略[J].广东社会科学，2005（5）：168–174.

[3] [清]徐松，等.宋会要辑稿[M].北京：中华书局，1957.

[4] [宋]李焘.续资治通鉴长编[M].北京：中华书局，2004.

[5] [宋]司义祖.宋大诏令集[M].北京：中华书局，1962.

[6] [元]脱脱.宋史[M].北京：中华书局，1985.

[7] [清]觉罗石麟.四库全书.山西通志.雍正七年刻本.

[8] [清]郑端,等.为官须知:外五种（佐治药言、州县提纲、官念珠、从政录、臣轨）[M].长沙:岳麓书社,2003.

[9] [宋]陈耆卿.嘉定赤城志[M].北京:中国文史出版社,2008.

[10] [宋]李纲.四库全书.梁溪全集.傅增湘,校定.道光刻本.

[11] [宋]张咏.张乖崖集[M].北京:中华书局,2000.

[12] [宋]苏轼.苏轼文集[M].北京:中华书局,1986.

[13] [宋]龚明之.中吴纪闻[M].上海:上海古籍出版社,1986.

[14] [宋]陆游.陆游文集[M].北京:中国戏曲出版社,2009.

[15] [宋]薛居正,等.旧五代史[M].北京:中华书局,1976.

[16] [宋]黄干.勉斋集[M].台北:商务印书馆,1969.

[17] [清]王偁.四库全书,东都事略.张钧衡,辑.乌程张氏刻本,1916.

[18] [清]李卫,等.四库全书.畿辅通志.雍正七年本.

[19] [宋]洪迈.夷坚志[M].北京:中华书局,1981.

[20] [元]马端临.文献通考[M].北京:中华书局影印,1986.

[21] [宋]孟元老,著.王永宽,注.东京梦华录[M].郑州:中州古籍出版社,2010.

[22] [宋]吴自牧.梦粱录[M].杭州:浙江人民出版社,1984.

[23] 娄承浩.老上海营造业及建筑师[M].上海:同济大学出版社,2004.

[24] [清]高诱,注.毕沅,校正.吕氏春秋[M].上海:上海古籍出版社,1996.

[25] 石磊.商君书[M].北京:中华书局,2011.

[26] [清]董诰,阮元,徐松,等.全唐文[M].北京:中华书局,1983.

[27] [唐]姚思廉.陈书[M].北京:中华书局,1972.

[28] [宋]欧阳修,等.新唐书[M].北京:中华书局,1975.

[29] [清]吴任臣.十国春秋[M].北京:中华书局,2010.

[30] [宋]王明清.挥麈录[M].上海:上海古籍出版社,1990.

[31] 丁传靖.宋人轶事汇编[M].北京:中华书局,2003.

[32] [宋]欧阳修.欧阳修全集[M].北京:中华书局,2001.

[33] [宋]江少虞.宋朝事实类苑[M].上海:上海古籍出版社,1981.

[34] [宋]曾巩.元丰类稿[M].北京:北京图书馆出版社,2006.

[35] 薛梅卿.宋刑统[M].北京:法律出版社,1999.

[36] [宋]袁采.袁氏世范[M].北京:国家图书馆出版社,2015.

[37] [宋]李昉.太平广记[M].北京:中华书局,1961.

[38] [唐]柳宗元,著.刘禹锡,辑.柳河东集[M].上海:上海古籍出版社,2008.

[39] [宋]曾布,撰.顾宏义,点校.曾公遗录[M].北京:中华书局,2016.

[40] [宋]张邦基.墨庄漫录[M].北京:中华书局,2002.

[41] [宋] 杨仲良 . 皇宋通鉴长编纪事本末 [M]. 哈尔滨：黑龙江人民出版社，
2006.

[42] 卢有杰 . 我国古代营造业与建筑市场初探 [M]// 王贵祥，贺从容，李菁 .
中国建筑史论汇刊：第壹拾肆辑 . 北京：中国建筑工业出版社，2017：391–432.

[43] [后晋] 刘昫，等 . 旧唐书 [M]. 北京：中华书局，1975.

[44] [宋] 王溥 . 唐会要 [M]. 上海：上海古籍出版社，2006.

[45] （美）道格拉斯·C.诺斯 . 制度、制度变迁与经济绩效 [M]. 格致出版社，
上海三联书店，上海人民出版社，2008.

[46] [宋] 邵伯温 . 邵氏闻见录 [M]. 北京：中华书局，1983.

[47] [东汉] 班固 . 汉书 [M]. 北京：中华书局，1962.

[48] [南朝宋] 范晔 . 后汉书 [M]. 北京：中华书局，1965.

[49] [宋] 司马光 . 资治通鉴 [M]. 北京：中华书局，1956.

[50] [唐] 许嵩 . 建康实录 [M]. 北京：中华书局，1956.

[51] [宋] 庞元英 . 文昌杂录 [M]. 上海：中华书局上海编辑所，1958.

[52] [宋] 李心传 . 建炎以来系年要录 [M]. 北京：中华书局，2013.

英文论稿

Spatial Construction of Tang-dynasty Wall Paintings in Dunhuang

Puay-peng Ho

（ Department of Architecture，National University of Singapore ）

Abstract：To uncover the form of historical architecture，there are many sources of evidence that scholars used，including visual evidence. However，imageries from paintings and other sources are usually employed to reconstruct the structure and external outlook of the architecture that were depicted. This paper proposes other methods for investigating these architectural representations to arrive at the understanding of historical architecture，in their form，space and meaning. Dunhuang wall paintings from the high Tang period are used as examples to delineate how unique perspectival systems had been used to project a heavenly milieu for devotees to aspire to. In these religious paintings，visualization and meditation are aided by architecture and spatial representations. Thus，the perspectival form was the key vehicle for fulfilling the constructed reality of heaven on earth.

Keywords：Tang-dynasty architecture，perspectival form，Dunhuang wall paintings，Pure Land beliefs and practices

摘要：在建筑史研究中，图像是诸多类型的史料来源之一。源于绘画或其他形式的图像，往往仅被视作对建筑结构和外观的忠实表现。本文以盛唐时期的敦煌壁画为例，提出在对历史建筑之形式、空间以及意义的探究中，存在另一种审视图像史料的方式。这些壁画通过独特的透视系统为信众建立起关于天国的想象空间。在这些宗教性绘画中，建筑与空间营构被用来作为"变相"与冥想的辅助手段。透视成为一种在尘世中努力构建虚拟现实的关键表达工具。

关键词：唐代建筑，透视，敦煌壁画，净土信仰

The study of Chinese architecture history relies primarily on physical evidence，whether in archaeological remains or built structures，often supplemented by textual evidence despite the many limitations. For formal architecture such as imperial，official or religious architecture，textual evidences are usually very formalistic and brief. The language used is certainly archaic and rather unsubstantial. This leads to much speculation，and the difficulty in matching literary records with actual buildings. For vernacular research，the availability of textual information is almost next to negligible. This is why other evidence，such as pictorial evidence is so enticing. This is not only because in visual images we have access to representations of the physical entity that we seek to study，it is also because the availability of a large number of paintings on silk，paper，wall and objects that will allow us a glimpse of the physical world in all periods of Chinese history. Just as shown in the great genre painting：*Qingming shanghe tu*（ 清明上河图；Going upstream during Qing & Ming dynasties ）by Zhang Zeduan（ 张择端 ）completed circa mid-twelfth century，there is a full array of architectural types：farmhouses，urban houses，large aristocratic mansions，shops，guest houses， temples, monasteries, government offices and magistracies, parade ground, city wall, opera stages formal and informal, bridges, and more. Some of these building types are shown from different angles and human activities are fully evident. This certainly provides us a comprehensive picture of life at the end of Northern Song in Kaifeng and surrounding countryside and how buildings and public spaces were used, as well as details of the form and construction of the buildings and structure that historians are interested in.

However, are there more we read in these visual evidences? Before we answer this question, we need to put the visual images in context. Firstly, we have to understand that these images are basically representations created for some purposes, artistic, geographical and religious. And it is almost certain that they were not created so that hundreds of years later, twenty-first-century architectural historians will subject the paintings through a thorough and forensic analysis. We will not expect the painters to focus on drawing buildings accurately, except in some genres where an accurate setting for depicting actors and actions are necessary. Since these are paintings, artist's intention and viewers' appreciation was basically for projecting a painterly milieu, *yijing*（意境）, rather than realistic images of the buildings.

Secondly, three-dimensionality is sometimes expressed in the paintings of building, however, except for the very best, most paintings are formulae and cannot be used to express the fullness of the architecture. Some extrapolations are required to gain a full picture of the architectural form and building details. This is substantiated a commentary on two paintings of the most excellent painter of the ruled-painting genre, *jiehua*（界画）, also known as houses and wood, *wumu*（屋木）. Li Zhi（李廌）commends Guo Zhongshu（郭忠恕, ?-977）for his *wumu* paintings to achieve a sense of realism where the interior of the painted building can be traversed and the doors and windows can be opened. He suggests too that this is achieved through Guo's meticulous drafting technique.❶ However, most *jiehua* paintings follow a standard format for depicting the buildings, thus lacking in scale and accuracy. Many more were only providing a recognizable physical setting for the operatic or historical stories, rather than purely treating buildings as the main subject of the paintings.

Finally, how shall we discuss the architecture space depicted in these pictorial evidences. One important feature of the illustrations of operatic or historical stories is to show the interior of the building connecting to the outdoor. This can also be seen in landscape paintings of the Ming dynasty. These illustrations and paintings will provide information of the indoor furniture,

❶ Li Zhi（李廌；1059-1109）comments on Guo Zhongshu's painting "Painting of Immortal Tower Dwelling"（楼居仙图【郭忠恕恕先所作、中书令赵韩王普思默堂印、相国王冀公钦若太原钦若图书】）："作石似李思训，作树似王摩诘，至于屋木楼阁，恕先自为一家，最为独妙。栋梁楹桷，望之中虚，若可蹑足。阑楯牖户，则若可以扪历而开阖之也。以毫计寸，以分计尺，以尺计丈，增而倍之以。作大宇，皆中规度，曾无小差。非至详至悉，委曲于法度之内者不能也。……其图写楼居乃如此精密。非徒精密也，萧散简远，无尘埃气，东坡先生尝为之赞'长松参天苍壁插水缥缈飞观凭栏谁子空蒙寂历烟雨灭没恕先在焉呼之或出'。非神仙中人，孰能知神仙之乐而审于画也。予尝见恕先清泰元年所作《盘车图》粉本水磨大图，今并此图最能知其妙处。" See Li Zhi, *Deyu Zhai huapin*. It is also suggested by Li that craftsmen can recreate the building from Guo's paintings as they are properly scaled and clearly drafted.

匠学薪传——中国营造学社诞辰90周年纪念文集

interior layout and decoration for our analysis. However, more crucially, these illustrations suggest spatial dimension of architecture environment and the pattern of use of both the indoor and outdoor spaces. Further, the spatial relationships seen in these paintings from indoor to courtyards, or gardens, or nature help us understand the painters' conception of spatial continuum and how elements in nature are introduced into living space. In addition to these illustrations, other architectural depictions also show spaces that are enclosed or formed by buildings. It would also be equally beneficial to study these spaces and the sense of place presented, in addition to the architectural forms.

Based on these understanding, physical and textual evidences of historic architecture can be richly supplemented by visual materials. However, due to the different nature of these evidences, the way to read and use these evidences, and the facets of historic architecture that they presented have to be differentiated between different media. For example, due to the limitation of the nature of representation or simply the expertise and skill of the painters of illustrations, visual evidence may not be the best medium to understand the layout of a large building complex, such as a monastery or a palatial complex, nor would it shed light on detailed architectural construction of historic buildings. As in the commentary cited previously, Guo Zhongshu was regarded as someone who had insider knowledge of building construction, and thus his paintings of buildings are to be regarded as an accurate representation of actual building. However, even if Guo's depiction can be very accurately reproduced, the high regards Li had for Guo should be taken with a pinch of salt, as Li himself is not a builder, and thus he might be able to see a close resemblance to actual building in Guo's painting, only from a layman's perspective. What we may conclude then is that Guo had been very creative in his representations of architecture that the resemblance to actual construction is exceedingly close, but compared to contemporary tools for representing architecture in two-dimensional drawings, Guo's paintings are not as accurate. However, beyond constructional authenticity, Guo was very successful in portraying the formal majesty, constructional intricacies, and spatial complexity of historic architecture in his paintings.❶

Therefore, what can visual evidence of architecture inform us? Here, I would like to concentrate on the idea of spatial conception as seen in these illustrations which might not be possible to easily discern in other forms of evidence. We understand that architecture as an entity has two major components, form and space. These two aspects are essential to understand and appreciate architecture. Hitherto, our research on Chinese architectural

❶ There is almost no authentic painting extant from Guo. Some are attributed to him or his school. One of these is *The Summer Palace of Minghuang of Tang*（明皇避暑图）now in the collection of Osaka City Museum of Fine Arts. Some images of the painting can be accessed in Zhao Qibin, "Huage zhulou she cuiyu, yinchuang bingdian shang liusu— '*Minghuang Bishu Tu*' shangxi," 22–25.

history had been more focused on the formal aspect of architecture, and very few attempts are made to analyse and understand the spatial aspect of Chinese architecture. However, spatial component of historic architecture is equally important as the formal component of architecture. In fact, they should be seen as inseparable constituent parts of architecture. As expressed in the oft-cited passage from *Daodejing*（道德经）, the usefulness of a wooden wheel, a vessel or a building is derived both the form and space.[1] The study of space should not be limited to its physical dimensions, proportion and features. It should encompass the sense of place, as theorized by many. In this context, what is the sense of place in Chinese historical architecture and how can we analyse and study place-ness in context? And how would the use of visual evidence supplemented by textual evidence assist us in the study of place-ness and meaning in architecture that is no longer extant? This paper will aim to use the visual materials available to discuss the spatial quality and sense of place in Buddhist wall paintings in Tang dynasty, as seen in Dunhuang.

The Context

Cave temples in China inherited the tradition seen in Indian and Central Asian Buddhist sites with rich decoration in the interior of rock-cut caves. The decorations, either in relief carving or wall painting, are illustrations of the content of Buddhist scripture. Most researchers would agree that donors commissioning the caves and requested for the interior to be illustrated with episodes of Buddhist sutra was to express their particular faith and serve as a form of their votive offering. With the analysis of the merit texts, *gongdewen*（功德文）, particularly from Mogao site at Dunhuang（敦煌莫高窟）, it is abundantly clear that the primary purpose for such commissions was to accrue merits for a better afterlife for the family members.

Amongst the enormous amount of wall painting preserved in Dunhuang, depiction of architecture and architectural setting occupied the most wall area. Particularly in the paintings from the period of time up till the ninth century, "earthly" buildings, artifacts and objects are the most prominent, from whence no physical building survived. This has prompted Liang Sicheng to devote his first academic paper published in 1932 in the Bulletin of the Society for Research in Chinese Architecture, *Zhongguo Yingzao Xueshe huikan*（中国营造学社汇刊）, to the study of the depiction of architecture in Dunhuang wall paintings, based on the photographs published by Paul Pelliot.[2] Indeed, apart from the formalistic and cataloging studies of the wall paintings, how else can

[1] Passage 11 of *Daodejing* reads："三十辐，共一毂，当其无，有车之用。埏埴以为器，当其无，有器之用。凿户牖以为室，当其无，有室之用。故有之以为利，无之以为用。" See Gao Ming, punct. and annot., *Boshu Laozi jiaozhu*, 270.

[2] Liang Sicheng, "Women suo zhidao de tangdai fosi he gongdian."

匠学薪传——中国营造学社诞辰90周年纪念文集

we study them for evidence of Tang dynasty architecture.

The other context that ought to be considered is the sheer number of buildings that might exist at any one time in history, and the depictions that we see extant today might only be true representation of a small fraction of the buildings of the time. According to the statistic from a number of textual sources, at the time of the Huichang（会昌）era when Buddhist church was persecuted by Wuzong of the Tang（唐武宗）between 840-845, there were more than 4,600 large monasteries and more than 40,000 small Buddhist establishments that were dismantled.[1] Some of these large imperial-sanctioned monasteries are said to contain several or up to 120 cloisters, each cloister is as large as a small Buddhist establishment. In another word, in mid-ninth century China, there was a large number of Buddhist monasteries each with its particular environmental and socio-religious context. There are urban and rural sites, flat and hilly sites, well-endowed or meagre patronage, local craft and building traditions, different religious affiliation, etc. This is why it is not expected that wall painting seen in Dunhuang will capture and represent the rich varieties of architectural forms and expressions in real life, even given its extraordinary aggregate size of around 45,000 square meters of wall painting.[2]

There are essentially two main genres of paintings seen in Dunhuang: narrative paintings and sutra illustrations. Those illustrating the story of the historic Buddha include the events relating to the life of the Buddha（佛传故事）, jātaka（本生故事）and avadāna（譬喻故事）stories. These narrative illustrations on Theravada sutras are usually found in early caves, up until Sui dynasty. Each story or episode may be simplified to a scene, or there could be a series of scenes. Architectural compounds, serving as the setting for the stories, can be seen beginning in Western Wei and Sui dynasties caves. The second genre relates mainly to the illustrations of Mahāyāna sutras. They are found beginning in Northern Liang dynasty and became the main topic for the cave illustration in Dunhuang from Sui dynasty. Known collectively as sutra illustrations, jingbian（经变）, architectural depiction is used as representation of the main heavenly palace of the Buddha. These paintings served the religious purpose and religious purpose only.

265

---

[1]　Liu Xu, et al., *Jiu Tangshu*, juan 18.

[2]　Unlike other cave temple sites in Central China which contain mainly stone-carved images and relief carvings on the wall, cave temples in Dunhuang and Kizil, Turfan in Xinjiang province are mainly decorated with stucco images and wall paintings. The reason for the use of wall painting was because of the nature of the cliff face the cave temples are located. There are 5 main cave temple sites in the Dunhuang and Anxi（安西）regions that follow a common artistic tradition. Among them at Dunhuang Mogao cave site, there are 492 decorated caves, Yulin（榆林）cave site has 42 decorated caves, and the other three sites around 36 caves. See Dunhuang Yanjiuyuan, ed., *Dunhuang shiku neirong zonglu*, 195-226. At these sites, the earliest was excavated in the early fifth century, and the latest around the thirteenth century. Therefore, there were close to 1,000 years of uninterrupted patronage and artistic development. There are around 2,000 stucco images at Mogao site, and approximately 45,000 square meters of wall paintings. If we have a canvas of 4 meters high, the length of painted surface at Mogao would run for 11,250 meters, more than 11 kilometers. This is why Dunhuang art is unparalleled in world art in its quantity, quality, and the continuous length of development. In addition, there are more than 50,000 manuscripts from fourth-eleventh centuries and approximately 1,000 silk paintings mainly from ten-eleventh centuries. The complete wall paintings, sculptures, manuscripts, and silk paintings can be studied with wooden architectural remains and archaeological evidence of Buddhist practices in Northwest China of this long period of history.

匠学薪传——中国营造学社诞辰90周年纪念文集

Among the architectural depiction in illustrations of Mahāyāna sutras, the earliest and developed later to become the most flamboyant and sophisticated, are the Pure Land illustrations. Beginning with the depiction of Tuṣita heaven (兜率天) of Maitreya Buddha in the illustrations of the *Sutra that expounds the ascent of Maitreya Buddha to Tuṣita heaven*(佛说观弥勒上生兜率天经), and the *Sutra that expounds the descent of Maitreya Buddha and his Enlightenment* (佛说弥勒下生成佛经). In Sui dynasty illustrations of these two sutras, the heavenly palace or earthly main hall in which Maitreya resides are usually depicted as a 5-bay palatial hall with two side towers. All in a frontal view which was adopted for the depiction of heavenly palaces. This is in line with the description of the sutras and the exposition offered by Kuiji(窥基, 632–682), the famed disciple of Xuanzang (玄奘), that two of the ten essential majestic decorations are the palace and the garden.❶ The idea of Tuṣita heaven possessing the majesty and sumptuousness of an earthly palace and surrounded by landscape elements should be considered apt, just as the mention of jewel and gold that are said to have filled the heaven. This is a technique to employ the best on earth to illustrate the best in heaven, thus the model for heavenly palace must have been earth palaces.

The other Pure Land illustrations are those illustrating the *Shorter Sukhāvatīvyūha Sūtra* (阿弥陀佛经), *Larger Sukhāvatīvyūha Sūtra* (大阿弥陀佛经) and *Amitāyurdhyāna Sūtra* (佛说观无量寿佛经). One of the earliest proponents of the belief in Amitābha Buddha 阿弥陀佛 and his Pure Land was Huiyuan (慧远, 317–420?), he is said to have gathered 123 disciples on Mount Lushan (庐山) for rebirth into the Western Pure Land (西方净土). This is the beginning of imaging Sukhāvatī (极乐世界) in earthly terms. This first gathering was followed by the teaching of the three masters, considered later as the first three patriarchs of the Pure Land school. Tanluan (昙鸾, 476–542) suggested using the method of visualization of the Buddha's Pure Land (观佛净土) for rebirth into the Pure Land. Daochuo (道绰, 562–645) included the visualisation of the majesty of the Pure Land as a form of merit for rebirth. However, it was Shandao (善导, 613–682) who actively advocated the painting of Pure Land illustration and its use for meditation and visualization. In *Guannian Amituofo xianghai sanmei gongde famen jing* (观念阿弥陀佛相海三昧功德法门经), Shandao formulated a liturgy based on the Sixteen Visualizations (十六观/十六对事) of Amitāyurdhyāna Sūtra in order to gain merit for rebirth in the Western Pure Land. While residing in Chang'an, he is said to have painted 300 illustrations of the Pure Land, and they are said to be the model for emulation. This coincides with the enormous popularisation

❶ Kuiji(《观弥勒上生兜率天经赞》卷下)described heaven as:"「十重严饰」: 一宫二园三宝四光五华六树七色八金九天女十音乐。" In *Taisho Shinshu Daizokyo*, CBETA, accessed May 28, 2020, https://tripitaka.cbeta.org/T: 38, 287–288.

of illustration of the Amitāyurdhyāna Sūtra and other Pure Land sutras seen in Dunhuang since mid-seventh century after the recovery of the Western Region by Taizong（唐太宗）in 640, and the painting tradition must have come from Chang'an, the capital city.

Architectural Space

At Dunhuang, the earliest use of palatial architecture to represent heavenly palaces are found in Sui illustrations of Maitreya sutras, such as in caves 419,420,423. They are located on the ceiling slope facing the entrance and above the Buddhist niche, thus indicating the "heavenly" nature of the depiction. Into the early Tang period, there are six illustrations of Maitreya Ascent Sutra and two of which, caves 338 and 341, begin to show a group of buildings connected by corridors, between the main hall in the middle and side halls or side pavilions on either side（Fig. 1）. Essentially, they use one-point perspective but with an unnatural oblique opening depicting an otherwise orthogonal courtyard setting with three halls on three sides of the compound. The compound is depicted with kneeling heavenly beings and flowers and trees, two of the eight majestic signs described by Kuiji. The other rudimentary form of perspective used to depict Tuṣita heaven consists of two pavilions placed obliquely at the edge of the illustration frame, such as seen on the north wall of early Tang cave 329. This is possibly following the tradition of the Maitreya illustration seen in the Chengdu Wanfosi（成都万佛寺）stele from mid-sixth century.❶ Here the space between two obliquely placed buildings is also illustrated with ornate pool, flowers and heavenly beings. Such method of architectural depiction together with activities in the space enclosed was continued in mid-seventh century in Pure Land illustrations.

At Dunhuang, there are many more Pure Land illustrations than any other sutra illustrations. This speaks volume of the popularity of Pure Land

❶　Feng Hanji, "Chengdu Wanfosi shike zaoxiang"; and Yuan Shuguang, "Sichuansheng Bowuguan cang Wanfosi shike zaoxiang zhengli jianbo". See also exhibition catalogue Fong, ed., *China: Dawn of a Golden Age*; and Cultural Relics Bureau, ed., *From Eastern Han to High Tang: A journey of Transculturation*, 163.

Fig.1　Upper section of the illustration of Maitreya Ascent Sutra, north wall, caves 341, early Tang, Dunhuang Mogaoku（Line drawing by Xue Xuan [薛璇]）

Fig.2 Illustration of the Shorter Sukhāvatīvyūha Sūtra, south wall, cave 220, 642 CE, Dunhuang Mogaoku (Line drawing by Xue Xuan [薛璇])

匠学薪传——中国营造学社诞辰90周年纪念文集

❶ See a detailed study of the patronage and artistic programme in Ning, *Art, Religion, and Politics in Medieval China: The Dunhuang cave of the Zhai Family*.

school and the practices advocated during the seventh century. One of the earliest dated depiction of a grand scale, covering the entire south wall of cave 220, Zhai family cave (翟家窟) dated to 642❶, is the illustration of the *Shorter Sukhāvatīvyūha Sūtra* (Fig. 2). In this illustration of the Western Pure Land, there are two pavilions on either side of main painting. They are painted with an angle pointing towards the central Buddha in the form of one-point perspective, although not accurately constructed. The main focus of the illustration is definitely the assembly of Amitābha Buddha, his major and minor bodhisattvas and other heavenly beings and musicians, all seated or stood on platforms located within the pool of water of eight merits (八功德水) amidst plants, flowers and other ornaments. The proportion of buildings, compared with the figures and objects is much more in line with actual proportion in real life, unlike the earlier Maitreya illustrations in which the figures of the Buddha and other beings are much larger than the buildings. At the back of the Buddha in cave 220 is painted a small hall of three bays, which must be depicting the lecture hall (讲堂) that is said to be located in Sukhāvatī from which the Buddha preaches. However, in this illustration, the Buddha is seated on a throne at the centre of the composition outside of the lecture hall. The three buildings in a *pin* (品) layout depicted with vanishing lines pointed to the back, and with the edges of the platforms in water which are also in a perspectival construction receding into the picture frame have allowed the formation of a space enclosed within the three buildings. The foreshortening of the buildings has given rise to a believable space in which the main preaching scene of the Buddha can be located. However, compared to later Pure Land illustrations, the buildings are not connected and thus presented in the space as just another components of the Pure Land, similar to other Pure Land components of heavenly beings and ornate trees, just to name two, as described in the sutras. This composition follows but certainly enormously embellishes that of an earlier illustration from cave 2, North Xiangtangshan site from mid-sixth century, almost a hundred years earlier than cave 220 (Fig. 3). This large carved stone illustration, now located in Freer and Sackler Gallery, has a similar pair of pavilions on either edge of the composition. And the space enclosed is similarly occupied by a host of heavenly figures and the pool of eight-merit water with reborn beings. Rudimentary one point perspective can be seen employed here too.

We have highlighted perspective construction in several illustrations in Dunhuang wall paintings. What are the nature and effects of these perspectives? And what are the meanings of perspectival construction? Perspective system is a painting device not only for an accurate and scalable representation of architecture, but more importantly, it also allows architectural space to be constructed. A space is a three-dimensional reality in which objects are placed and activities are conducted. Some space may have higher sensorial, emotional and symbolic meanings. Perspective construction is thus the means by which holistic reality, building and space, is re-created and apprehended together with all potential embedded meanings. This is described as a "transformed window" by Panofsky[1], similar to the purpose of "transform images/reality", *bianxiang* (变相), used in Dunhuang sutra illustrations. Hitherto, in the discussion of architectural depiction in Dunhuang wall paintings, scholars are fully engrossed in the analysis of the perspective system, and dissecting the

❶ Panofsky, *Perspectives as Symbolic Form*, 27.

Fig.3 Illustration of Western Pure Land, cave 2, North Xiangtangshan, mid-sixth century, Freer and Sackler Gallery, Washington DC (Photo by author)

匠学薪传——中国营造学社诞辰90周年纪念文集

❶ Apart from the article of Liang that was mentioned earlier, the most important work must be of Xiao Mo, *Dunhuang jianzhu yanjiu*.

depictions for evidence of architecture of the time.❶ However, it is necessary to discuss the perspective construction in late seventh to early eighth centuries illustration of the Pure Land sutras both from the technique, the space created, and how the perspective system assisted in the fulfilment of the main religious purpose of these illustrations.

Perspectival Construction

These illustrations adopted a painting technique that is in contrast to early perspectival representations in the West, such as one of the earliest perspectives, the *Holy Trinity*, painted by Masacchio (1401–1428) for Santa Maria Novella Church, Florence dated to 1426 (Fig. 4). In this painting for a side altar, the architectural niche was painted in a strict one-point perspective to express the centrality of Christ on the cross with a high degree of accuracy allowing space for the positioning of the Father to the rear and figures of disciples and patrons to the fore. At the same time, looking at the vertical dimension, Christ is situated at the centre, the heavenly Father is above and the earthly beings below. Thus, the painting expresses the mediator role of Jesus between heaven and earth, the central religious message. It can be deduced that there are three levels of discourse here: the first is the technical construction of the perspective system to depict the architectural form with mathematical precision; the second is the composition which expresses the fullness of the scene with emotional possibility, such as the two donors; the third is the spiritual dimension of the religious painting is fully embraced within the spatial frame. These three levels allow the viewers to have a relation with the painting, engaging the viewers and placing them in the picture frame.

What about Dunhuang wall paintings? Let us take an example, the high Tang cave 172 at Mogao grotto. The cave was probably excavated in the early part of the eighth century, just before the An-Shi rebellion and at the height of Tang prowess. The cave is medium in size with a near-square floor plan crowned by a pyramidal ceiling. The niche to the west contains the main Buddha, disciples, bodhisattvas and *vajrapāṇi*. The east wall, which is the

Fig.4 The Holy Trinity, Masacchio (1401–1428), Santa Maria Novella Church, Florence, 1426 (Spike, John T. *Masaccio* [Milano: Rizzoli, 2002], public domain image)

entrance, has the painted images of Mañjuśrī and Samantabhadra bodhisattvas. What is most impressive are the illustrations of Amitāyurdhyāna Sūtra on both north and south walls (Fig. 5, Fig. 6).

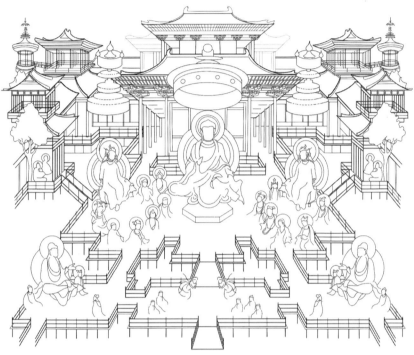

Fig.5 Illustrations of Amitāyurdhyāna Sūtra, south wall, cave 172, High Tang, Dunhuang Mogaoku (Line drawing by Xue Xuan [薛璇])

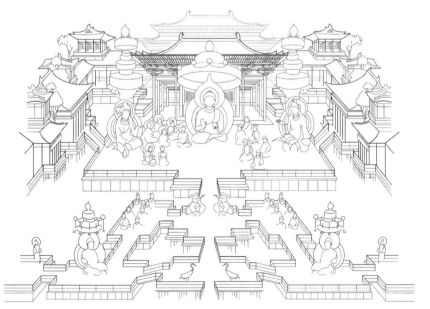

Fig.6 Illustrations of Amitāyurdhyāna Sūtra, north wall, cave 172, High Tang, Dunhuang Mogaoku (Line drawing by Xue Xuan [薛璇])

❶ The other example of cave 171, next to 172, of the same period with three walls illustrated with Amitāyurdhyāna Sūtra on south, east and north walls. This is the only cave that contains three versions of the same illustration.

❷ Collected in *Dazangjing bubian*, vol. 34, in Zhou Yongnian, ed., "Wudu facheng," *juan* 11. The text reads: "其佛号阿弥陀晋言无量寿国无王制班爵之序以佛为君三乘为教男女各化育于莲华之中无有胎孕之秽也馆宇宫殿悉以七宝皆自然悬构非人匠苑囿池沼蔚有奇荣". Taken from *Dazangjing bubian*, vol. 34, CBETA, accessed May 28, 2020. See also Chen Ming and Shi Pingting, "Zhongguo zuizao de wuliangshou jingbian—du Zhidaolin 'Amituofo xiangzan bingxu' yougan".

❸ Recorded in T12/346c. 10–347c.14–349b.23.

The composition of the two illustrations is, to some extent, similar, differing only in small details and the architecture depiction. The reason for two walls to illustrate the same sutra, while rare, is probably due to their patronage, donors being the followers of the Pure Land school.❶ However, one is unsure. Nevertheless, these two illustrations which clearly follow the cosmopolitan style are probably the most refined examples of this sutra, the artists could have come from Chang'an. Just like all composition of this sutra, the two side panels illustrate the story of King Bimbisara and Queen Vaidehī, or *weishengyuan*（未生怨）, and on the other side the sixteen meditations. The central large panel is often referred to as the preaching scene of Amitābha Buddha, or the heavenly assembly. In the sutra description and partly for visualization purposes, the Pure Land is said to be presided by the Buddha and attended by a host of heavenly beings and *apsaras*. The setting would include a jeweled pool with water of eight merits and jeweled pavilions. An early text by Zhi Dun（支遁, 314–368）in *Amituofo xiang zan bingxu*（阿弥陀佛像赞并序, Eulogy to Amit ā bha Buddha image and preface）puts it as:

> *According to the sutra, there is a country in the West by the name Anyang*（安养; *Sukhāvatī*）... *The Buddha is the Lord presiding over the country. ... Men and women are all transformed and reborn into this land through the lotus flower, so as to avoid the defilement of birth through the womb. There are halls and palaces all decorated with the seven jewels. They were naturally formed rather than crafted by men. The garden and ponds are strange and splendid.*❷

This early description was further elaborated in the Shorter Sukhāvatīvyūha Sūtra:

> *And again, O Śariputra, that world Sukhāvatī [is adorned with] seven rows of railings*（vedika）, *with seven layers of curtains of bells [covering] seven rows of trees. All things [in the Pure Land] are decorated on every side with the four jewels. As such the land is known as Sukhāvatī. And again, O Śariputra, in that world Sukhāvatī, there are seven-jewelled pools, filled with the water of eight virtues. The base of the pools are strewn with golden sand. The stairs on four sides are made of gold, silver, beryl and crystal. Above are towers and pavilions, also adorned with the seven jewels, ... The lotus flowers in the pools are as large as chariot-wheels, ...*❸

Based on the use of jewel, gold and other descriptors considered to be luxurious in earthly terms, Alexander Soper considers the Sukhāvatī described in these sutras to indicate that it is a "happier edition of the world around us". This earthly characteristics of the Western Land of Extreme Bliss is, said by Soper, to satisfy the desire of the laity to escape sufferings of *saṃsāra* and have everlasting happiness. As such, Soper summarises: "Sukhāvatī was not a Heaven at all, in the proper sense, but rather another kind of Earth." ❶ This might be one way to explain the earthly resplendence seen in these illustrations as a reflection of what the laity would wish for. The representation of Pure Land architecture is rooted in the most lavish earthly architecture. And the formality in the architectural depiction indicates a careful selection of what elements to include in the illustration.

How are these lavish buildings depicted in Dunhuang painting? If we take the illustration on the south wall of cave 172 introduced earlier as an example, there are three perspective systems being used (Fig. 7). The first is the depiction of the central buildings, including the main lecture hall at the rear of the main Buddha. For this central group, a conventional central perspective with a station point (or view point) located close to the façade of the building was used for each building group along the central axis. Therefore, one can discern three groups of buildings each depicted with a one-point perspective,

❶ Soper, "Literary evidence for Early Buddhist Art in China", 148.

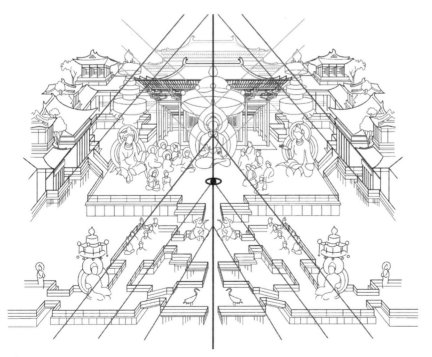

Fig.7 Perspectival construction of the illustration of Amitāyurdhyāna Sūtra, south wall, cave 172, High Tang, Dunhuang Mogaoku (Line drawing by Xue Xuan [薛璇])

but with the orthogonal lines parallel to the other group. For the first hall at the back of the Buddha, most building elements, roof ridge, roof tiles, bracket system, columns and platforms are all clearly depicted. The upturned front eaves and the purlins are minutely drawn which provide a suitable background for the central Buddha figure, reminiscent to peacock feather display. At the same time, the perspective used draws the viewers closer into the pictorial space thus created.

The second perspective system was employed in the depiction of the buildings along the side of the central scene. Here, the oblique projections with orthogonal lines roughly parallel to each other were used. The perspective takes a bird's eye view of the buildings, including the pavilions, towers and connecting corridors, as well as the stairs leading into the jeweled pool. However, at the rear end of the illustrations, pavilions located on top of the corridors are depicted with a perspective allowing viewers to look up to the underside of the eaves of the buildings, much like those buildings seen along the central axis. The effect of adopting a different perspectival construction for the buildings along the side of the illustrations from those along the central axis is that the centrality of the Buddha and the central buildings are highlighted, while the side buildings define the boundary of the preaching stage.

The third major architectural component seen in the wall painting is the platforms in the jeweled pool of eight-merit water. They are depicted with one-point perspective in bird's-eye view of each pair of the parallel sides converging to a vanishing point. Although there is no one vanishing point for all the orthogonal, as there would be in a modern perspective construction, it is unmistakable that the artists intended to represent space enclosed by the parallel transverse lines and the converging lines. These orthogonal also parallel those for side buildings. This method of construction is similar to what Panofsky called the "vanishing-axis principle" found in the West. The effect of such construction used in archaic Western painting, such as a fragment from Boscoreale, first century CE, ❶ as shown by Panofsky and White, is similar to the Dunhuang painting under discussion. Variously called the antique perspective as opposed to modern perspective, or the herringbone perspective as opposed to one-point perspective, this perspectival system is said by Panofsky to suggest an unmodern view of space and an unmodern conception of the world that shows itself to be "curiously unreal and inconsistent, like a dream or a mirage". ❷

❶ Boscoreale is a commune near Naples whose name is given to the excavated site consisting of large aristocratic mansions that were obliterated by the eruption of Mount Vesuvius in 79 CE, like its more famous neighbours Pompeii and Herculaneum. Some of the wall paintings preserved here are among the finest from this region.

❷ Panofsky, *Perspectives as Symbolic Form*, 43.

The Symbolic[1]

Most illustration of the Western Pure Land or Amitāyurdhyāna Sūtra from late–sixth to mid–seventh centuries was painted with the same perspective system as those in cave 172. What were the reasons of the different perspectival systems used in these illustrations? Is it due to technical incompetence? Or is it because there was a tradition that was followed without any innovation? What have been achieved with this perspectival system? Yang Xiong, in two articles, provides an answer to the question of the nature of these perspective depictions.[2] The first article disapproves the name of the shifting–point perspective (*sandian toushi*; 散点透视), commonly used to describe the perspective system employed by Dunhuang artists. He argues that it is more appropriate to call the construction a linear perspective or planar perspective. Yang finds even the description of geometric construction a problem, thus he proposes to call it a cognitive perspective, which allows, "a continuity of the visual and cognitive process." In a follow–up article, Yang further asserts that the main characteristic of the cognitive perspectival system of Dunhuang is not in the relative size of objects, but their position. And he concludes that cognitive perspective construction is much more flexible, as compared to the strict mathematical perspective of the Western tradition, resulting in a system that is lively and may be considered as an efficacious vehicle for the portrayal of image and idea, *xieyi* (写意).

Are Dunhuang perspectival constructions as flexible and *xieyi* as Yang claims? I think not. It is clear that the illustrations I described in this paper indicate that their painters followed the cosmopolitan style with a well–developed and innovative perspective system and painting convention since late seventh and early eighth centuries. And this perspectival form continued with lesser artistic value in middle Tang illustrations and beyond. In this form, the illustrations allow reality to be re–created and apprehended, a "transformed window", as Panofsky suggests, through which we believe we see the represented space.[3] Thus the success of the painting lies in its ability to allow such a framed view into the space formed through the employment of various perspectival constructions. The effect of the perspectives used is to construct a believable space, called the Pure Land. The transformation of the two–dimensional surface into an illusion of a three–dimensional space is achieved through the clever manipulation of the three perspectival constructions as I outlined. It is abundantly clear that in wall paintings of the illustration of the Amitābha Pure Land, the supra–mundane space is

[1] A version of this section is published in "Constructing the Pure Land: Architecture in Early Tang Wall Paintings at Dunhuang."

[2] Yang Xiong, "Lun Dunhuang bihua de toushi," and "Zai lun Dunhuang bihua de toushi."

[3] Panofsky, *Perspectives as Symbolic Form*, 27.

created succinctly with the employment of architectural elements and their respective perspectival modes. Even without the use of foreshortening, or the central geometric construction such as practiced in Renaissance Europe, the sense of place is undeniably powerful and naturally presented. The painted architectural elements thus played an important role in making the space, and by extension the Pure Land, real and accessible. The different modes of perspective construction used in the painting further enhance the spectator's sensation so much so that the devotee is seemingly transported into the pictorial space and perhaps greatly aided the visualization process the devotee is engaged in. Each of the perspectival modes used here may be seen to fulfil a particular function so that the entire composition may be meaningful to the spectator in its harmonic coherence. The visual-axis perspectival construction and bird's-eye view of the side buildings and linear elements are designed to induce a movement, leading the eyes of the viewer into the central space, the focus of the construction, where the preaching Buddha is located. The centralized perspective of the most important building, the central hall, further enhance the space in front of the building as the stage set for the preaching Buddha.

However, more importantly, perspective construction is a tool by which the symbolism of the buildings and space thus represented are made concrete and may be grasped by the spectator, that is place-making. Panofsky argues that in relation to works of art, perspective is "one of those 'symbolic forms' in which 'spiritual' meaning is attached to a concrete, material sign and intrinsically given to this sign".[1] Can such observation be applied to the perspective of the early Tang Pure Land illustrations in Dunhuang? Despite the unfortunate ambiguity in the use of the term symbol in relation to the perspectival form, the full power of Panofsky's argument is hard to dismiss. The Chinese perspective, in the final analysis, allows the spectators to participate in the incorporeal through the material spaces created in the illustration as signs. The rules of the sign system employed in these Pure Land illustrations are indeed simple. As I have pointed out, the architectural delineation is made up of three elements delineated with three different perspectival modes. Thus, the perspectival structure employed here by Dunhuang artists may be seen to have created a paradigmatic framework that will inform the viewers through the sign of its undefiled and splendid nature and allow them a participation of the divine. This must be seen in the context of the liturgy for recitation and visualization of the Pure Land as formulated by Shandao, which is probably developed from *Mohe zhiguan* (摩诃止观; *Mahā-śamatha-vipaśyanā*), a work by Tiantai (天台) founder Zhiyi (智顗) of the

[1] Panofsky, *Perspectives as Symbolic Form*, 41.

Sui.❶ In the epilogue of the eulogy of the liturgy (*Zhuanjing xingdao yuan wansheng jingtu fashi zan*; 转经行道愿往生净土法事赞), Shandao claims that when a devotee follows the liturgy, he or she will mentally enter into the pool of a hundred treasures, or the jeweled pavilion and heavenly palaces, or the jeweled trees and jeweled forest.❷ And in fact, it is said that a person destined for the first grade of rebirth [highest grade] would be seeing the apparitions of the Pure Land in his lifetime, implying that he might have the experience of the Pure Land even without the rebirth. Such must be the experience sought by the artist of these illustrations for the devotees.

In the words of Panofsky again, perspective opens "the realm of the visionary, where the miraculous becomes a direct experience of the beholder, in that the supernatural events in a sense erupt into his own, apparently natural, visual space and so permit him really to 'internalise' their supernaturalness." ❸ The symbolic meaning of these illustrations is thus hinged upon this psychological shift effected through the perspectival constructions. The complementary co-existence of the various constructions, from a bird's-eye view of the space of the Pure Land, to the intimate central perspective of the halls indeed draws the spectators into the picture and thus posits them in the sacred milieu. The perspectival constructions used in the illustrations enable the Pure Land to be represented in its full glory as real realm for rebirth, not a mirage, and as the true-reward-land (*baotu*, 报土, *saṃbhoga-kṣetra*), not transformed-land (*huatu*; 化土; *nirmāṇa*-kṣetra).❹ The architecture shown in the illustrations is corporeal art, tangible and visible, a place where participation is invited and entry made available. And the architecture perspectival constructions of the buildings and space play an essential role in expressing the realism of the Pure Land in the illustrations. This in turn fulfil the religious purpose of these illustrations for meditation and visualization (*zhiguan*; 止观) and for an early entry into the land of supreme happiness in one's lifetime.

❶ Recorded in T46, no. 1911.

❷ Recorded in T47/ 424c.14–15.

❸ Panofsky, *Perspectives as Symbolic Form*, 72.

❹ This is an important differentiation for which Shandao had given a definitive answer that *baotu* is far superior and 'real' in Pure Land belief based on the sutras. See a discussion in Tanaka, *The Dawn of Chinese Pure Land Buddhist Doctrine*, 103.

References

[1]   Chen Ming (陈明) and Shi Pingting (施萍婷). "Zhongguo zuizao de wuliangshou jingbian—du Zhidaolin 'Amituofo xiangzan bingxu' yougan" (中国最早的无量寿经变——读支道林《阿弥陀佛像赞并序》有感). *Dunhuang yanjiu* 10 (2010): 19–27.

[2]   Cultural Relics Bureau, ed. *From Eastern Han to High Tang: A Journey of Transculturation*. Hong Kong: Leisure and Cultural Services Department, 2005.

[3]　Dunhuang Yanjiuyuan（敦煌研究院）, ed. *Dunhuang shiku neirong zonglu*（敦煌石窟内容总录）. Beijing: Wenwu Chubanshe, 1996.

[4]　Feng Hanji（冯汉骥）. "Chengdu Wanfosi shike zaoxiang"（成都万佛寺石刻造像）. *Wenwu cankao ziliao* 9（1954）: 110-120.

[5]　Fong, Wen, ed. *China: Dawn of a Golden Age*. New York: Metropolitan Museum of Art, 2004.

[6]　Gao Ming（高明）, punct. and annot. *Boshu Laozi jiaozhu*（帛书老子校注）. Beijing: Zhonghua shuju, 1996.

[7]　Ho, Puay-peng. "Constructing the Pure Land: Architecture in Early Tang Wall Paintings at Dunhuang." In *Huaxue—The Proceedings of the International Conference in Celebrating the 90th Birthday of Professor Jao Tsung-I*, vol. 9-10, edited by Jao Tsung-I 饶宗颐, 1107-1119. Shanghai: Shanghai guji chubanshe, 2008.

[8]　Li Zhi（李廌）. *Deyu Zhai huapin*（德隅斋画品）. Shanghai: Shanghai guji chubanshe, 1987.

[9]　Liang Sicheng（梁思成）. "Women suo zhidao de tangdai fosi he gongdian"（我们所知道的唐代佛寺和宫殿）. *Bulletin of the Society for the Study of Chinese Architecture* 3.1（1932）: 75-114.

[10]　Liu Xu（刘昫）, et al. *Jiu Tangshu*（旧唐书）, *juan* 18. Beijing: Zhonghua shuju, 1975.

[11]　Ning, Qiang. *Art, Religion, and Politics in Medieval China: the Dunhuang cave of the Zhai Family*. Honolulu: University of Hawai'i Press, 2004.

[12]　Panofsky, Erwin. *Perspectives as Symbolic Form*. New York: Zone Books, 1991.

[13]　Soper, Alexander Coburn. "Literary Evidence for Early Buddhist Ert in China." *Artibus Asiae* 19（1959）: 123-139.

[14]　Taisho Shinshu Daizokyo（大正新修大藏经）, CBETA. Accessed May 28, 2020, https://tripitaka.cbeta.org

[15]　Tanaka, Kenneth K. *The Dawn of Chinese Pure Land Buddhist Doctrine: Ching-ying Hui-yuan's Commentary on the Visualization Sutra*. New York: Suny Press, 1990.

[16]　Xiao Mo（萧默）. *Dunhuang jianzhu yanjiu*（敦煌建筑研究）. Beijing: Wenwu chubanshe, 1989.

[17]　Yang Xiong（杨雄）. "Lun Dunhuang bihua de toushi"（论敦煌壁画的透视）. *Dunhuang Yanjiu* 2（1992）: 19-23.

[18]　———. "Zai lun Dunhuang bihua de toushi"（再论敦煌壁画的透视）. *Dunhuang Yanjiu* 4（1992）: 21-30.

[19]　Yuan Shuguang（袁曙光）. "Sichuansheng Bowuguan cang Wanfosi

shike zaoxiang zhengli jianbo"（四川省博物馆藏万佛寺石刻造像整理简报）. *Wenwu* 10（2001）: 19–38+1.

[20] Zhao Qibin（赵启斌）. "Huage zhulou she cuiyu, yinchuang bingdian shang liusu—'Minghuang Bishu Tu'shangxi"（画阁朱楼设翠褕 银床冰簟上流苏——《明皇避暑宫图》赏析）. *Wenwu jianding yu jianshang* 2（2014）: 22–25.

[21] Zhou Yongnian（周永年）, ed. "Wudu facheng"（吴都法乘）, *juan* 11. In: *Dazangjing bubian*（大藏经补编）, vol. 34, CBETA. Accessed May 28, 2020, http://tripitaka.cbeta.org/mobile/index.php?index=B34n0193_011

图书在版编目（CIP）数据

匠学薪传：中国营造学社诞辰90周年纪念文集/王贵祥，刘畅主编；贺从容，李菁副主编. —北京：中国建筑工业出版社，2022.10

ISBN 978-7-112-28016-2

Ⅰ.①匠…　Ⅱ.①王…②刘…③贺…④李…　Ⅲ.①建筑史—中国—文集　Ⅳ.①TU-092

中国版本图书馆 CIP 数据核字（2022）第 179084 号

责任编辑：段　宁　董苏华
责任校对：王　烨

匠学薪传
——中国营造学社诞辰90周年纪念文集
王贵祥　刘　畅　主　编
贺从容　李　菁　副主编

＊

中国建筑工业出版社出版、发行（北京海淀三里河路9号）
各地新华书店、建筑书店经销
北京雅盈中佳图文设计公司制版
河北鹏润印刷有限公司印刷

＊

开本：787毫米×1092毫米　1/16　印张：18　字数：356千字
2023 年 1 月第一版　2023 年 1 月第一次印刷
定价：99.00元
ISBN 978-7-112-28016-2
（39691）